风电场建设与运维

中国大唐集团公司赤峰风电培训基地　编著

中国电力出版社
CHINA ELECTRIC POWER PRESS

内 容 提 要

随着风力发电的快速发展，近年来对风力发电技术人才及工程建设、风电场运行维护等人才的需求也更为迫切。本书《风电场建设与运维》讲述了风电场建设施工与运行维护知识，内容包括上篇建设篇所述的风电场宏观选址、风能资源评估、风电场机组选型及微观选址、风电场工程施工、风电场设备调试、风电场生产准备、风电场的验收与交接、风电场后评估，以及下篇运维篇所述的升压站设备的运行及维护、集电线路的运行及维护、风电机组维护检修、风电场设备油品检测与管理、风电场常用工器具。

本书可作为风电行业建设施工人员，以及风电场技术人员、运维人员、管理人员的学习用书，也可供职业院校风电专业师生学习参考使用。

图书在版编目（CIP）数据

风电场建设与运维/中国大唐集团公司赤峰风电培训基地编著．—北京：中国电力出版社，2020.9（2024.12重印）

ISBN 978-7-5198-4815-6

Ⅰ.①风… Ⅱ.①中… Ⅲ.①风力发电—发电厂—基本知识 Ⅳ.①TM614

中国版本图书馆 CIP 数据核字（2020）第 132012 号

出版发行：中国电力出版社
地　　址：北京市东城区北京站西街 19 号（邮政编码 100005）
网　　址：http：//www.cepp.sgcc.com.cn
责任编辑：宋红梅
责任校对：黄　蓓　朱丽芳
装帧设计：郝晓燕
责任印制：吴　迪

印　　刷：固安县铭成印刷有限公司
版　　次：2020 年 9 月第一版
印　　次：2024 年 12月北京第四次印刷
开　　本：787 毫米×1092 毫米　16 开本
印　　张：17.5
字　　数：377 千字
印　　数：4001—5000 册
定　　价：89.00 元

本书编委会

主　　编　王文鹤

副 主 编　辛克锋　孙利群　王海廷　胡学敏

编审人员　王　志　李国利　崔　玲　张　越　刘跃武

赵忠民　曹海亮　谢晓宇　刘金达　安　洋

郝莹莹　刘静敏　王雪萌　王海亮　崔海洋

孙晓丹　王长明　于立杰　付国兵　程学文

前 言

中国作为能源使用超级大国，能源的绿色发展越来越重要，近十年的绿色新能源发电装机及发电占比不断提高。截至2018年底，我国新能源发展累计装机容量3.6亿kW，同比增长22%，占全国总装机容量的比重达19%，首次超过水电装机，尤其是风力发电在新能源发电中处于龙头地位。2018年，我国风电新增装机2101万kW，同比增长超过30%，占新增装机总量的17.1%。截至2018年底，风电装机容量达1.8亿kW，同比增长12.9%，且海上风电发展尤为迅速，2018年累计海上风电装机容量达到363万kW，同比增长63%。风力发电机并网技术也不断取得新突破，陆上风电单机容量和轮毂高度持续增大，海上风电单机容量继续增加，人工智能技术在智慧风电场得到广泛应用，风电投资成本持续下降。从区域分布看，截至2018年底，我国“三北”地区风电装机规模约为1.3亿kW，约占全国风电装机总规模的72.1%。从省份分布看，内蒙古风电装机规模已超过2500万kW，位居全国首位。

随着风力发电的快速发展，近年来对风力发电工程建设、风电场运行维护等技术人才需求更为迫切。中国大唐集团赤峰风电培训基地成立于2013年，是集教学、培训、科研等多项功能为一体，特色鲜明的专业化培训基地，承担着中国大唐集团系统内及系统外风电专项技术培训、风电专业职业技能鉴定、新入职员工培训以及新能源专业技术人才培养等任务。培训基地以因材施教为宗旨，以实际应用为导向，以专业建设为基础，通过与大专院校实施产学研用的合作模式，建成了设备条件先进、管理科学规范、培训项目完善的专业培训基地。培训基地现有风电场运行仿真电教室，风电场运行混仿、风电机组及重要电气回路故障模拟、发电机并网、风电安全等12个实训室。近年来培训人均达到1000人以上，并结合培训工作总结编写相关技术书籍，编写出版了《风电场运行专业知识题库》以及《风电机组变桨系统检修技术规程》等行业技术标准。

为了进一步强化风力发电技术培训工作，培训基地历时两年多时间编写了风力发电技术丛书，此书为《风电场建设与运维》分册。本书在阐述风电场宏观、微观选址的基础上，重点讲述了风电场工程施工、设备调试、生产准备、验收与交接、运行与维护等相关内容。全书立足于培训工作实际，突出了生产的全过程管理，贴合生产实际，图文并茂地介绍了相应的知识。对风电建设、生产运行、维护管理等具有很强的指导性和实践性。

在本书编写过程中，得到了沈阳工业大学的支持和帮助，特此表示感谢。另外，也欢迎读者对本书中出现的不足及问题多提宝贵意见，以便后续进行完善和提高，在此一并表示感谢。

编　者

2020.5

目　　录

上篇　建　设　篇

下篇　运　维　篇

上篇
建 设 篇

第一章　风电场宏观选址

风力发电场，就是指利用风能发电的发电场，是将多台并网型的风力发电机组组成集群发电的电场，是属于可再生能源发电场的一种。风力发电是利用风能带动风电机组叶片旋转，利用机械能带动发电机发电。风力发电之所以在世界各国风行，是因为风力发电无须燃料、无辐射、无空气污染。

建设风电场，首先要选择合适的场址。选址的优劣，直接关系风电场的出力与经济可行性。国内外的经验教训表明，由于风电场选址的失误造成发电量损失和增加的维修费用远远大于对风电场场址进行详细调查的费用，因此，风电场选址对于风电场的建设是至关重要的。风电场选址一般可分为宏观选址和微观选址。风电场宏观选址过程是对一个较大地区的气象条件、风况条件、电网、交通、地质、周围环境、政策和限制因素等多种因素和条件进行综合考察后，选择出一个风能资源丰富且最有利用价值的小区域的过程。

第一节　风电场宏观选址基本原则

一、 风能资源丰富， 风能质量好

建设风电场最基本的条件是具备高质量的风能资源。一般情况下风电场场址轮毂高度处年平均风速应大于6m/s，年平均风功率密度应大于200W/㎡。随着风机技术的提高，近些年已经趋向于在年平均风速5.5m/s左右的低风速地区开发利用风能资源。尽量有稳定的盛行风向，以利于机组布置。垂直风剪切较小，以利于机组的运行，减少机组故障。湍流强度较小，尽量减轻机组的振动、磨损，延长机组寿命。湍流强度超过0.25，建设风电场时就要特别慎重。另外，应尽量避免选择台风、雷电、沙暴、覆冰、盐雾等气象灾害和地震等地质灾害频发的地区。

二、 符合国家产业政策和地区发展规划

调研风电场场址是否已作其他规划，或与规划中的其他项目是否有矛盾，地方政府是否有相关优惠政策。同时应收集候选场址处有关国土、林业、环保、军事、水利、文物、旅游、矿产以及其他社会经济等方面的资料，选址时注意避开。

三、 满足接入系统要求

接入系统是风电场实现销售收入的必要条件。风电场场址应尽量靠近电网（一般应

小于 20km)，减少线损和送出成本。小型风电项目（如分布式风电项目）要尽量靠近 10～66kV 电网，必要时也可靠近 110kV 电网，大型风电项目要尽量靠近 110～220kV 电网。电网应有足够的容量，根据电网的容量和结构确定风电场的建设规模。

四、 具备交通运输和施工安装条件

港口、公路、铁路等交通运输条件应满足风电机组、施工机械和其他设备、材料的进场要求。在宏观选址时，应了解候选风电场周围交通运输情况，对风资源相似的场址，尽量选择那些离已有公路较近、对外交通方便的场址，以便于减少道路的投资。场内施工场地应满足设备和材料的存放、风电机组吊装等要求。

五、 地理及地质情况

风电场的位置要远离强地震带、火山频繁爆发区、洪涝灾害区，以及具有考古意义及特殊使用价值的地区。要考虑所选定场地的地质情况，例如是否适合深度挖掘（塌方、出水等)、房屋建设施工、风力发电机组施工等。

六、 地形情况

地形因素要考虑风电场址区域的复杂程度，如多山丘地区、密集树林地区、开阔平原地区、水域等。场址地形开阔，不仅便于大规模开发，还便于运输、安装和管理，减少配套工程投资，形成规模效益。同时，开阔单一的地形对风的干扰低，风力发电机组运行在较好状态。反之，地形复杂多变，产生扰流现象严重，对风力发电机组出力及安全运行均不利。

七、 满足环境保护的要求

避开鸟类的迁徙路径、候鸟和其他动物的停留地或繁殖区。和居民区保持一定距离，避免噪声、叶片阴影及电磁干扰。从噪声影响和安全考虑，单台风力发电机组应远离居住区至少 500m。减少耕地、林地、牧场等的占用，防止水土流失。避开自然保护区以及珍稀动植物保护区等。

第二节　风电场宏观选址方法

一、 规划区域选择

建设风电场最基本的条件是要有能量丰富、风向稳定的风能资源，选择风电场场址时应尽量选择风能资源丰富的地区。由于拟规划区域没有测风塔，因此通常采用以下两种方法确定规划区域：

(1) 利用全国风能资源分布图谱或者中尺度模拟数据进行区域风资源筛选，选择风

资源较好地区作为风电场规划区域。

(2) 在已建风电场周边为开发区域选择规划场址。同时根据已建风电场的发电情况，判断新风电场的开发前景。

二、 候选风电场的确定与装机容量估算

根据现场实际踏勘情况，并结合在线卫星地图查看拟规划区域的地形地貌、道路交通、村庄分布等情况，按照宏观选址原则确定候选风电场的位置与规划范围。同时按照该地区的主风能方向进行风电机组的初步排布，并对装机容量进行估算。

三、 测风塔数量与位置选择

风电场进行选址时，前期多采用气象部门提供的数据统计。我国对风能资源的观测工作始于 20 世纪 70 年代，中国气象局先后于 20 世纪 70 年代末和 80 年代末进行了两次全国风能资源的调查，利用全国 900 多个气象台站的实测资料给出了全国离地面 10m 高度层上的风能资源储量。

但一般情况下气象站与风电场实际建设区域相距较远，见图 1-1，测风点周围建筑障碍较多，且 10m 的测风高度已难以满足对于当前高轮毂风电机组的评估。因此，一般要求对初选的风电场区安装测风塔，并用高精度的自动测风系统进行风的测量。

图 1-1　气象站观测点模型

目前，我国已经发布了《风电场风能资源测量和评估技术规定》(发改能源〔2003〕1403 号)、《风电场风能资源测量方法》(GB/T 18709) 等标准对前期测风工作的流程和步骤做出了较为详细的规定，很大程度上规范了我国风电场的前期测风工作，为测风工作的开展提供了强有力的依据。

在地形较为平坦的地区，5 万 kW 及以下容量的风电场可在平均海拔位置安装 1～2 座测风塔，地形较为复杂 (海拔高差在 50～200m) 的风电场，可在海拔适中、地势相对开阔的山丘上安装 2～3 座测风塔。每座测风塔的控制半径不宜超过 5km，且地形复杂的

风电场一座测风塔控制半径不宜超过 2km。

测风塔位置选择的代表性主要体现在以下几个方面。

1. 测风塔应具有位置代表性

无论是平坦地形还是复杂地形，测风塔基本无法确定场区内的最高、最低风速，且难以确定场区内风速随地形的变化规律。风向受地形影响尤其严重，体现严重的局域性特点，若测风塔风向不能反映全场各小地形条件下风向，势必带来部分区域排布原则的错误，影响该区域尾流计算结果，甚至影响机组安全。这就对拟建风场提出了“到底立多少测风塔”才能满足真正精确评估的要求。测风塔应选在规划风机较为集中地区，应具有海拔代表性、粗糙度代表性。

2. 测风塔应具有湍流代表性

测风塔的湍流测量值应能代表场区内其他风机点位处的湍流标准值，测风塔的湍流同样具有较强的地域性特点，所以应避免以点概面的结果导致机型选择错误。

对于场区内湍流条件较高的地区，出于机组安全性考虑，建议补充设立测风塔进行加测。

3. 测风塔应具有切变代表性

(1) 地形、地表植被和当地大气热稳定度是影响切变大小的主要原因。测风塔安装位置的选择应依据全场大部分区域的植被情况进行确定，且尽量避免因局地地形的影响形成的大切变而带来的对轮毂高度选择的误判。随着高轮毂长桨叶机型的日趋成熟，90m 以上的测风塔已广泛应用在风场的前期建设中，更好地测量切变值。按照《风电场风能资源测量和评估技术规定》中关于测风塔高度的要求，已不满足当前的行业发展形势。

(2) 此外，测风塔位置附近应无高大建筑、树木等障碍物，与单个障碍物距离应大于障碍物高度的 3 倍，盛行风向上距障碍物的水平距离保持在障碍物最大高度的 10 倍以上。测风塔高度应高于可选机型的轮毂高度。

(3) 对于场区内风切变较高的地区，出于机组安全性考虑，建议补充设立测风塔进行加测。

四、 测风数据管理

在测风塔建设完成之后，如何收集、管理和分析数据是最重要的一项工作。测风塔的建设和设备安装是整个前期测风工作的基础，及时收集、科学管理和专业分析数据则是前期测风的核心。

这些工作需要专职人员负责，并且具备充分的时间、专业的气象背景、丰富的从业经验和足够的技术能力，可以按时下载查看数据，并且能从大量数据中判别测风设备的运行情况，诊断可能出现的故障，并及时完成维护工作，保证测风数据的完整率和有效率，为风电场的后续工作提供坚实可靠的数据支撑。

五、 现场考察

为核实场址条件，需要对候选风电场进行现场考察踏勘。考察的内容除了主要的风能资源外，还应至少包括：土地的可用性，地形地貌，地质条件，交通运输，电网情况和拟选测风塔位置的可用性。通过考察，结合风能资源和其他建设条件，排除不具备一项或多项建设条件的地点，确定最终的宏观选址方案。

第二章　风能资源评估

风能资源是风电场建设中最基本的条件，准确的风能资源评估是机组选型和风电机组布置的前提。风能资源评估的目标是确定指定区域是否有较好的风能资源。风能资源评估的目的是：分析现场测风数据的风能资源状况；分析现场测风数据在时间上和空间上的代表性。

第一节　风能资源评估的主要影响因素

一、风能资源评估标准

风能资源评估应该按照相关的法规和标准进行，我国现行的评估标准和规范有：

(1)《全国风能资源技术评价规定》(发改能源〔2004〕865号) 规定了测风宏观选址方法、风电场并网条件、交通运输和施工条件。

(2)《风电场风能资源测量和评估技术规定》(发改能源〔2003〕1403号) 规定了风电场风能资源测量的工作内容，细化了评估技术的方法和要求。

(3)《风电场风能资源评估方法》(GB/T 18710) 规定了评估风能资源时区域的风功率密度等级、应收集的气象数据等。

(4)《风电场工程可行性研究报告编制办法》(发改能源〔2005〕899号) 规定了风能资源评估报告在可研中的内容和格式。

(5)《风力发电机组设计要求》(GB 18451.1—2012) 规定了风电机组在不同环境风况下的安全准则。

二、风能资源评估内容

根据《陆上风电场工程可行性研究报告编制规程》(NB/T 31105)，收集气象站、风电场相关数据。测风数据是风电场的第一手资料，是分析风电场风能资源最重要的依据。

风电场周边的气象数据是风电场建设的重要参考，主要用来辅助分析风电场的气候状况和测风数据在时间上的代表性。对气象站长期数据进行整理，整理出多年气象要素，包括风速（平均、极端）、风向、气温（平均、极端）、气压（平均、极端）、平均水汽压、平均相对湿度、降水量、平均沙暴、冰雹、雷暴天数等。提出风速的年际变化规律，并说明风电场现场测风时段在长时间序列中的代表性。提出风速的月变化规律，并说明风电场所在地区的月平均风速变化情况。

参考《风电场风能资源评估方法》(GB/T 18710)，对测风塔数据进行数据检验、修订、处理，并对测风塔数据进行代表年分析、风资源分析和参数计算。根据现场地形和测风塔位置，并借助风能资源评估软件，计算风电场的风图谱。

三、 影响风能资源评估的因素

在进行风能资源评估计算之前，除了风速、风向、湍流强度、风切变这些基本评估要素之外，地形、地表粗糙度、大气稳定度等因素作为风场的边界条件也深刻地影响着风能资源评估的整个过程。

(一) 地形因素

在风能资源评估时，地形作为流场边界层的下边界，其起伏波动对风流的影响至关重要。在风资源评估领域，通常用地形的坡度来对其复杂程度进行分类。在平地或者坡度小于10°的缓坡，风流是附着于地表层流的；当坡度增加到一定程度后，风流不再附着于地表，而发生脱落现象，在坡前与坡后产生漩涡，使得风流模型和风资源评估变得十分复杂。通常情况下，以17°作为简单地形和复杂地形的分界，见图 2-1。图 2-2、图 2-3分别展示了平原地区、起伏山地两类典型地形的地貌。

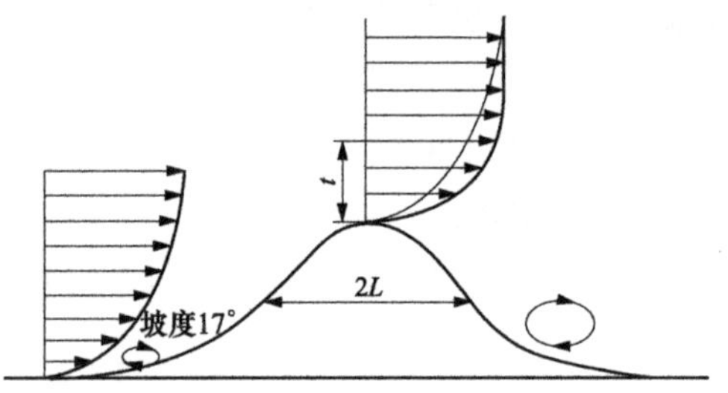

图 2-1 单体山地模拟

图 2-2 开阔平原

图 2-3 起伏山地

(二) 地表粗糙度

空气在流动的过程中不仅受到气压梯度力和地转偏向力的作用，而且在离地面 1.5km 的近地面大气层里，它还受到地面障碍物的影响，气象学上将 1.5km 以下的气层称为摩擦层。

在摩擦层里，空气经过粗糙不平的地表面，受到摩擦力的作用，空气流动的速度，也就是风速会越来越小。由于地表粗糙度不一，作用于空气的摩擦力的大小也就不同，风速衰减的程度也就不同，地表粗糙度越大，作用于空气的摩擦力也就越大，相应的风速减小也就越多。

一般就风电开发而言，按照地面、地表覆盖物的复杂程度，可以分为水域、旷野砂石、裸露草皮、零散村落、密集村庄、矮灌木丛、防风固沙林等地表情况。

（三）大气稳定度

大气稳定度代表了热效应对大气运动的影响。在传统的风能资源评估过程中，一般对全年的风流数据进行平均统计，大气往往被假定为是中性的，因此没有考虑热稳定度的影响。

对于“低风速”风电场（即轮毂高度处年平均风速在 6m/s 以下），热效应对大气的影响开始变得显著；对于海上风电场，大气稳定度的影响已经超过地形和地表粗糙度的影响，大气稳定度在风电场风能资源评估和发电量测算中的作用不容小觑。

判断大气稳定度的方法有几种，都需要用到云量、不同高度层温度差等气象指标，在风电场资源评估过程中，不容易获得。工程师在实际风资源评估工作中，最可行的判定大气热稳定度等级的方法是风向脉动标准差法，即根据 10m 风向脉动标准差判定大气稳定度，具体标准见表 2-1。

表 2-1　　大气稳定度标准

稳定度类别	A	B	C	D	E	F
风向标准差	≥22.5°	17.5°～22.5°	12.7°～17.5°	7.5°～12.5°	3.8°～7.5°	<3.8°

表 2-1 中，A、B、C 依次表示极不稳定、中等不稳定、弱不稳定类型；D 表示中性类型；E、F 依次表示弱稳定、中等稳定类型。

第二节　风电场可行性研究

一、 风电场可行性研究简介及意义

风电场可行性研究是指对已获得开展前期工作许可的风电场项目，通过有关资料和数据的收集、分析以及实地调研等工作，完成对项目技术、经济、工程、环境、市场等多方面的最终论证和分析预测，提出该项目是否具有投资价值以及如何开发建设的可行性意见，确定风电场的基本建设方案。

风电场可行性研究的意义：

（1）可行性研究是坚持科学发展观、建设节约型社会的需要；

（2）可行性研究是建设风电场投资决策和编制设计任务书的依据；

（3）可行性研究是项目建设单位筹集资金的重要依据；

（4）可行性研究是建设单位与各有关部门签订各种协议和合同的依据；

（5）可行性研究是风电场进行工程设计、施工、设备购置的重要依据；

（6）可行性研究是向当地政府、规划部门和环境保护部门申请有关建设许可文件的依据；

（7）可行性研究是国家各级计划综合部门对固定资产投资实行调控管理，编制发展计划、固定资产投资、技术改造投资的重要依据；

（8）可行性研究是风电场进行项目考核和后评估的重要依据。

二、 风电场可行性研究报告编制

（一）可行性研究报告应收集的资料

（1）拟建风电场范围（规划和本期），拐点坐标以国家2000坐标系坐标为宜，如有特殊要求，宜采用西安1980或北京1954坐标系坐标，配合现场踏勘记录的经纬度坐标使用。

（2）投资方简介：介绍项目投资方的主体、规模、经营范围等。

（3）收集附近长期测站气象资料、灾害情况。长期测站基本情况（位置，高程，周围地形地貌及建筑物现状和变迁，资料记录，仪器，测风仪位置变化的时间和位置），收集长期测站近30年历年各月平均风速、历年最大风速和极大风速以及与风电场现场测站测风同期完整年逐时风速、风向资料。

（4）从风电场场址处收集至少连续一年的现场实测数据和已有的风能资源评估资料，收集的有效数据完整率应大于90%。

（5）收集风电场边界及其外延10km范围内1：50000地形图、风电场边界及其外延1～2km范围内1：10000或1：5000地形图，尽量收集风电场范围内1：2000地形图。

（6）气象站与实地的同期资料。

（7）投资方对于风电机组拟选机型的意见。

（8）规划报告、预可研报告等审查意见。

（9）电网发展规划报告，包括现状图和规划图。

（10）升压变电站建筑风格。

（11）升压变电站生活水源取水方式、采暖方式。

（12）施工工期计划。

（13）工程管理方案（职能机构设置及人数）。

（14）交通运输条件现状及规划资料。

（15）土地利用、规划资料，土地类型（耕地、林地、建设区）分布图。

（16）有无自然林分布、自然保护区和水土保持禁垦区的证明资料，并在地图上进行标注。

（17）有无旅游保护范围的证明资料，若有，需提供位置和范围，并在地图上进行标注。

（18）对军事设施无影响的文件。

（19）是否存在文物保护范围的证明资料，若有，提供位置和范围，并在地图上进行标注。

（20）有无压覆矿床及采空区的证明资料，若有，提供位置和范围，并在地图上进行标注。

（21）征（租）地价格。

（22）当地主要建筑材料价格。

（23）施工及检修道路占地的使用方案。

（24）林木等用地的赔偿情况及相关政策，环境保护和水土保持投资估算。

（25）项目可享受的优惠政策。

（26）其他需特别说明或参考使用的资料。

（二）可行性研究报告编制内容

风电场可行性研究报告中应至少包括以下几个部分：

（1）综合说明：简述工程地理位置、工程任务、建设必要性、预可行性研究报告的主要结论、上级主管部门的批复意见、本期建设规模和最终可能达到的装机容量、可行性研究工作过程以及与有关政府部门达成的协议，同时应对各章节内容进行简要说明。

（2）风能资源：详细论述工程所在地区的风能资源概况、温度、大气压和湿度等气象资料情况，说明各项主要特征值及分析成果，并对风电场风能资源进行评价。

（3）工程地质：详细论述区域地质概况、岩土体物理力学性质和主要工程地质问题的结论，以及地质灾害评估情况。

（4）项目的任务和规模：详细论述本项目有关地区的经济发展概况、电力系统现状和发展规划，以及本项目与系统的关系，并说明该风电场规划目标及本工程的规模。

（5）风电机组选型和布置：经方案比较论证后，提出推荐方案选定的风电机组型式、单机容量、台数和布置，并估算风电场年上网电量。

（6）电气：详细论述风电场升压变电所接入电力系统方案、主要电气设备的选型和布置、风电机组集电线路接线方案；详细论述风电机组和主要电气设备的控制、保护，以及风电场的调度及通信。

（7）工程消防设计：详细论述本项目的工程消防设计和施工期消防设计方案。

（8）土建工程：详细论述本工程项目的规模、等级、标准，以及推荐的总体布置方案、风电机组的基础设计、箱式变电站基础设计，以及主要建筑物的设计尺寸、平面布置、结构形式等。

（9）施工组织设计：详细论述施工条件、交通状况、风电机组的安装方法、主要建筑物施工方法、施工总布置原则、施工进度，主要建筑材料、主要施工机械设备、施工期用水和用电的数量和来源，核定永久用地和施工临时用地数量等。

（10）工程管理设计：详细论述风电场的定员编制，以及主要工程管理方案。

（11）环境保护和水土保持设计：详细论述环境保护和水土保持设计方案。

（12）劳动安全与工业卫生设计：详细论述主要防范对策、措施，以及机构设置、人员配备。

（13）工程设计概算：详细论述编制工程设计概算的原则和依据，详细论述工程静态总投资、总投资、投资构成和资金筹措方案。

（14）经济及社会效果分析：详细论述经济和社会效益评价的主要成果及结论。

（15）结论：综述本风电场建设总的结论意见，提出今后工作意见。

第三章　风电场机组选型及微观选址

风力发电机组（简称风电机组）是风电场中最主要的设备，其投资占整个风电场总投资的60%～70%。能否合理地进行风电机组的选型将直接决定风电场的发电量以及项目在整个运行期（一般为20年）的经济效益。

风电场的微观选址是风电场项目实施的关键环节。风电场的微观选址就是确定每台风电机组在风电场的具体位置。通过若干方案的技术经济比较确定风电场风电机组的布置方案，使风电场获得较好的发电量。

第一节　风电场机组选型

风电机组选型是指在综合考虑风电场各方面因素（风能资源、气候条件、工程建设条件等）后为风电场选择最为合适的机型，在满足设备安全、施工可行性等基本原则的基础上充分利用当地风能资源，实现风电场效益最大化。

风电机组安全等级分类的主要参数是风况，即风电机组承受的最基本的外部载荷条件，如：轮毂高度处的年平均风速、湍流强度、风切变以及极端风况（风电机组轮毂高度处50年一遇3s极大风速或者10min最大风速）等。

1. 平均风速

在早期的IEC标准中，风电场按平均风速分类，Ⅰ类风电场的风速等级为10m/s，Ⅱ类为8.5m/s，Ⅲ类为7.5m/s，Ⅳ类为6m/s。2005年发表的第三版《风力发电机设计要求（第3版）》（IEC61400-1）标准中，取消了Ⅳ类机组并取消了对平均风速的限制，但同时对湍流强度的要求更加苛刻。原因是当考虑到湍流强度不高时，平均风速较大是可以被允许的。

2. 湍流强度

湍流强度是影响风电机组运行中可承受的正常疲劳载荷的主要因素。湍流产生的原因主要有两个：一是当气流流动时，气流会受到地表粗糙度的摩擦或者阻滞作用；二是由于空气密度差异和大气温度差异引起的气流垂直运动。通常情况下，《风力发电机设计要求（第3版）》（IEC61400-1）标准中的湍流强度是指15m/s风速处的湍流强度期望值。

3. 50年一遇最大风速

50年一遇最大风速是风电场风能资源分析的重要指标，Gumbel分析法为极值Ⅰ型

概率分布，分布函数为：

$$F(x)=\exp\{-\exp[-a(x-u)]\} \tag{3-1}$$

式中　u——分布的位置参数，即分布的众值；

　　　a——分布的尺度参数。

分布的参数与均值 μ 和标准差 σ 的关系按下式确定：

$$\mu=\frac{1}{n}\sum_{i=1}^{n}V_i \tag{3-2}$$

$$\sigma=\sqrt{\frac{1}{n-1}\sum_{i=1}^{n}(V_i-\mu)^2} \tag{3-3}$$

$$a=\frac{c_1}{\sigma} \tag{3-4}$$

$$u=\mu-\frac{c_2}{a} \tag{3-5}$$

长期风速资料下的极值Ⅰ型分布和短期风速资料下的极值Ⅲ型分布估值更符合气象站实测风速拟合结果。

IEC 标准对于风电机组的安全等级分类见表 3-1。

表 3-1　《风力发电机组设计要求（第 3 版）》（IEC61400-1）风电机组安全等级分类表

<table>
<tr><th>机组等级</th><th>Ⅰ</th><th>Ⅱ</th><th>Ⅲ</th><th>S</th></tr>
<tr><td>最大风速（m/s）</td><td>50</td><td>42.5</td><td>37.5</td><td rowspan="4">特殊设计</td></tr>
<tr><td>A
Iref（—）</td><td colspan="3">0.16</td></tr>
<tr><td>B
Iref（—）</td><td colspan="3">0.14</td></tr>
<tr><td>C
Iref（—）</td><td colspan="3">0.12</td></tr>
</table>

《风力发电机组设计要求（第 3 版）》（IEC61400-1）中用湍流和最大风速两个参数对风电机组进行了明确的安全分级（见表 3-1），根据最大风速将风电机组分为Ⅰ、Ⅱ、Ⅲ三类，又根据湍流强度分为 A、B、C 三类，可以根据风电场自身实际的最大风速和湍流将其定义。即最大风速在 37.5m/s 以下的风场，被定义为Ⅲ类，在 37.5～42.5m/s 定义为Ⅱ类，在 42.5～50m/s 定义为Ⅰ类，而这三类同时还根据 15m/s 风速的湍流强度期望值等级分为 A、B、C 三类，湍流强度 C 类等级为 0.12，B 类等级为 0.14，A 类等级为 0.16。根据 IEC 标准中要求，ⅠA 至ⅢC 九个等级风力发电机组的设计寿命至少应为 20 年。

除此之外，还存在 S 类风电机组，此类风电机组是厂家对机组的最大风速、湍流、平均风速等条件，根据实际项目环境条件自己进行定义并设计，通常适用于风速过大的台风地区或是低风速地区，由于这些地区的风况参数中的某一项或几项未在《风力发电机组设计要求（第 3 版）》（IEC61400-1）标准规定的范围内，所以需要进行自定义。在实际风电项目中，仍然需要依据厂家提供的S类风电机组的具体设计参数，结合风电场实际情况进行选择。

不同容量风电机组安全等级见表3-2。

表3-2　　不同容量风电机组安全等级表

单机容量（MW）	叶轮直径（m）	轮毂高度（m）	设计等级
1.5	70	65	ⅠA
	77	70	ⅡA/ⅢA
	82	70	ⅢA/ⅡB
	87	70	ⅢB
	93	80	ⅢA
2.0	87	80	ⅠB
	93	70/80	ⅡB
	105	80/85	S
	115	80/100	S
	121	80/85/90	ⅢB
2.5	103	80	ⅠB
	110	80/90	ⅢA
	121	80/90/100	ⅢA /ⅢB/ Ⅲ类抗台风
3.0	120	90	ⅢA
	121	90	Ⅲ类抗台风
4.0	154	120	S类

这里，只是根据《风力发电机组设计要求（第3版）》（IEC61400-1）标准中的规定将各个型号的风电机组按照额定功率进行分类，但是针对各个不同风电场的具体情况，仍然需要厂家到现场进行实地勘测后进行载荷计算，并以厂家出具的实际风电机组载荷计算报告为最终依据。例如当某个风电场的某一项参数不满足风电机组设计等级参数时，经过厂家计算，整体综合载荷满足其S类风电机组要求，该风电机组是可以安装使用的。

如果风电项目未按照《风力发电机组设计要求（第3版）》（IEC61400-1）标准进行风力发电机组选型，会对风电场今后的发电水平、运行安全等各方面造成严重影响。此外，如果所选风电机组型号标准高于项目实际的标准，即在低风速、低湍流的地区选择了低轮毂高度、短叶片的风机，则会导致该机组不能充分利用当地的风能资源，最终造成风电场发电能力不足。如果选择的风电机组型号不满足项目实际的《风力发电机组设计要求（第3版）》（IEC61400-1）标准，即在风速和湍流较高的地区使用了过长叶片的风电机组，且安全性评估不满足标准要求，那么在风电场未来运行中，风电机组将难以达到其设计的20年运行寿命，并且在运行中发生故障、损坏的概率会极大提高，甚至有可能出现叶片断裂、倒塔等严重后果。

第二节 微 观 选 址

微观选址指在可行性研究阶段工作完成，风电机组厂家确定后，依据风电场的场址范围，进一步确定使用的风电机组类型，在与风电机组厂家复核，保证风电机组安全性的前提下，利用已经获得的项目区域风能资源数据、气象数据、地形勘测数据等相关材料，对风电机组排布方式进行最大化发电量的设计以及计算，综合项目各种技术条件，进行技术性比较，确定风电机组最终排布方案的过程。

一、 启动条件

在现场选址阶段，风电项目应满足以下条件：

（1）可研报告审查应该结束，并完成可研报告评审意见的修订和落实工作；

（2）已完成风电场相关的所有测风数据和气象站数据的收集；

（3）进行了风电场范围内 1∶2000 地形图的测绘工作，并获得电子地图（测绘地图上应包含地形高程、测风塔坐标、建筑物、地表植被、道路、集电线路、居民点、坟墓等数据）；

（4）风电场风电机组供应商和具体风电机组型号已经确定。

二、 初步方案设计

在这些条件全部满足的基础上，风资源评估技术人员开始进行微观选址初步设计工作，初步方案在场区范围内尽量选择可用的机位点，保证风电机组间距在规定的 3D（垂直主导风向，D：风轮直径）和 5D（平行主导风向）的范围（根据具体项目情况具体分析）来控制，作为后续现场踏勘的工作基础。

根据选定机型以及风电场容量初步确定风电机组排布方案，并通过风资源分析计算各个风电机组点位的发电量以及安全参数。

目前风资源分析计算软件主要分两种：基于数值模拟模型和基于 CFD 模型的风资源计算软件。其中数值模拟模型对于平坦地形的推算比较准确，而 CFD 模型的网格化分析对于山地等复杂地形的计算比较精确。目前应用比较广泛的软件有 Windpro、Windsim、WT 等。

风资源分析主要围绕着实际测风数据，也就是测风塔数据进行，结合等高线、地表粗糙度、卫星地图等地形数据，再通过风机排布以及边界条件的输入，使用风资源评估软件中的算法推算出每个拟选风电机组点位的风资源情况以及发电量情况。

（一）测风数据分析

首先要收集测风塔地理位置示意图、测风时间段等信息，并对塔高、传感器数量及分布等情况做说明。之后，依据《风电场风能资源评估方法》（GB/T 18710）对测风塔 10min 间隔的测风数据合理性进行验证。测风数据完整率达到 90％以上，才能进行下一步计算，如遇达不到要求的情况，则需要对数据进行插补。一般使用同塔不同高度层的数据互相插补，如果测风塔所有层数据在某一时间段内同时缺失，则需要利用邻近的其他测风塔或气象站数据进行插补。在插补时宜先按 16 扇区计算相关性，利用相关性方程对缺失的数据进行插补。最后还需要选择数据完整性较好的 n 个完整年数据。

得到完整的测风数据后，就可以通过风资源评估软件得到完整年 10min 数据的年（月）平均风速、风功率密度、风频分布、绘制风向、风能玫瑰图以及威布尔分布曲线。计算湍流强度、风切变指数、空气密度等参数，并且对测风塔的 50 年一遇最大风速进行估算。之后还需对测风数据进行长期订正，令计算使用的测风数据能代表 30 年长期的风资源水平。

（二）风电机组排布

在风电场运行过程中，风电机组之间会产生尾流造成发电量损失，而风电机组的排布直接影响风机间的尾流。尽量减小尾流损失，从而提高排布效率，是风电场发电量优化的重点工作之一。合理地优化风力发电机的排布方案，一般可提高风电场年均发电量几个百分点。通常，行业内单机排布效率不应低于 90%，全场不应低于 92%。但有时为了节约土地，在有限的空间内尽量提高风电场的装机容量，就需要在排布效率上做出让步。

(1) 风电机组的布置要充分考虑各方面的影响因素，遵循以下原则：

1）风电机组应垂直于主导风能方向排列；

2）充分利用风电场的土地，尽量减小风电机组之间的相互影响，满足风电机组之间行距、列距的要求；

3）综合考虑风电场地形、地表粗糙度、障碍物等，将其影响降到最低；

4）合理利用风电场的测站订正后的测风资料；

5）考虑风电机组之间的相互影响前提下尽量缩短风电机组之间的距离，减少集电线路的长度；

6）风电机组尽量布置在风资源最好且便于施工的位置；

7）尽量避免对现有植被的破坏；

8）尽量避开防护林及农用土地；

9）尽量避开鸟类飞行路线、候鸟及动物栖息地等，远离自然保护区、人口密集地区；

10）尽量考虑与周边风电场风电机组相互避让；

11）充分考虑机组之间尾流对机组发电量的相互影响。

(2) 在遵循上述原则的前提下，风电机组排布还应具体考虑以下几点：

1）由于海陆风衰减速度较快，近海岸及滩涂地区的风电场，风电机组排布一般要靠近海岸线呈条形或者带状形式布置，并尽量减少多排布置的情况；

2）在进行风电机组排布时，风电机组间距在平行于主风向方向上一般保持 5～9 倍风轮直径的距离；在垂直于主风向方向上一般保持 3～5 倍风轮直径的距离。此外还要结

合工程造价对排布方案进行经济比选，选出最优的风电机组排布方案；

3）进行平坦地形风电机组排布时，为减小风电机组间尾流影响，布机时应该充分利用场区面积，尽可能增大风电机组间的距离；

4）在主风能方向相对比较明显的情况下，应尽量减少平行于主风能方向上的风电机组排数，可以合理增加垂直于主风能方向上的风电机组数量，但尽量控制在（2.5～3）D 距离以上；同时可以考虑通过设立隔离带的方法来减小风电机组尾流，增加发电量；

5）避免选择主风能方向附近有障碍物或山体阻碍的点位，风电机组与障碍物的距离至少控制在海拔落差的20倍以上。

（三）风电机组载荷情况

影响风电机组载荷的风况是风电场设计时要考虑的重要内容，复杂地形的风电场尤为突出。风载荷不直接反映在发电量上，但是对风电机组的载荷却起到决定性的作用。降低风电机组的载荷可以降低维修成本，确保风电机组的服役期达到20年的设计寿命，同时减少由于维修停机造成的发电量损失。

影响风电机组载荷的主要因素有湍流强度、入流角、极端风况、风切变等因素。湍流强度表示风速波动的剧烈程度，风速波动越大，对风电机组机械结构冲击越大，造成的载荷也越大；入流风向与水平面的夹角称为入流角，入流角越大，和湍流强度一样，也会严重影响风机关键受力部件的载荷，尤其是主轴传动链；极端风况会引起风电机组的极端载荷，发生率很低但是一旦发生则破坏性极强，因此应给予足够的重视。

（四）损耗折减以及不确定性分析

在风资源评估过程中，不可避免地在各个环节存在各种误差，最后得到的发电量与实际情况存在差异，所以就需要量化预测发电量的正确性和准确性，分析各种因素对风资源评估的影响程度，这个过程就叫做损耗以及不确定度分析（损耗及不确定度分析在风资源评估中所处的位置见图3-1）。

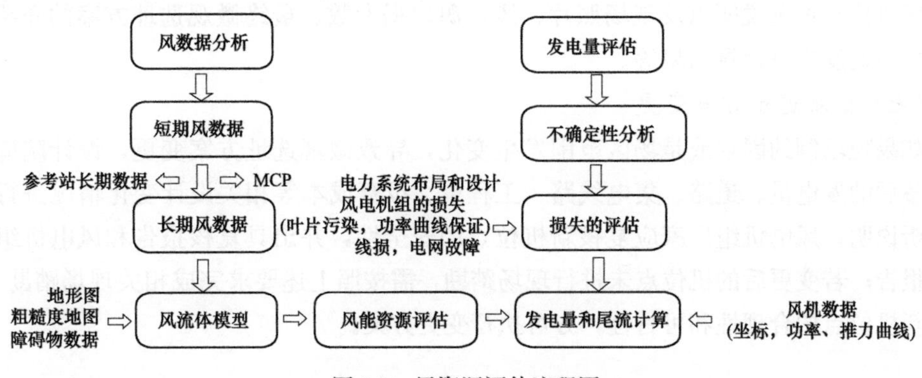

图3-1　风资源评估流程图

通常，损耗会对风电场的尾流、风电机组可利用率、风电机组功率曲线、电气损耗、环境损耗、缩减损耗等方面进行综合折减。

（1）尾流损耗的不确定度主要为尾流计算模型本身的不确定度，以及未来尾流影响的不确定度。

(2) 可利用率损耗是风电场发电量损耗折减最大的一环，也是不确定性最大的一环，它直接与风电机组的设备运行稳定性和故障率直接相关，也与设备供应商的服务水平和能力密不可分，因此需要根据对风电机组设备厂家的市场口碑来判断。

(3) 功率曲线损耗与可利用率类似，也是由设备供应厂商保证实际功率曲线与理论功率曲线的接近程度（一般不低于 95%），同样风电机组厂商的口碑也是评估功率曲线折减的重要依据。

(4) 电气损耗包括风力发电机励磁系统和冷却系统等的自耗电，各级输电线路的发热损耗，变压器的损耗等，是不可避免的损耗。

(5) 环境损耗指的是自然环境对风力发电机发电量产生的负面影响，其中包括冰冻、雷电、冰雹、高温低温、树木生长等因素。

(6) 缩减损耗主要指的是由于噪声、电网负荷、扇区管理等原因导致的降低风力发电机出力造成的损耗。

（五）现场踏勘

在微观选址初步方案设计完毕后，开始进行现场踏勘工作。现场踏勘应在做好安全准备工作的前提下，对每一个机位点都应现场复核实际建设条件并进行确认。风资源工程师宜携带 GPS 和数码相机，记录航迹和每一个踏勘机位点坐标，并且对机位点周围环境进行拍照记录，落实初步方案机位点所涉及的土地性质、环保、水保、文物、跨界、压矿、居民点、坟墓等敏感制约因素。同时，设计院道路、地勘等相关专业均应参加微观选址现场踏勘工作，共同对初步方案机位点的现场条件进行落实，并且确认机位点道路、地质等情况，验证方案的可行性。

（六）微观选址报告编写

经过现场踏勘确认最终微观选址方案后，需要对结论进行报告的编写，报告中应涵盖现场机位点情况说明以及现场照片、风资源数据参数、最终微观选址方案的介绍以及备选机型的发电量计算结果等。

（七）微观选址方案变更

如果现场制约因素或是场区范围发生变化，导致微观选址方案变更，设计院应对机位调整后的发电量、道路、集电线路、工程量、投资成本等相关设计变化情况进行详细的分析说明；风电机组厂家应复核新机位点的安全性，并出具复核报告和风电机组安全载荷报告；若变更后的机位点未进行现场踏勘，需按照上述要求完成相关现场踏勘工作，确认新机位点的合理性和可行性，方可执行变更方案。

第四章　风电场工程施工

风电场工程施工包括风电机组工程、升压站设备安装调试工程、场内电力线路工程、中控楼和升压站建筑工程、交通工程等。风电场工程施工专业与火电厂相对比较简单，但存在施工环境地形复杂、风电机组机位分散、设备超重、超长、运输和施工难度大等特点。

第一节　风电场工程施工准备

风电场工程施工准备是施工的基础准备工作，对工程施工的安全、质量、工期起重要作用。主要内容包括：风电场工程施工准备、技术准备、现场准备、大件设备的运输及存放等。

一、 风电场工程施工准备

风电场工程开工前应取得相应的施工许可，配备专用施工设备、器具及检验测试仪器。特种作业人员应取得有效的特种作业操作证。

开工前，由建设单位按规定程序办理工程开工审查、工程施工许可及质量监督注册手续等相关工程批复文件，建立健全安全生产保证体系及监督体系，建立安全生产责任制和安全生产规章制度，保证工程施工安全，并依法承担安全生产责任。

二、 风电场工程技术准备

（一）施工技术资料准备

（1）开工前，应收集制造厂家主要设备技术资料，收集风向、风速、台风、大风日数、气温、降水量、降雨日数、雷电、冰情和雾等实测资料和统计分析成果；

（2）风电场区地下水位及土壤渗透系数，不同频率的江湖水位、潮水位、汛期及枯水期的起止及规律；

（3）地基地质柱状图及各层土的物理力学性能、寒冷地区的冰冻期、土壤冻结深度、地质灾害信息、地震资料等；

（4）施工区所涉及的障碍物、文物、地下设施、道路路基保护范围、自然保护区及鸟类迁徙路径等资料；

（5）水陆交通运输条件、地方运输能力、物资设备运输路线的状况；

（6）主要建筑材料的产地、产量、质量及其供应方式；

（7）参与施工的企业和当地制造加工企业可能提供服务的能力；

（8）施工区的地形、地物及征（租）地范围内的动迁项目和动迁量；

（9）施工水源、电源、油料、通信等可能的供应方式、供给量及其质量状况；

（10）地方生活物资的供应状况；

（11）风电场区域地形图和附近相应的测量控制点；

（12）航空通道信息及周边居民的意见。

（二）控制网复核及图纸会审

开工前，施工单位应按照合同要求对建设单位移交的控制网进行复核，由监理单位组织进行设计交底和图纸会审。

（三）培训及安全技术交底

工程施工前，由建设单位对施工单位进行安全技术交底，履行签字程序，交底主要内容应包括安全注意事项、相应的安全操作规程和标准、工程项目的施工作业危险点、针对危险点的具体预防措施、发生事故后应及时采取的避难和急救措施等。同时，工程监理单位应履行监理职责。

施工单位应对从业人员进行安全培训，培训合格后方可上岗工作。培训内容包括法律、法规、工程概况、质量目标、技术规范、安全管理、质量管理等内容。

（四）施工组织设计编制

施工前，施工单位应根据设计文件，结合现场实际情况，完成施工组织设计编制，并报送监理单位审批，履行审核、批准程序，主要内容应包括施工方案、应急预案、安全措施、技术措施、组织措施及环保措施，编制内容及要求应参照《陆上风电场工程施工组织设计规范》（NB/T 31113）。

施工单位应根据风电场工程项目划分进行危险有害因素辨识，对危险性较大的分部分项工程在施工前编制专项施工方案并报监理单位审批或备案；重要临时设施、重要施工工序、特殊作业、危险作业项目应编制专项安全技术措施并报监理单位审批；基坑爆破开挖、山区道路塔筒及风电机组运输、塔筒及机组吊装等危险作业项目在开工前应办理安全施工作业票。

三、风电场工程现场准备

（一）基本准备

开工前，施工单位应组建项目经理部，配备相应的管理人员及技术人员，主要管理人员和技术人员应具有相应的业务能力和执业资格。项目经理部应配备满足施工需要的办公设备、测量仪器、检验仪器、交通工具等，并配备相应的生活设施，合理布置施工临时设施，满足现场施工需要。

1. 供电准备

施工电源容量应满足工程施工用电需求，一般采用接入电网及自发电设备相结合的

供电方式，施工现场临时用电应符合现行国家标准《建筑工程施工现场临时供电安全规范》（GB 50194）有关规定。

2. 供水准备

施工用水应根据区域供水条件及现场勘查，采取区域供水或自行取水的供水方式，以满足工程施工需求。同时，施工场地应有排水措施，并应满足防洪标准要求。

3. 道路准备

施工道路应满足设备的运输、装卸、安装及投产后运行和维护的需求，设计过程中应统筹规划。

4. 通信准备

一般与风电场规划中的通信相结合。

5. 场地准备

风电机组施工场地应满足设备的堆放、组装、吊装及安全要求。同时，生产、生活临时设施宜采用集中布置方式，仓库宜按照设备和器材的用途、构造、质量、体积、包装情况、维护保管年限及当地自然条件进行分类储存，安全、消防和环保措施应符合设计及规范要求。

同时，施工单位应根据工程所在地环境、生态等情况以及地方法规、规章的要求制定环境保护和文明施工计划，冬季和雨季施工应采用防冻、防滑、防洪等措施，编制保证施工安全的施工方案；在安装过程中使用的检测和试验设备、仪器和工器具，应在有效周期内，起重机械设备性能满足施工安装要求，并有报验手续。

（二）施工物资准备

（1）风电场的风电机组、塔筒、箱式变电站、主变压器、变电所一次和二次等设备均应提前规划采购招标。

（2）开工前应完成钢筋、钢材、水泥、砂石骨料等物资的准备。建筑材料准备按照施工组织设计的工期进度要求和物资需求计划安排，分批分期进入现场，保证连续施工的需要。

（3）根据施工组织设计中施工进度要求，确定机械设备、工器具的数量、种类、进场时间等，并确定好进场后的存放地点及方式。

四、风电场工程大件设备的运输和存放

（一）风电场工程大件设备的运输

大件设备运输前，应编制大件设备的装车、卸车专项方案，执行审核、批准程序，方案内容主要包括作业方法、资源配置、安全、质量、工期及环境保护措施等，运输工作流程应参照《电力大件运输规范》（DL/T 1071）执行。

1. 塔架运输过程应符合的要求

（1）运输前核算运输车辆的承载能力，并根据运输路线核算运输过程中在特定路况下的稳定性；

(2) 运输前，采取防止塔架变形的措施；

(3) 运输时，固定牢靠。并在明显部位标上质量、重心位置及警示标志；

(4) 塔架的涂层及各结合面有相应的保护措施；

(5) 露天存放及运输时，采取防腐蚀措施。

2. 机舱运输过程应符合的要求

(1) 运输前，核算运输车辆的承载能力；

(2) 机舱装卸过程中，起吊、卸放平缓有序；

(3) 固定工装应牢固；

(4) 机舱运输过程中避免机舱内设备进水或受腐蚀介质侵蚀而受损。

3. 叶片和轮毂运输过程符合的要求

叶片、轮毂运输时，固定牢靠和设置警示标志。在运输装卸过程中，对叶片的薄弱部位、螺栓和配合面加以特别保护。

4. 主变压器运输过程符合的要求

主变压器运输按现行国家标准《电气装置安装工程电力变压器、油浸电抗器、互感器施工及验收规范》(GB 50148) 的有关规定执行，并符合下列规定：

(1) 运输前，核算运输车辆的承载能力；

(2) 运输前，起吊变压器平缓有序，变压器的重心与运输工具的中轴线重合；

(3) 固定工装应牢固；

(4) 运输过程中控制运输工具的速度，转弯时逐步调整，保持运输工具行驶平稳。

(二) 风电场工程大件设备的存放

大件设备的存放场地根据现场的地形地质条件、风电机组的布置和运输条件进行设置，场地满足设备的装卸和安全要求。存放场地方式有两种：一种是风机吊装机位场地较大时，可以直接运输至风机吊装场地现场卸车，现场设专人看护；另一种是现场征地困难或其他原因，风机吊装平台场地较小，一般选择道路运输方便、场地平整、与风电场距离适中的区域集中存放。

第二节 风电场工程施工

目前，陆上风电场工程一般划分为风电机组工程、升压站设备安装调试工程、场内电力线路工程、中控楼和升压站建筑工程、交通工程五大类。

一、风电机组工程

风电机组是风电场施工中的重点。单台风电机组单独作为一个子单位工程，由风电机组基础、风电机组安装、风电机组监控系统、塔架、电缆、箱式变压器、防雷接地网七部分组成。下面主要对重力式风电机组基础、风电机组安装施工过程及控制要点进行介绍。

(一) 风电机组基础施工

风电机组基础是通过自身重力平衡风电机组上部结构及风荷载所产生的水平和垂直负荷的钢筋混凝土结构，是风电机组的重要组成部分。目前风电场基础多采用重力基础。

风电机组基础施工作业流程见图 4-1。

下面以重力基础式风电机组基础为例，简述其施工过程和注意事项。

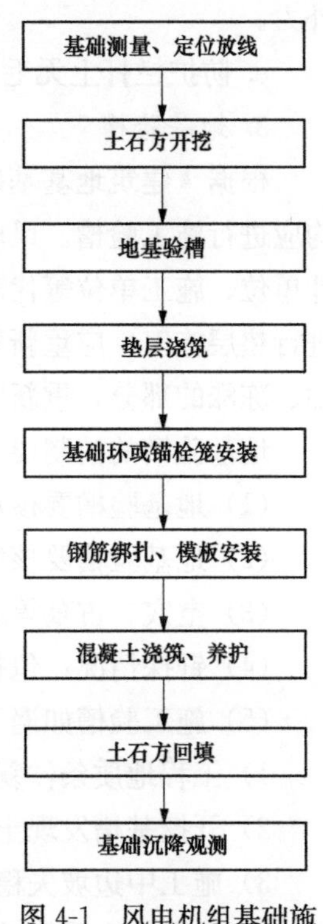

图 4-1 风电机组基础施工作业流程

1. 测量及定位放线

风电机组中心桩由设计单位提供，施工前必须对中心桩进行复核，确保中心桩平面坐标和高程符合设计要求。校核完成后，将此高程引测到控制点桩上，作为此风电机组的统一高程。控制点应布设在施工影响范围外，便于长期保存和测量的稳定位置。

2. 土石方开挖工程

(1) 风电机组基础基坑土石方开挖。

风电机组基础基坑工程土石方开挖采用机械和人工相结合的方式。土石方开挖的基本原则为合理确定开挖顺序、分层开挖深度、放坡坡度和支撑方式，确保施工时人员、机械和相邻构筑物或道路的安全。

(2) 风电机组基础基坑土石方开挖工程控制要点。

1）土石方开挖前，查清周边环境，如地下管线、道路、地下水等情况。将开挖范围内的各种管线迁移、拆除，或采取可靠保护措施。

2）土石方开挖宜自上而下分层分段依次进行，确保施工作业面不积水。严禁随意开挖坡脚。一次开挖高度不宜过高，软土边坡不宜超过 1m。

3）基坑开挖时，开挖的土石方远离基坑边堆放，弃土运至指定的地点并做好水土保持措施。在挖方的上侧不得弃土、停放施工机械和修建临时建筑。

4）基础开挖时应注意地质情况，若与设计不符或发现其他不良地质情况时，及时通知监理单位和设计勘察单位，以便进行地基处理。

5）当挖方边坡大于 2m 时，对边坡进行整治后方可施工，防止因岩土体崩塌、坠落造成人身、机械损伤。

6）基坑开挖到设计高程后，应进行工程地质检验，并应做好记录。为避免坑底土层受扰动，可保留 300mm 厚的土层暂不挖去，人工挖至设计高程。

7）风电机组基础基坑的周边须安装防护栏杆。防护栏杆应符合以下规定：

a. 防护栏杆高度应为 1.2～1.5m。

b. 防护栏杆由横杆及立柱组成。横杆 2～3 道，下杆离地高度 0.3～0.6m，上杆离地。高度 1.0～1.2m；立柱间距不大于 2m，立柱离坡边距离应大于 0.5m。防护栏杆外放置有砂、石、土、砖、砌块等材料时尚应设置扫地杆。

c. 防护栏杆上应加挂密目安全网或挡脚板。安全网自上而下封闭设置，网眼不大于25mm；挡脚板高度不小于180mm，挡脚板下沿离地高度不大于10mm。

d. 防护栏杆的材料要有足够的强度，须安装牢固，上杆能承受任何方向大于1kN的外力。

e. 防护栏杆上无毛刺。

3. 地基验槽

根据《建筑地基基础工程施工质量验收规范》（GB 50202）要求，所有建（构）筑物均应进行施工验槽。风电机组基础基槽开挖后应由建设单位、监理单位、勘测单位、设计单位、施工单位等代表联合验收，验收合格后方能进入下一道工序。若超过48h未能进行垫层施工，应重新验槽。当基坑受到浸泡、扰动、冻涨时，应开挖掉受到浸泡、扰动、冻涨的部分，重新验槽。

地基验槽的控制要点如下：

(1) 地基验槽要核对基坑位置，平面尺寸、坑底高程。

(2) 地基验槽要核对基坑土质及地下水情况。

(3) 空穴、古墓等地下埋设物的位置、深度、性状。

(4) 钎探情况：包括钎探点布置的数量，位置，钎探深度是否符合要求。

(5) 施工验槽如遇下列情况之一时，应进行专门的施工勘察。

1) 工程地质条件复杂，详勘阶段难以查清。

2) 开挖基槽发现土质、土层结构与勘察资料不符。

3) 施工中边坡失稳，需查明原因，进行观察处理时。

4) 施工中土受扰动，需查明其性状及工程性质时。

5) 为地基处理，需进一步提供勘察资料时。

6) 建筑构筑物有特殊要求时，或在施工时出现新的岩土工程地质问题时。

4. 垫层工程

地基验槽合格后，现场根据定位及高程控制桩，放出垫层边线，且在基坑底设置高程控制点。垫层混凝土浇筑采用罐车运送至现场，使用泵车浇筑，并用振捣棒人工振捣。

垫层浇筑完毕后，进行找平，使其表面平整。浇筑完毕后按要求进行覆盖养护。

5. 基础环安装工程

(1) 钢支撑及调节螺栓安装。钢支撑安装是基础环安装的基础。首先在垫层埋件上放出基础环支腿安装位置线，将钢支撑焊接在埋件上，钢支撑垂直度满足设计要求。调节螺栓要牢固地固定在钢支撑上。

(2) 基础环安装。采用汽车吊将基础环吊起运至钢支撑上方，基础环安装在调节螺栓上，并调平。基础环吊装就位时，要确认塔筒门方向是否正确。

基础连接件安装应符合下列规定：

1) 安装时，垫层混凝土强度应达到设计强度的70%以上。

2）安装高程应符合设计图纸要求。

3）吊装就位后对基础连接件安装中心进行复核，确保基础连接件中心投影与设计基础中心重合。

4）安装就位后对支撑件垂直度进行校正，基础连接件及主支撑件应保证垂直。

5）基础连接件支撑件焊接时，禁止吊车脱钩进行作业。各支撑件及连接件的紧固度应符合设计要求。

（3）基础环调平。基础环安装完成后，要使用调节螺栓对基础环进行调平，并记录观测数据。基础环调平过程检测：基础环安装完成后—钢筋绑扎过程中—浇筑混凝土前—浇筑混凝土中—浇筑混凝土后。浇筑前水平度偏差应控制在 1.5mm 以内，浇筑后水平度偏差不允许大于 2mm。测量点宜为 15 点均匀分布。

基础调平应符合下列规定：

1）基础连接件安装就位后，宜在无风或微风时段进行调平，调平时应做测量记录台账，并记录测量时天气、气温等信息。

2）基础连接件调平水平度误差应满足设计及制造厂家的技术要求。

3）基础连接件调平后应在混凝土浇筑前、浇筑过程中及完成后进行水平度复测，并做好记录。

4）基础连接件水平度质量控制应符合下列要求：

a. 基础连接件固定架应与钢筋、模板支撑系统互不相连，自成体系。

b. 钢筋安装时不得触碰基础连接件，基础连接件侧向穿孔钢筋应在孔内悬空，并避免与基础连接件接触。禁止在基础连接件上进行钢筋加工和安装作业。

c. 基础混凝土浇筑时应均匀上升，防止基础连接件侧向形成高差，使基础连接件受到不均衡挤压发生偏斜。

d. 混凝土浇筑时对基础连接件外露部位进行遮盖保护，同时应避免任何物品或设施碰触基础连接件，防止基础连接件发生偏斜。

e. 混凝土浇筑至基础连接件调整螺栓处时进行一次水平度测量，确认水平度误差在允许范围内。

6. 钢筋工程

（1）原材料进场。钢筋进厂须提供合格证，进厂后要进行复试（见证取样），合格后方可使用，钢筋原材料检测按以下标准执行：

1）应按批进行检查和验收，每批由同一牌号、同一炉罐号、同一规格的钢筋组成，每批质量通常不大于 60t，超过 60t 的部分，每增加 40t（或不足 40t 的余数），增加一个拉伸试验试样和一个和弯曲试验试样。《钢筋混凝土用钢第 2 部分：热轧带肋钢筋》（GB 1499.2）、《钢筋混凝土用钢第 1 部分：热轧光圆钢筋》（GB 1499.1）。

2）根据《混凝土结构工程施工质量验收规范》（GB 50204）的规定，钢筋进场检验的项目有屈服强度、抗拉强度、伸长率、弯曲性能和质量偏差检验，检验结果应符合相应标准的规定。

3）对有抗震设防要求的框架结构，其纵向受力钢筋的强度应满足设计要求；当设计无具体要求时，对一、二级抗震等级，检验所得的强度实测值应符合下列规定：

a. 钢筋的抗拉强度实测值与屈服强度实测值的比值不应小于1.25。

b. 钢筋的屈服强度实测值与强度标准值的比值不应大于1.3。

（2）钢筋加工。

1）钢筋的表面应洁净，使用前将表面油渍、漆污、锈皮、鳞锈等清除干净，但对钢筋表面的浮锈可不做专门处理。钢筋表面有严重锈蚀、麻坑、斑点等现象时，经鉴定后视损伤情况确定降级使用或剔除不用。钢筋的除锈方法宜采用手工除锈、机械锈机、喷砂除锈和酸洗除锈，除锈后的钢筋不宜长期存放，尽快使用。

2）钢筋应平直，无局部弯折，中心线与直线偏差不应超过其全长1%。钢筋的调直宜采用机械调直和冷拉方法调直，严禁采用氧气、乙炔焰烘烤取直。

3）钢筋下料长度应根据结构尺寸、混凝土保护层厚度、钢筋弯曲调整值和弯钩增加长度等要求确定。

钢筋应按设计编号编制配料表，再根据调直后的钢筋长度和混凝土结构要求统一配料。

采用绑扎接头、帮条焊、搭接焊的接头宜用机械切断机切割。采用螺纹连接的机械连接钢筋端头宜采用砂轮锯或钢锯片切割，不得采用电气焊切割。如切割后钢筋端头有毛边、弯折或纵肋尺寸过大者，应用砂轮机修磨。新型接头的切割按工艺要求进行。

（3）钢筋的连接。

1）绑扎连接。受拉钢筋直径小于或等于22mm，受压钢筋直径小于或等于32mm，其他钢筋直径小于或等于25mm，可采用绑扎连接。

钢筋搭接处，应在中心和两端用绑丝扎牢，绑扎不少于3道。

钢筋采用绑扎搭接接头时，纵向受拉钢筋的接头搭接长度按受拉钢筋最小锚固长度值控制。

2）直径$d \geqslant 22$mm的钢筋采用机械连接，连接点拉拔要求满足规范要求，且经试验验证。受力钢筋机械连接接头应相互错开，在任一接头中心至$35d$的区段内，受拉钢筋接头面积百分率不得大于50%。机械接头应达到Ⅱ级以上标准。

风电机组基础钢筋连接常用直螺纹套筒连接，其施工注意事项如下：

a. 钢筋接头的加工应经工艺检验合格后方可进行；

b. 加工钢筋接头的操作工人经厂家专业技术人员培训合格后才能上岗，人员应相对稳定；

c. 加工直螺纹时钢筋端头应切平或镦平；

d. 镦粗头不得有与钢筋轴线相垂直的横向裂纹。钢筋端部不得有影响螺纹加工的局部弯曲；

e. 钢筋丝头长度应满足设计要求，拧紧后的钢筋丝头不得相互接触；

f. 接头安装前应检查连接件产品合格证及套筒生产批号标识。产品合格证应包括适

用钢筋直径和接头性能等级、套筒类型、生产单位、生产日期以及可追溯产品原材料力学性能和加工质量的生产批号；

g. 滚轧成型的直螺纹要及时上保护套，以免在加工、搬运过程中损坏丝扣；

h. 专人定期对套丝机进行检查，加工前必须对套丝机滚丝轮进行检查，发现丝牙损坏及时进行更换。

（4）钢筋安装。钢筋安装前应检查成品钢筋型号规格、外形尺寸和数量等与设计和料单、料牌的相符性，检查方法包括尺量、核对数量和目测。

检查成品钢筋锈蚀情况和清洁情况。所有焊接接头必须进行外观检验，其要求是：焊缝表面平顺，没有较明显的咬边、凹陷、焊瘤、夹渣及气孔，严禁有裂纹出现，机械连接接头必须检查外露丝扣情况，并检查接头有无松动。

任何构件钢筋安装后，应如实填写质量检验表，并经终检验收合格后才能浇筑混凝土。

钢筋安装偏差检查。钢筋型号、规格及安装位置、间距、保护层均应符合设计要求，主要检查方法为测量和观察。具体的钢筋安装允许偏差和检验方法见表 4-1。

表 4-1　　钢筋安装允许偏差和检验方法

项　　目		允许偏差（mm）	检　验　方　法
绑扎钢筋网	长、宽	±10	尺量
	网眼尺寸	±20	尺量连续三档，取最大偏差值
绑扎钢筋骨架	长	±10	尺量
	宽、高	±5	尺量
纵向受力钢筋	锚固长度	−20	尺量
	间距	±10	尺量两端、中间各一点，取最大偏差值
	排距	±5	
纵向受力钢筋、箍筋的混凝土保护层厚度	基础	±10	尺量
	柱、梁	±5	尺量
	板、墙、壳	±3	尺量
绑扎箍筋、横向钢筋间距		±20	尺量连续三档，取最大偏差值
钢筋弯起点位置		20	尺量，沿纵、横两个方向量测，并取其中偏差的较大值
预埋件	中心线位置	5	尺量
	水平高差	+3，0	塞尺量测

7. 模板工程

模板及其支架应根据工程结构形式、荷载大小、地基土类别、施工设备和材料供应等条件进行设计。模板及其支架应具有足够的承载能力、刚度和稳定性，能可靠地承受浇筑混凝土的质量、侧压力以及施工荷载。风电机组基础一般多选用加工定型钢模板。

在进行模板施工时，需注意以下事项：

（1）模板施工应符合现行行业标准《建筑施工模板安全技术规范》（JGJ 162）的有关规定。钢管、扣件等构配件应符合现行行业标准《建筑施工扣件式钢管脚手架安全技术规范》（JGJ 130）的有关规定，验收合格后方可使用。

（2）模板及其支撑体系应根据工程实际选定，并进行配模设计，风电机组基础宜采用组合钢模板。

（3）模板及其支撑体系应具有足够的承载能力、刚度和稳定性，能可靠地承受浇筑混凝土的质量、侧压力以及施工荷载。

（4）模板设计构造应简单，装拆方便，并满足安装及混凝土浇筑、养护等工艺要求。

（5）模板接缝应严密，并应采取措施防止漏浆。

（6）组合钢模板应符合现行国家标准《组合钢模板技术规范》（GB/T 50214）的有关规定：钢模板及其支架应妥善保管维修，严重锈蚀、变形及有裂缝的钢模板不得使用。其他型式的模板应符合现行行业标准《建筑工程大模板技术标准》（JGJ/T 74）、《钢框胶合板模板技术规程》（JGJ 96）、《竹胶合板模板》（JG/T 156）的有关规定。

（7）模板表面应涂刷隔离剂。隔离剂不得污染钢筋，不得影响结构外露面的观感。

8. 混凝土工程

混凝土一般采用商混或搅拌站集中生产的形式。混凝土的水平运输采用混凝土罐车。混凝土从搅拌地点运至浇筑地点，延续时间尽量缩短，根据气温宜控制在0.5～1h之内，冬施混凝土要采取罐车保温措施，严格控制混凝土出灌温度。商品混凝土到场后，不允许任意加水，浇筑前应二次搅拌再卸车，已初凝的混凝土不准使用。浇筑一般采用混凝土泵车合的方式。混凝土必须一次性连续浇筑完成。

（1）混凝土配合比。必须经过试验室试配后给出。混凝土搅拌站在投入使用前，必须经过当地计量单位认证合格。搅拌时严格执行配合比投料。

（2）原材料进场。混凝土施工前，对水泥、砂、石及外加剂等材料进行复试，合格后方可使用。混凝土原材检测按以下标准执行：

1）水泥，同一生产厂家、同一品种、同一代号、同一强度等级、同一批号且连续进场的水泥，袋装不超过200t为一检验批，散装不超过500t为一检验批，每批抽样数量不应少于1次。（《混凝土结构工程施工质量验收规范》（GB 50204），详见强制性条文）。

2）外加剂，按同一厂家、同一品种、同一性能、同一批号且连续进场的混凝土外加剂，不超过50t为一批，每批抽样数量不少于1次。《混凝土结构工程施工质量验收规范》（GB 50204）。

3）混凝土掺和料，按同一厂家、同一品种、同一技术指标、同一批号且连续进场的矿物掺和料，粉煤灰、石灰石粉、磷渣粉和钢铁渣粉不超过200t为一批，粒化高炉矿渣粉和复合矿物掺和料不超过500t为一批，沸石粉不超过120t为一批，硅灰不超过30t为一批，每批抽样数量不少于1次。《混凝土结构工程施工质量验收规范》（GB 50204）。

4）混凝土砂石，按《普通混凝土用砂、石质量及检验方法标准》（JGJ 52）规定：

a. 按砂或石的同产地同规格分批验收。采用大型工具（如火车、货船或汽车）运输的，应以 $400m^3$ 或 600t 为一验收批；采用小型工具（如拖拉机等）运输的，应以 $200m^3$ 或 300t 为一验收批。不足上述量者，应按一验收批进行验收。

b. 每验收批砂石至少应进行颗粒级配、含泥量、泥块含量检验。对于碎石或卵石，还应检验针片状颗粒含量；对于海砂或有氯离子污染的砂，还应检验其氯离子含量；对于海砂，还应检验贝壳含量；对于人工砂及混合砂，还应检验石粉含量。

c. 除筛分析外，当其余检验项目存在不合格项时，应加倍取样进行复验。当复验仍有一项不满足标准要求时，应按不合格品处理。

d. 每验收批取样方法：从料堆上取样时，取样部位应均匀分布。取样前应先将取样部位表层铲除，然后由各部位抽取大致相等的砂 8 份、石 16 份，各自组成一组样品；从带式运输机上取样时，在带式运输机机尾的出料处用接料器定时抽取砂 4 份、石 8 份，各自组成一组样品；从火车、汽车、货船上取样时，应从不同部位和深度抽取大致相等的砂 8 份、石 16 份，各自组成一组样品。

5）混凝土用水，混凝土用水包括混凝土拌和用水及混凝土养护用水。混凝土拌和用水不应有漂浮明显的油脂和泡沫，不应有明显的颜色和异味。混凝土养护用水可不检验不溶物和可溶物、水泥凝结时间和水泥胶砂强度。

a. 地表水、地下水、再生水和混凝土企业设备洗刷水在使用前进行检验。在使用期间，检验频率宜：地表水每 6 个月检验一次；地下水每年检验一次；再生水每 3 个月检验一次，在质量稳定一年后，可每 6 个月检验一次；混凝土企业设备洗刷水每 3 个月检验一次，在质量稳定一年后，可一年检验一次。当发现水受到污染和对混凝土性能有影响时，立即检验。

b. 水质检验水样不应少于 5L，用于测定水泥凝结时间和胶砂强度的水样不应少于 3L。采集水样的容器应无污染，容器应用待采集水样冲洗三次再灌装，并应密封。

c. 地表水宜在水域中心部位、距水面 100mm 以下采集，并应记载季节、气候、雨量和周边环境的情况。地下水应在放水冲洗管道后接取，或直接用容器采集，不得将地下水积存于地表后再从中采集。再生水应在取水管道终端接取。

d. 水质全部项目检验宜在取样后 7 天内完成，放射性检验、水泥凝结时间检验和水泥胶砂强度成型宜在取样后 10 天内完成。符合《生活饮用水卫生标准》（GB 5749）要求的饮用水，可不经检验作为混凝土用水。该饮用水宜理解为取自饮用的自来水供水系统的水，只要不是从饮用的自来水系统的水，均视为非饮用水。当水泥凝结时间和水泥胶砂强度的检验不满足要求时，应重新加倍抽样复检一次。

（3）风电机组基础浇筑为大体积混凝土浇筑。

1）混凝土浇筑时，振捣器不得与基础环直接接触，应避免施工机械和人员与基础环碰撞。

2）混凝土浇筑层厚度应根据所用振捣器的作用深度及混凝土的和易性确定，整体连续浇筑时宜为 300～500mm。

3）整体分层连续浇筑或推移式连续浇筑，应缩短间歇时间，并应在前层混凝土初凝之前将次层混凝土浇筑完毕，层间最长的间歇时间不应大于混凝土的初凝时间。混凝土的初凝时间应通过试验确定。当层间间歇时间超过混凝土的初凝时间时，层面按施工缝处理。

4）混凝土浇筑宜从低处开始，沿长边方向自一端向另一端进行。当混凝土供应量有保证时，亦可多点同时浇筑。

5）混凝土浇筑宜采用二次振捣工艺。

6）大体积混凝土施工采取分层间歇浇筑混凝土时，水平施工缝的处理符合下列规定：

a. 在已硬化的混凝土表面，应清除表面的浮浆、松动的石子及软弱混凝土层。

b. 在上层混凝，应用清水冲洗混凝土表面的杇物，并充分润湿，但不得有积水。

c. 混凝土应振捣密实，并使新旧混凝土紧密结合。

7）在大体积混凝土浇筑过程中，采取防止受力钢筋、定位筋、预埋件等移位和变形的措施及时清除混凝土表面的泌水。

8）大体积混凝土浇筑面及时进行二次抹压处理。

9）大体积混凝土施工遇炎热、冬期、大风或雨雪天气时，必须采用保证混凝土浇筑质量的技术措施。

10）炎热天气浇筑混凝土时，采用遮盖、洒水等降低混凝土原材料温度的措施，混凝土入模温度应控制在 30℃以下。混凝土浇筑后，及时进行保湿保温养护。条件许可时，应避开高温时段浇筑。

11）冬期浇筑混凝土时，采用热水拌和、加热骨料等提高混凝土原材料温度的措施，混凝土入模度不宜低于 5℃。混凝土浇筑后，及时进行保温保湿养护。

12）大风天气浇筑混凝土时，在作业面采取挡风措施，并增加混凝土表面的抹压次数，及时覆盖塑料薄膜和保温材料。

13）雨雪天不露天浇筑混凝土，当需施工时，采取确保混凝土质量的措施。浇筑对程中突遇大雨或大雪天气时，及时在结构合理部位留置施工缝，并尽快中止混凝土浇筑。对已浇筑还未硬化的混凝土应立即进行覆盖，严禁雨水直接冲刷新浇筑的混凝土。

（4）混凝土养护。大体积混凝土进行保温保湿养护，在每次混凝土浇筑完毕后，除应按普通混凝土进行常规养护外，尚应及时按温控技术措施的要求进行保温养护，并应符合下列规定：

1）专人负责保温养护工作，并应按有关规定操作，同时做好测试记录。

2）保湿养护的持续时间不得少于 14 天，并经常检查塑料薄膜或养护剂涂层的完整情况，保持混凝土表面湿润。

3）保温覆盖层的拆除应分层逐步进行，当混凝土的表面温度与环境最大温差小于 20℃时，可全部拆除。

4）在混凝土浇筑完毕初凝前，立即进行喷雾养护工作。

5）塑料薄膜、麻袋、阻燃保温被等，可作为保温材料覆盖混凝土和模板，必要时，可搭设挡风保温棚或遮阳降温棚。在保温养护中，对混凝土浇筑体的里表温差和降温速率进行现场监测，当实测结果不满足温控指标的要求时，及时调整保温养护措施。

6）大体积混凝土拆模后，地下结构应及时回填土。地上结构应尽早进行装饰，不宜长期暴露在自然环境中。

（5）混凝土测量。

1）大体积混凝土浇筑里表温差、降温速率及环境温度的测试，在混凝土浇筑后，每昼夜不得少于4次。

2）大体积混凝土浇筑体内监测点的布置，应真实地反映出混凝土浇筑体内最高温升、里表温差、降温速率及环境温度，可按下列方式布置：

a. 监测点的布置范围应以所选混凝土浇筑体平面图对称轴线的半条轴线为测试区，在测试区内监测；

b. 在测试区内，监测点的位置与数量可根据混凝土浇筑体内温度场的分布情况及温控的要求确定；

c. 在每条测试轴线上，监测点位不宜少于4处，应根据结构的几何尺寸布置；

d. 沿混凝土浇筑体厚度方向，必须布置外表、底面和中心温度测点，其余测点宜按测点间距不大于600mm布置；

e. 保温养护效果及环境温度监测点数量应根据具体需要确定；

f. 混凝土浇筑体的外表温度，宜为混凝土外表以内50mm处的温度；

g. 混凝土浇筑体底面的温度，宜为混凝土浇筑体底面上50mm处的温度。

3）测温元件的选择应符合下列规定：

a. 测温元件的测温误差不应大于0.3℃（25℃环境下）；

b. 测量范围在－30～150℃；

c. 绝缘电阻应大于500MΩ。

4）温度测试元件的安装及保护，应符合下列规定：

a. 测试元件安装前，必须在水下1m处经过浸泡24h不损坏；

b. 测试元件接头安装位置应准确，固定应牢固，并应与结构钢筋及固定架金属体绝热；

c. 测试元件的引出线宜集中布置，并应加以保护；

d. 测试元件周围应进行保护，混凝土浇筑过程中，下料时振捣器不得直接冲击测试测温元件及其引出线。

5）测试过程中宜及时描绘出各点的温度变化曲线和断面的温度分布曲线；

6）发现温控数值异常应及时报警，并应采取相应的措施。

9. 土石方回填工程

（1）土石方回填前应清除基底垃圾、树根等杂物，排出坑内积水、淤泥。当地下水位较高时，应采取井点降水或其他有效的降水措施。

(2) 填方应从最低处开始，由下向上分层铺填压实。

(3) 基础上部及四周回填土应进行压实，压实系数应达到 0.94。

(4) 回填完毕后，应做好场地临时排水措施。

10. 基础沉降观测工程

风电机组基础沉降观测一般分为沉降观测点和沉降基准点，沉降基准点至少为 2 个，基准点中心距离风电机组基础中心至少为 30m。基准点选择在坚固可靠的地质位置。

风电机组基础沉降观测应符合下列规定：

(1) 基础施工完成后进行首次观测，基础混凝土强度达到设计强度的 70%后进行第二次观测，机组安装前进行第三次观测，机组安装完成后进行第四次观测。

(2) 施工期间如遇 5 级以上地震、8 级以上大风、基础浸水等特殊情况，及时增加观测次数。

(3) 沉降观测中，每次进行独立的两组观测，两组观测值不超过规定值时，取两组观测值的平均值作为观测成果。观测值超过规定值时，应分析原因。

(4) 沉降观测时，应如实完整地填写观测记录。

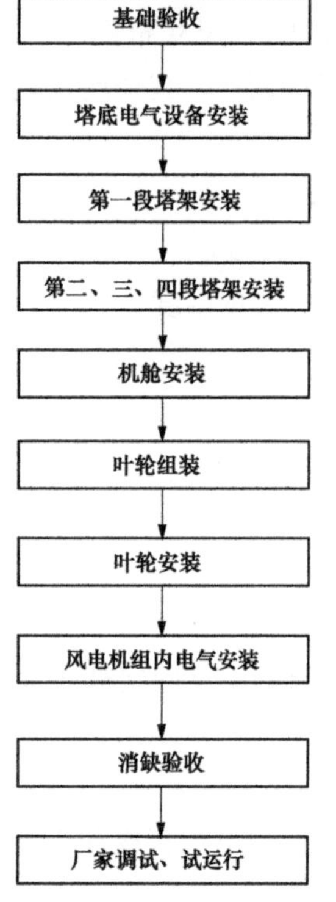

图 4-2 风电机组吊装总体施工工艺作业流程

(二) 风电机组安装施工

对于风电场施工建设而言，风电机组的安装直接影响施工进度，下面以双馈式风电机组为例，简要介绍风电机组安装的注意事项及步骤。

风电机组吊装总体施工工艺流程见图 4-2。

1. 风电机组安装前的准备工作

(1) 风电机组安装前编制并获批准的安装方案，并配置相应的机械安装设备、专用工具（风机专用吊装吊具，由风机设备厂家提供）和辅助材料。

(2) 风电机组安装前，施工人员已接受风机设备厂家的安全、技术及工艺质量交底工作。

(3) 风电机组安装用高强度螺栓宜早于风电机组安装前 15 天左右到达施工现场。运输的产品应分类摆放，要求整齐、有序，按照产品的本身要求，合理装车。在运输过程中必须保证螺栓副完好，表面不得有损伤和生锈。到达现场后螺栓副应按包装箱上注明的批号、规格分类保管，室内存放，堆放不宜过高。室内环境应清洁、通风、防雨（雪、水）侵袭，不得在阳光下长期暴晒，防止生锈和沾染脏物。不得与酸、碱、盐、水泥等对螺栓副有侵蚀性的材料堆放在一起。高强度螺栓使用前还需进行产品复检，在建设单位、监理单位、风机厂家的见证下现场抽取样品送到有资质的试验室进行检验，具体标准如下：

抽检以螺栓连接副批次为单位，同批螺栓连接副最大数量为 5000 套。抽检数量如下：

注：螺栓连接副批包括单一螺栓连接副批和扩展的螺栓连接副批。

1）实物尺寸检测的试样为32件。

2）实物机械性能检测的试样为8件（当批数量小于2000套时，抽查3件）。

3）螺栓机加工试件力学性能检测的试样为3件（可选）。

4）低温冲击检测的试样为3组（每组3件）。

5）螺栓连接副扭矩系数试验的试样为8套。

6）螺母保证载荷试样为8件（当批数量小于2000套时，抽查3件），硬度试验的试样为8件。

7）垫圈硬度试验的试样为8件。

8）螺纹脱碳试验的试样为3件。

9）防腐试验。

（4）风电机组安装前风机吊装平台应施工完成，其场地的范围，地基承载情况应满足设计图纸和风机设备厂家的要求。一般吊装平台的尺寸为40m×50m，至少要满足主吊起重机和辅助起重机的站车、施工及风电机组的塔架、机舱、轮毂、叶片的摆放要求。

（5）风电机组安装前应观察好天气、风速情况，合理安排风电机组安装工作。

（6）叶片和风轮的安装风速不宜超过8m/s，塔架、机舱的安装风速不宜超过10m/s。风机设备厂家有明确规定的，按照风机设备厂家的规定执行。

2. 风电机组安装工序

（1）基础验收。塔架安装之前必须先完成机组基础验收，其基础环水平度、混凝土强度、接地电阻等须满足技术要求。

1）吊装场地应满足作业需要，并应有足够的零部件存放场地；风电场道路应平整、通畅，所有桥涵、道路能够保证各种施工车辆安全通行。

2）清洁基础环的所有表面，但需注意不能伤害基础环。并将底段的高强度螺栓、垫片、螺母及其他工具提前放置在基础环内。

3）利用水平仪器测量基础环的水平度，水平度检查取等分的15个点进行测量，记录15个点的测量值，最大值与最小值的偏差不应大于2mm。若超出2mm，需要对基础环进行技术处理。

4）检查风电机组基础的混凝土强度报告，风电机组安装前保证基础浇筑并保养28天以上，并且风电机组的塔架安装时基础强度不低于设计强度的75%。

5）接地电阻应符合现行的国家标准《电气装置安装工程接地装置施工及验收规范》（GB 50169）的有关规定。风电场接地电阻一般要求小于4Ω。

（2）塔底电气设备安装。使用吊车将塔底电气设备支架吊入基础环内，调平支架。将塔底电气设备吊至底部平台支架上方，由安装人员将其安放在底部平台上使用螺栓固定。吊索的固定应采用设备顶部吊环。无吊环设备吊索的固定采用四角主要承力结构，吊索的长度应保持一致，并采取措施防止设备柜体变形损坏。在吊绳被拉紧时，不应用手接触起吊部位，禁止人员和车辆在起重作业半径内停留。

(3) 塔架安装。

1) 底段塔筒安装。起吊前检查塔架在运输过程中是否有面漆损伤、变形等情况，必要时在清洗完工后补漆或采取其他必要措施。检查无误后，用专用吊具固定在底段塔架的上、下法兰上。两台吊车在专业指挥人员的指挥下，配合将底段塔架竖直。起吊底段塔架时应平缓，同时保证塔架直立后下端处于水平位置，并至少有一根导向绳导向。同时塔架下法兰面不能接触地面。

段塔架就位后，塔架门方向应满足设要求，一般门的位置应背对着主风向；螺栓、垫圈和螺母应正确安装，注意螺栓必须由下向上穿，垫片内孔倒角必须朝向螺栓头和螺母。接着用快速电动扳手按十字对称先预紧对角的 20 个螺栓，然后按顺序预拧紧塔架内圈。电动扳手预紧完成后，应用液压扳手多次对称拧紧螺栓至规定力矩。由于风机设备厂家不同，具体的要求也不同。一般应 3 次拧紧螺栓至规定力矩，分别为要求力矩值的 70%、力矩值的 90%、力矩值的 100%。

力矩预紧的同时，还应将风机外爬梯与风电机组基础底段连接，保证后续施工人员施工方便。塔架内部照明和动力连接线也应按照设计要求连接，通过外面的柴油发电机组供电，保证塔架内照明。底段塔架与基础环连接螺栓拧紧到设计要求后，拆卸上法兰吊具，准备第二段塔架的起吊。底段塔架吊装过程见图 4-3～图 4-6（见文后插页）。

2) 第二、三、四段塔架安装。按底段塔架吊装工序依次完成第二、三、四段塔架吊装工作。

需要注意以下几点：

a. 每段塔架安装后应检查其安装位置和垂直度，塔架中心线的垂直度应满足设计要求；

b. 塔架间爬梯、安全滑轨等附件连接应满足制造厂家要求；

c. 段塔架与机舱应连续安装，特殊情况不能连续安装的，应采取安全措施防止塔架共振。

(4) 机舱安装。机舱安装前应检查检测机舱罩表面是否有污物和磨损，电缆捆扎要牢固，测风装置、航空灯和避雷针等附件安装应正确。机舱吊具安装应符合风机设备厂家要求。

起吊机舱时，起吊点应确保无误。首先要进行机舱调平试吊，将机舱吊离地面 20cm 左右，静置 5min，观察机舱纵向和横向应水平，吊链应均匀受力。机舱平稳后，将机舱落回地面，拆除运输支架与机舱连接螺栓，开始起吊。

起吊时保持均匀的提升速度，机舱起吊高出塔架顶部法兰面时开始机舱和塔架对接，机舱和塔架对接时应缓慢而平稳，避免机舱与塔架之间发生碰撞。机舱与塔架对接后，用液压力矩扳手按十字对称先紧固对角螺栓，然后顺序拧紧塔架内圈机舱与最上段法兰连接的螺栓，螺栓力矩紧固参照塔架力矩紧固方法执行。机舱与塔架固定连接螺栓到达

技术要求的紧固力矩后，方可松开吊钩、移除吊具。

完成机舱安装，人员撤离现场时，应恢复定顶部盖板并关闭机舱所有窗口。

（5）叶轮组装。将轮毂和叶片放置在不影响吊装施工的指定地点，叶轮在地面组装完成未起吊前，必须可靠牢固。

组装前检查轮毂、叶片在运输过程中是否有面漆损伤、变形等情况。轮毂不要提前拆除防尘罩，避免风沙等进入轮毂内。安装所有必要的部件，清理连接叶片和轮毂的法兰。在变桨轴承上标注出 0°螺栓孔位置（要在 0°位置画一条长线到轮毂内侧）。利用辅助吊车依次将 3 片叶片与轮毂依次连接。连接过程中叶片根部的 0°标记位与轮毂叶片轴承的 0°标记位应保持一致。叶片连接螺栓、螺母、垫片按照设计要求正确安装，螺栓力矩紧固参照塔架力矩紧固方法执行。

叶轮组装后不能立即安装的应有防倾覆、防位移措施。

（6）叶轮安装。主吊车吊住两个叶片专用吊具，辅助吊车吊起第三个叶片专用吊具，水平吊起。在主吊车钩徐徐上升过程中，辅助吊车钩徐徐下放，使叶轮从起吊时状态逐渐倾斜，完成空中 90°翻转，松掉辅助吊车吊绳并去除吊具，通过人拉两根风绳，使叶轮轴线处于水平位置。叶轮徐徐升起至发电机位置，经指挥人员指挥与机舱对接。对接完成后紧固连接螺栓，螺栓力矩紧固参照塔架力矩紧固方法执行。

叶轮吊装过程见图 4-7（见文后插页）。

叶轮安装还应符合下列要求：

1）叶轮安装应分别在主吊叶片的叶尖各配备一根导向绳，导向绳通过叶尖护袋固定至叶尖处，并应有足够的人员拉曳。

2）叶轮起吊前轮毂内部不应遗留有杂物，内外应清理干净。

3）叶轮安装应采取措施避免辅吊脱钩后叶轮出现上张角，辅吊的吊具应有防止叶片损伤的保护措施。

4）起吊变桨距机组叶轮时，叶片处于顺桨位置，并可靠锁定。

5）叶轮吊离地面约 1.5m 时应清理轮毂主轴法兰螺孔。

6）移除吊具时，轮毂与机舱的高强度螺栓力矩应达到风机设备厂家的要求。

（7）风电机组内电气安装。

1）电缆敷设。电缆在敷设和制线前贮存在清洁、通风的地方，避免阳光长期直接暴晒，不准在上面堆压重物，不得叠加存放。要干燥、通风、防止暴晒，远离具有腐蚀性的设备和材料，配备消防器材。

电缆敷设前对电缆检查，电缆外观是否良好，电缆的型号、规格及长度是否符合要求，是否有外力损伤，电缆用 1000V 绝缘电阻表测量绝缘电阻，阻值一般不低于 1MΩ。

电缆的路径选择，避免电缆遭受机械性外力、过热、腐蚀等危害。满足安全要求条件下，应保证电缆路径最短，同时还应便于敷设、维护。

电缆安装排布要求牢固、整齐、美观，不应有绞接、交叉现象。

电缆在任何敷设方式及其全部路径条件的上下左右改变部位，均应满足电缆允许弯曲半径。

同一通道内电缆数量较多时，若在同一侧的多层支架上敷设时应按电压等级由高至低的电力电缆、强电至弱电的控制和信号电缆、通信电缆“由上而下”的顺序排列。除弱电电缆有防干扰保护情况下，强弱电要保持距离，距离宜为电缆直径的 2 倍。

2）电缆固定。垂直敷设或超过 45°倾斜敷设的电缆应在每个支架上固定。桥架上每隔 2m 处固定。水平敷设的电缆，在电缆首末两端及转弯、电缆接头的两端处单芯电缆的固定应符合设计要求。

电缆固定用部件的选择，应符合下列规定：

a. 除交流单芯电力电缆外，可采用经防腐处理的扁钢制夹具、尼龙扎带或镀塑金属扎带。强腐蚀环境，采用尼龙扎带或镀塑金属扎带；

b. 交流单芯电力电缆的刚性固定，宜采用铝合金等不构成磁性闭合回路的夹具；

c. 其他固定方式，可采用尼龙扎带或绳索；

d. 不得用铁丝直接捆扎电缆。

特殊说明，机舱动力电缆垂放时，应符合下列规定：

a. 单根电缆依次垂放，其悬垂高度由工艺文件做出规定；

b. 电缆采用穿越扭缆平台敷设形式时，扭缆平台上的电缆穿入、穿出口应做好碰撞防护；

c. 机舱到塔基的长电缆在敷设时，电缆应在完成当前平台内的固定后再进行到下一平台的垂放与固定。

3）电缆制线。剥切多芯电缆外层橡套时，在适当长度处用电工刀（或美工刀）顺着电缆壁圆周划圆，然后剥去电缆外层橡套，注意切割时用力要均匀、适当不可损伤内部线缆绝缘。

单芯 1.0～2.5mm^{2}的线缆应用剥线钳剥去绝缘层，注意按绝缘线直径不同，放在剥线钳相应的齿槽中。以防导线受损，剥切长度根据选用的接线端头长度加长 1mm。注意剥线时不可损伤线芯。

管式预绝缘头选用专用压线钳压接，注意压线钳选口要正确，线缆头穿入时应防止线芯分岔，线缆绝缘层需完全穿入绝缘套管，线芯需与针管平齐，如有多余需用斜口钳去除，压接完成后需用力拉拔端头，检查是否牢固。

管式预绝缘端头用压线钳压好后，会出现一面平整而另一面有凹槽。端头与弹簧端子连接时，应将管式预绝缘端头的平整面与弹簧端子的金属平面相连（端头平整面需正对端子中心后插入），如果用有凹槽的一面与弹簧端子的金属平面相连会造成接触不良烧毁端子。

铜接线端头压接前，应先将热缩管套入电缆。压接时应将缆芯铜丝撸直再穿进端头内，注意要将所有缆芯内的铜丝都放入端头内，不能截掉铜丝。根据铜接线端头的长短选择压接道数，尾部较短的端头用液压钳压接 2 道，尾部较长的端头用液压钳压接 3 道。

4）电缆安装。控制电缆接线应符合下列规定：

a. 按照工艺文件施工，接线正确。

b. 导线与电气元件间采用螺栓连接、插接、压接等，均应牢固可靠，导线完好、无损伤。

c. 电缆芯线和所配导线的端部均应标明其编号，编号应正确，字迹清晰且不易脱色；配线应整齐、清晰、美观，导线绝缘应良好，无损伤。

d. 每个接线端子的每侧接线宜为1根，不得超过2根，对于插接式端子，不同截面的两根导线不得接在同一端子上；对于螺栓连接端子，当接两根导线时，中间应加平垫圈按照工艺文件的要求压接电缆屏蔽层。

母线排接线时应符合下列规定：

a. 母线接触面应保持清洁；

b. 母线平置时，贯穿螺栓应由下往上穿，其余情况下，螺母应置于维护侧；

c. 贯穿螺栓连接的母线两外侧均应有平垫圈，相邻螺栓垫圈间应有3mm以上的净距，螺母侧应装有弹簧垫圈或锁紧螺母；

d. 螺栓受力应均匀，不应使电器的接线端子受到额外应力；

e. 母线的接触面应连接紧密，连接螺栓应用力矩扳手紧固，其紧固力矩值应符合产品技术文件要求；

f. 电气系统中的所有电气连接要可靠，接地电阻满足设计要求。

（8）消缺验收。风电机组安装完成后施工单位应进行自检，自检合格后，上报监理单位，风电机组设备厂家、监理单位和施工单位共同的参与下进行风电机组安装最终检查。发现问题缺陷并按照风电机组设备厂家要求整改后，通过验收，移交至风电机组设备厂家进行下一步工作。

（9）厂家调试、试运行。风电机组安装完成，经风机设备厂家验收合格后，由风电机组设备厂家进行调试及试运行。期间需要注意以下几点：

1）机组调试期间，应在控制盘、远程控制系统操作盘处悬挂禁止操作标示牌；

2）独立变桨的机组调试变桨系统时，严禁同时调试多只叶片；

3）机组其他调试项目未完成前，禁止进行超速试验。

新安装机组在启动前应具备以下条件：

1）各电缆连接正确，接触良好；

2）设备绝缘良好；

3）相序校核，测量电压值和电压平衡性；

4）检测所有螺栓力矩达到标准力矩值；

5）正常停机试验及安全停机、事故停机试验无异常；

6）完成安全链回路所有元件检测和试验，并正确动作；

7）完成液压系统、变桨系统、变频系统、偏航系统、制动系统、测风装置性能测试，达到启动要求；

8）核对保护定值设置无误；

9）填写调试报告。

二、风电机组安装工程安全注意事项

（一）基本要求

（1）风电机组吊装起重作业应严格遵循《履带起重机安全操作规程》（DL/T 5248）、《汽车起重机安全操作规程》（DL/T 5250）和《电业安全工作规程 第1部分：热力和机械》（GB 26164.1）规定的要求。

（2）塔架、机舱、叶轮、叶片等部件吊装时，风速不应高于该机型安装技术规定。未明确相关吊装风速的，风速超过8m/s时，不宜进行叶片和叶轮吊装。风速超过10m/s时，不宜进行塔架、机舱、轮毂、发电机等设备吊装。

（3）遇有大雾，雷雨天，照明不足，指挥人员看不清各工作地点，或起重驾驶人员等情况时，不应进行其中工作。

（4）吊装场地应满足作业需要，并应有足够的零部件存放场地。风电场道路应平整、通畅，所有桥涵、道路能够保证各种施工车辆安全通行。

（5）机组吊装施工现场应设置警示标牌，在吊装场地周围设立警戒线，非作业人员不应入内。

（6）吊装前正确选着吊具，并确保起吊点无误；吊装物各部件保持完好，固定牢固。

（7）在吊绳被拉紧时，不应用手接触起吊部位，禁止人员和车辆在起重作业半径内停留。

（8）吊装作业区有带电设备时，其中设施和吊物、缆风绳等与带电体的最小安全距离不得小于《电力安全工作规程 发电厂和变电站电气部分》（GB 26860）的规定，并设专人监护。吊装时采用的临时缆绳应由非导电材料制成，并确保足够强度。

（9）塔架、机舱就位后，应立即按照紧固技术要求进行紧固。使用的各类紧固器具，经过检测合格并有检验合格标识。

（二）塔架安装

（1）塔架安装之前必须先完成机组基础验收，其接地电阻必须满足技术要求。

（2）起吊塔架时，应保证塔架直立后下端处于水平位置，并至少有一根导向绳导向。

（3）塔架就位时，工作人员不应将身体部位伸出塔架之外。

（4）底部塔架安装完成后应立即与接地网进行连接，其他塔架安装就位后应立即连接引雷导线。

（5）在塔架的安装过程中，应安装临时防坠装置。如无临时防坠装置，攀爬塔架时使用双钩安全绳进行交替固定。

（6）顶端塔架安装完成后，立即进行机舱安装。如遇特殊情况，不能完成机舱安装，人员离开时必须将塔架门关闭，并采取将塔架顶部封闭等防止塔架摆动措施。

（三）机舱吊装

（1）起吊机舱时，起吊点应确保无误。在吊装中必须保证有一名人员在塔架平台协助工作。

（2）机舱和塔架对接时应缓慢而平稳，避免机舱与塔架之间发生碰撞。

（3）起吊机舱时，禁止人员随机舱一起起吊。

（4）机舱与塔架固定连接螺栓达到技术要求的紧固力矩后，方可松开吊钩、移除吊具。

（5）完成机舱安装，人员撤离现场时，应恢复定顶部盖板并关闭机舱所有窗口。

（四）叶轮和叶片安装

（1）叶轮和叶片起吊时，应使用经检验合格的吊具。

（2）起吊叶轮和叶片时至少有两根导向绳，导向绳长度和强度应足够；应有足够人员拉紧导向绳，保证起吊方向。

（3）起吊变桨距机组叶轮时，叶片桨距角必须处于顺桨位置，并可靠锁定。

（4）叶片吊装前，应检查叶片引雷线连接良好，叶片各接闪器至根部引雷线阻值不大于该机组规定值。

（5）叶轮在地面组装完成未起吊前，必须可靠牢固。

（五）整体安装后

（1）机组安装完成后，将制动系统松闸，使机组处于自由旋转状态。

（2）机组安装完成后，测量和核实机组叶片根部至底部引雷通道阻值符合技术规定，并检查机组等电位连接无异常。

第三节　风电场工程验收

风电场工程验收分单位工程验收、启动验收、移交生产验收和竣工验收四个阶段进行。

单位工程验收：单位工程完工后，在施工单位自行质量检查评定的基础上，由建设单位组织，设计、监理、施工等单位对单位工程的质量进行抽样复验，根据相关施工验收规范和质量检验标准，以书面形式确认单位工程质量是否合格的鉴定工作。

启动验收：机组安装调试完成且通过不少于240h连续、无故障并网运行后进行的鉴定工作。风电场工程启动验收可分为单台机组启动验收和整套启动验收。

移交生产验收：风电场工程全部机组、电气工程和其他配套设施全部验收合格后，建设单位向生产单位进行移交的鉴定工作。

竣工验收：在主体工程完工且各专项验收（一般包括环境保护、水土保持、消防、劳动安全与职业健康、电能质量检测、工程档案、节能等验收）及启动验收通过后，建设单位会同政府主管部门、工程质量监督部门、电网等相关单位，对风电场工程进行的全面鉴定工作。

一、单位工程验收

单位工程验收可分为风电机组基础与安装工程、风电机组工程建筑工程、升压站设备安装调试工程、场内电力线路工程、交通工程五类进行。在各分部工程验收合格后，施工单位向建设单位提出单位工程验收申请，最终提出验收签证，并给出评定意见。

（一）风电机组基础与安装工程

包括风电机组基础、风电机组安装、监控系统、箱式变电站、防雷接地网等内容，验收时应包括下列工作内容：

（1）检查各分部工程验收记录、报告及有关施工中的关键工序和隐蔽工程检查、签证记录等资料。

（2）检查风电机组及其他设备的规格型号、技术性能指标及技术说明书、试验记录、合格证件、安装图纸、备品配件和专用工具、器具及其清单等。

（3）提出缺陷处理意见。

（4）验收签证，并给出评定意见。

（二）风电机组工程建筑工程

包括升压站电气设备基础、中控楼和生活设施等工程，各分部工程应符合施工设计图纸、设计更改联系单及施工技术要求，验收时应包括下列工作内容：

（1）检查风电机组工程建筑工程。

（2）检查各分部工程施工记录及有关材料合格证、试验报告等。

（3）检查各主要工艺、隐蔽工程验收记录，检查施工缺陷处理情况。

（4）政府管理部门要求的专项验收应按相关规定组织报验并取得批复。

（5）对检查中发现的遗留问题提出处理意见。

（6）验收签证，并给出评定意见。

（三）升压站设备安装调试工程

包括升压站主变压器、高压电气设备、直流系统、通信系统、图像监控系统，火灾报警系统、低压配电系统、接地装置、电力电缆等内容，验收时包括下列工作内容：

（1）检查电气安装与调试工程，各分部工程应符合设计要求。

（2）检查制造厂提供的产品说明书、试验记录、合格证件、安装图纸、备品配件和专用工具及其清单。

（3）检查安装调试记录和报告，各分部工程阶收记录和报告及施工中的关键工序检查签证记录等资料。

（4）提出缺陷处理意见。

（5）验收签证，并给出评定意见。

（四）场内电力线路工程

分为架空电力线路、电力电缆线路或架空线和电缆混合电力线路，各分部工程应符合设计要求，验收时包括下列工作内容：

（1）检查电力线路工程。

（2）检查施工记录、中间验收记录、隐截工程验收记录、各分部工程自检验收记录及工程缺陷整改情况报告等资料。

(3) 在冰冻、雷电严重的地区，应重点检查冰冻、防雷击的安全保护设施。

(4) 提出缺陷处理意见。

(5) 验收签证，并给出评定意见。

(五) 交通工程

包括路基、路面，排水沟、涵洞、桥梁等内容，各分部工程质量应符合设计要求。验收时包括下列工作内容：

(1) 检查施工记录、分部工程自检验收记录等有关资料。

(2) 提出工程缺陷处理要求。

二、 启动验收

启动验收可分为单台机组启动验收和整套启动验收。单台机组启动试运行工作结束后，应及时组织单台机组启动验收，当风电机组数量较多时可分批次进行。工程最后一台风电机组启动验收结束后，及时组织工程整套启动验收。

(一) 单台机组启动验收应包括的工作内容

(1) 检查风电机组的调试记录、安全保护试验记录及不少于 240h 连续并网运行记录；

(2) 按照合同及技术说明书的要求，核查风电机组各项性能技术指标；

(3) 检查风电机组自动、手动启停操作控制状况；

(4) 检查风电机组各部件温度；

(5) 检查风电机组的滑环及电刷工作情况；

(6) 检查齿轮箱、发电机、油泵电动机、偏航电动机、风扇电动机工作情况，各部件应转向正确、运行正常、无异声；

(7) 检查控制系统中软件版本和控制功能，各种参数设置应符合运行设计要求；

(8) 检查各种信息参数，确保显示正常；

(9) 对验收检查中的缺陷提出处理意见；

(10) 签署启动验收意见。

(二) 工程整套启动验收应包括的工作内容

(1) 审议工程建设总结报告及设计、监理、施工等总结报告，检查各阶段质量监督检查提出问题的闭环处理情况；

(2) 工程资料应齐全完整，并按相关档案管理规定归档；

(3) 检查历次验收记录与报告；抽查施工、安装调试等记录，必要时进行现场复核；

(4) 检查工程投运的安全保护设施与措施；

(5) 各台风电机组遥控功能测试应正常；

(6) 检查中央监控与远程监控工作情况；

(7) 检查设备质量及各台风电机组不少于 240h 试运行结果；

(8) 检查历次验收所提出的问题处理情况；

（9）检查水土保持方案落实情况；

（10）检查工程投运的生产准备情况；

（11）检查工程整套启动情况；

（12）协调处理启动验收中有关问题，对重大缺陷与问题提出处理意见；

（13）确定工程移交生产期限，并提出移交生产前应完成的准备工作；

（14）对工程作出总体评价；

（15）签发工程整套启动验收鉴定书，并给出评定意见。

三、 移交生产验收

移交生产前的准备工作完成后，建设单位应及时向生产单位进行移交。根据工程实际情况，移交生产验收可在工程竣工验收前进行。

移交生产验收应包括下列工作内容：

（1）检查工程整套启动验收中所发现的设备缺陷消缺处理情况，设备状态应良好；

（2）检查设备、备品配件、专用工器具；

（3）检查图纸、资料记录和试验报告；

（4）检查安全标示、安全设施、指示标志、设备标牌，各项安全措施应落实到位；

（5）检查设备质量情况；

（6）检查风电机组实际功率特性和其他性能指标，确保符合相关要求；

（7）检查生产准备情况；

（8）对遗留的问题提出处理意见；

（9）对生产单位（部门）提出运行管理要求与建议；

（10）签署移交生产验收交接书。

四、 竣工验收

竣工验收应在主体工程完工且各专项验收及启动验收通过后一年内进行。竣工验收工作应包括下列内容：

（1）按批准的设计文件检查工程建成情况；

（2）检查设备状态，核查各单位工程运行状况；

（3）检查移交生产验收遗留问题处理情况；

（4）检查工程档案资料完整性和规范性；

（5）检查各专项验收完成情况；

（6）检查工程建设征地补偿和征地手续处理情况；

（7）审查工程建设情况、工程质量，总结工程建设经验；

（8）审查工程概预算执行情况和竣工决算情况；

（9）对工程遗留问题提出处理意见；

（10）签发竣工验收鉴定书，并给出评定意见。

另外，在整个风电机组项目建设过程中涉及一项重要的检查，即为电力建设工程质量监督检查（简称“监检”）。风电场项目监检由各省、自治区、直辖市电力建设工程质量监督中心站组织开展，由首次监督检查、风力发电机组工程、升压站工程、商业运行前监督检查四个部分组成。

第一部分，首次监督检查。本部分为首次质量监督检查应在升压站或风机基础第一罐混凝土浇筑前进行。

第二部分，风力发电机组工程分为三个节点内容，第一节点：地基处理监督检查；第二节点：塔筒吊装前监督检查；第三节点：机组启动前监督检查。

第三部分，升压站工程分为四个节点，第一节点：地基处理监督检查；第二节点：主体结构施工前监督检查；第三节点：建筑工程交付使用前监督检查；第四节点：升压站受电前监督检查。

第四部分：商业运行前监督检查，本部分为风力发电工程机组商业运行前质量监督检查，应在风电场所有风机完成启动试运后进行。

第五章　风电场设备调试

风电场设备调试是指在电力建设及发电、供电、用电过程中，以安全质量为中心，依据国家、行业有关标准，采用有效的技术检测手段，对电力设备的健康水平及与安全、质量、经济运行有关的重要参数、性能、指标进行调整、试验，以保证其安全、优质、经济运行，达到预期收益的目的。主要包括升压站设备调试及风电机组设备调试两部分。

第一节　升压站设备调试

升压站设备调试主要指的是电气设备的调整和试验，是指在电气设备安装结束后，即将投入生产前的一道工序，因为电气设备在现场按照设计图纸安装结束后，不可以直接投入运行，为了使设备安全、优质、经济运行，避免发生意外事故给国家造成经济损失、避免发生人员伤亡，必须进行的调试工作。只有经过电气调试合格后，方可投入运行。调试工作质量直接决定投产后的效率、质量，决定电气自动化的实施程度、决定产品质量及经济效益。电气设备的调试一般分为离网调试和并网试验。

一、 电气设备的离网调试

（一）调试准备

调试前，电气设备应安装结束，并经质量检验合格，直流系统、UPS 电源系统安装调试结束，功能满足运行要求。并应结合设备实际情况，完成调试方案编制，履行审批程序。调试方案具体内容应包括：试验项目、方法、步骤、试验接线及试验过程中的安全措施等；调试人员应熟悉设备结构、原理、试验方法及工作过程中安全要求，调试现场应配置 0.4kV 交流电源，并应装设剩余电流保护装置。

（二）电气一次设备单体调试

1. 断路器调试

对断路器的调试，是检查断路器绝缘状况、分合闸时间、动静触头动作同期性、导电回路电阻等是否满足设计及技术标准要求。

（1）常规检查项目。分合闸指示器应清晰、正确；应有动作次数计数器，计数器调零时应累计统计；端子箱、机构箱内整洁，箱门平整，开启灵活，关门严密，有防雨、防尘、防潮、防小动物措施。电缆孔洞封堵严密，箱内电气元件标志清晰、正确，螺栓无锈蚀、松动；驱潮装置设置正确；气动操动机构在低温季节应采取保温措施，防止控

制阀结冰；液压操动机构及采用压差原理的气动机构应具有防失压“慢分”装置并配有防“慢分”卡具；液压或气动机构，应有压力安全释放装置。

（2）单体传动。主要项目包括：分合闸指示正确、辅助开关动作正确可靠、动作计数器动作正确；分合闸线圈铁芯动作灵活、无卡阻；控制、信号回路及电气回路传动与反馈正确、断路器及其操动机构的联动正常，无卡阻；远方和就地操作动作一致、防跳跃的功能正确；采用分相操动机构的，防止非全相运行的功能可靠；接触器、继电器、微动开关、压力开关、压力表、加热装置和辅助开关的动作准确、可靠，触点接触良好、无灼伤或锈蚀等。

（3）单体调试。主要项目包括：断路器整体和断口间绝缘电阻、导电回路的电阻；合、分闸时间及同期性及合闸弹跳时间；合、分闸速度及分闸反弹幅值；合、分闸线圈的直流电阻；合闸接触器及合分电磁铁的最低动作电压，断路器主回路对地、断口间及相间交流耐压；SF_6断路器的气体含水量测试；断路器操动机构的试验、密封性测试、气体密度继电器、压力表和压力动作阀的检查、交流耐压试验等。

（4）断路器常规性试验目的和技术要求。

1）交流耐压试验。交流耐压试验是鉴定电力设备绝缘强度最有效和最直接的试验方法，是电气试验的一项重要内容，是判断电力设备能否运行具有决定性的意义，也是保证设备绝缘水平、避免发生绝缘事故的重要手段。交流耐压试验通常使用工频耐压装置，耐压时间为1min，由于交流耐压试验电压一般比运行电压高，要求必须在试验设备周围设置安全围栏、悬挂警示标识、并有专人监护等，并应分别在断路器合闸及分闸状态下进行交流耐压试验；合闸状态下，真空断路器的交流耐受电压应符合表5-1的规定；分闸状态下，真空灭弧室断口间的试验电压应按产品技术条件的规定，当产品技术文件没有特殊规定时，真空断路器的交流耐受电压应符合表5-1的规定。

表5-1　　断路器交流耐受电压值表

最高工作电压（kV）	1min工频耐受电压峰值（kV）			
	相对地	相间	断路器断口	隔离断口
3.6	25/18	25/18	25/18	27/20
7.2	30/23	30/23	30/23	34/27
12	42/30	42/30	42/30	48/36
24	65/50	65/50	65/50	79/64
40.5	95/80	95/80	95/80	118/103
72.5	140	140	140	180
	160	160	160	200

2）断路器特性试验。通常使用断路器机械特性测试仪测量断路器主触头的分、合闸时间、分、合闸的同期性，合闸过程中触头接触后的弹跳时间。40.5kV以下断路器合闸过程中触头接触后的弹跳时间，不应大于2ms，40.5kV及以上断路器不应大于3ms；对

于电流 3kA 及以上的 10kV 真空断路器，弹跳时间如不满足小于 2ms，应符合产品技术条件的规定；测量应在断路器额定操作电压条件下进行，实测数值应符合产品技术标准要求。

断路器的动作时间是断路器分合闸的重要指标，包括分、合闸时间及相间同期弹跳次数和弹跳时间。分、合闸时间是指从断路器接到分、合闸控制信号开始到断路器动静触头第一次分开、合上为止的时间，测试值应执行厂家技术标准要求。

3）案例分析。某风电场 40.5kV 断路器触头进行两次弹跳时间测试，试验数据均大于 3ms，超出规定值，判断断路器的弹跳时间不合格，见表 5-2。

表 5-2　　某风电场断路器试验数据表

相别	第一次		第二次	
	合闸时间（ms）	弹跳时间（ms）	合闸时间（ms）	弹跳时间（ms）
A 相	30.2	6.1	30.2	6.0
B 相	30.5	6.0	30.4	6.0
C 相	30.4	5.9	30.3	6.1
三相不同期	0.3		0.2	

问题处理：调整触头超程弹簧的预压力是现场最常见的处理方法。通过调节导电杆下的调整螺母来改变行程，适度加大触头超程弹簧预压力，使断路器合闸时间增大，弹跳时间减小，边调整边试验，直至试验数据符合要求。

2. 隔离开关调试

通过对隔离开关的调试，检查隔离开关绝缘电阻、操动机构分、合闸线圈的最低动作电压及交流耐压试验是否满足设计及技术要求。

（1）常规检查。主要项目包括：隔离开关相间连杆在同一水平线上、接线端子及载流部分应清洁，接触良好；接线端子（或触头）镀银层无脱落、支柱绝缘子无裂纹、损伤，不应修补；外观检查有疑问时，应进行探伤检测；绝缘子表面应清洁、无裂纹、破损、无焊接残留斑点等缺陷；瓷瓶与金属法兰胶装部位应牢固密实、支柱绝缘子垂直于底座平面，应连接牢固；同一绝缘子柱的各绝缘子中心线在同一垂直线上；同相各绝缘子柱的中心线在同一垂直平面内、隔离开关的各支柱绝缘子间连接牢固、均压环和屏蔽环安装牢固、平正，均压环和屏蔽环无划痕、毛刺，均压环和屏蔽环排水孔宜在最低处、安装螺栓宜由下向上穿入；隔离开关组装结束，应用力矩扳手检查所有安装部位的螺栓，其力矩值应符合产品技术文件要求；操动机构的零部件应齐全，固定连接部件应紧固，转动部分涂以适合当地气候条件的润滑脂等。

（2）单体传动。主要项目包括：动、静触头三相应接触良好、机构动作平稳、无卡阻、冲击等异常；操动机构在进行手动操作时，应闭锁电动操作；操动机构安装牢固，同一轴线上的操动机构安装位置一致；电动操作前，应先进行多次手动分、合闸，机构应动作正常、电动机旋转方向正确，机构的分、合闸指示与设备的实际分、合闸位置相

符；隔离开关的底座传动部分灵活，并涂以适合当地气候条件的润滑脂；隔离开关分合闸定位螺钉，应按产品技术文件要求进行调整并加以固定；限位装置准确可靠，到达规定分、合极限位置时，可靠地切除电源；辅助开关动作与隔离开关动作一致、接触准确可靠；隔离开关过“死点”、动静触头间相对位置、备用行程及动触头状态，应符合产品技术文件要求等。

(3) 单体调试。主要项目包括：绝缘电阻、高压限流熔丝的直流电阻、导电回路电阻测量；交流耐压试验；操动机构线圈的最低动作电压及操动机构的试验。

(4) 隔离开关常规试验目的和技术要求。导电回路接触电阻是否合格是断路器安全运行的重要条件，测量方法通常采用电压降法，其原理是当在被测回路中通以直流电流时，回路接触电阻上将产生电压降，通过测量回路的电流及被测回路上的电压降，即可根据欧姆定律计算出接触的直流电阻值。

测量每相导电回路电阻，应符合下列规定：

1) 应采用电流不小于100A的直流压降法测量，电阻值应符合产品技术条件的规定；

2) 主触头与灭弧触头并联的断路器，应分别测量其主触头和灭弧触头导电回路的电阻值。

(5) 案例分析。某风电场110kV隔离开关导电回路电阻测试；产品技术文件要求导电回路电阻值不大于100μΩ，多次重复测试值均大于100μΩ，隔离开关导电回路电阻不合格。

问题处理：外观检查发现，动、静触头间隙偏大，接触不良。调整三极动触头、螺母的松紧程度及刀片间的位置，使合闸时无旁击，拉闸时无卡阻现象。再次进行试验检测，数据合格。

3. 变压器调试

通过对变压器的调试，检查绕组连同套管的直流电阻、分接头的电压比、引出线的极性是否符合设计及技术标准要求等。

(1) 常规检查。主要项目包括：气体继电器或集气盒及各排气孔内无气体；附件完整安装正确；各侧引线安装合格，接头接触良好，各安全距离满足规定；变压器外壳接地可靠；强油风冷变压器冷却装置油泵及油流指示、风扇电动机转动正确；电容式套管末屏端子、铁芯、变压器中性线接地点接地可靠；消防设施齐全可靠；室内安装的变压器通风设备完好；有载调压装置升、降操作灵活可靠，远方和就地操作正确一致；油箱及附件无渗漏油现象，储油柜、套管油位正常，各侧阀门位置正确；防爆管呼吸孔通畅，压力释放阀信号触点和动作指示杆应复位，有载调压或无励磁调压分接开关位置正确，冷却器及气体继电器阀门处于打开位置，气体继电器防雨罩严密。

(2) 单体传动。主要项目包括：气体继电器动作整定值符合定值要求，保护动作可靠；压力释放装置电接点动作准确，绝缘性能、动作压力值符合要求；油流继电器动作可靠；冷却系统控制箱应配置双路交流电源，自动投切正确、可靠；油泵密封良好，无渗油或进气现象，旋转方向正确，运行无异常噪声、振动或过热；冷却装置试运行正常，联动正确；有载调压切换装置连接位置正确，操作灵活，无卡阻现象。切换装置在极限位置时，其机械联锁与极限开关的电气联锁动作应正确。位置指示器动作正常，指示正确等。

(3) 单体调试。主要项目包括：绕组连同套管的直流电阻；所有分接头的电压比；绝缘油或 SF_6气体试验；变压器的三相接线组别和单相变压器引出线的极性；测量铁芯及紧固件的绝缘电阻；非纯瓷套管的试验；有载调压切换装置的检查和试验；绕组连同套管的绝缘电阻；吸收比或极化指数、绕组连同套管的介质损耗角正切值 $\tan\delta$；绕组变形试验、绕组连同套管的交流耐压试验；绕组连同套管的长时感应耐压试验带局部放电试验；额定电压下的冲击合闸试验、检查相位、测量噪声等。

(4) 变压器常规试验目的和技术要求。

1) 测量铁芯及紧固件的绝缘电阻。测量铁芯及紧固件的绝缘电阻能更有效地检出相应部件绝缘的缺陷或故障，因为这些部件的绝缘结构比较简单，绝缘介质单一，正常情况下基本不承受电压，其绝缘更多的是起“隔电”作用，而不像绕组绝缘那样承受高电压。测量时使用 2500V 绝缘电阻表，持续时间为 1min，应无闪络及击穿现象。

2) 测量变压器绕组连同套管的直流电阻。测量变压器绕组的直流电阻目的是检查绕组的焊接质量、分接开关各个位置接触状况、绕组或引出线连接及并联支路的正确性；检查绕组层、匝间有无短路的现象。通常使用直流电阻测试仪在所有分接头位置上测量。1600kVA 及以下容量等级的三相变压器，各相测得值的相互差值应小于平均值的 4%，线间测得值的相互差值应小于平均值的 2%；1600kVA 容量以上三相变压器，各相测得值的相互差值应小于平均值的 2%；线间测得值的相互差值应小于平均值的 1%；变压器的直流电阻，与同温度下产品出厂实测数值比较，相应变化不应大于 2%；不同温度下电阻值按照式 (5-1) 进行换算：

$$R_2 = R_1(T + t_2)/(T + t_1) \tag{5-1}$$

式中 R_1 ——温度在 t_1 时的电阻值；

R_2 ——温度在 t_2 时的电阻值；

T ——计算用常数，铜导线取 235，铝导线取 225。

3) 测量绕组连同套管的介质损耗正切值 $\tan\delta$。测量介质损耗因数是一项灵敏度很高的试验项目，可通过电容量的变化，判断设备绝缘整体受潮、劣化变质以及小体积被试设备贯通和未贯通的局部缺陷。变压器电压等级为 35kV 及以上且容量在 10 000kVA 及以上时，应测量介质损耗角正切值 $\tan\delta$；被测绕组的 $\tan\delta$ 值不应大于产品出厂试验值的 130%；当大于 130%时，可结合其他绝缘试验结果综合分析判断；变压器本体电容量与出厂值相比允许偏差应为±3%。

4) 检查所有分接头的电压比。检查所有分接头的电压比，通常使用变压器变比测试仪，测量值应与制造厂铭牌数据相比应无明显差别，且应符合变压比的规律与出厂试验数据比较应无明显差别；电压等级在 220kV 及以上的变压器，其电压比的允许误差在额

定分接头位置时应为±1%；电压等级在35kV以下，电压比小于3的变压器电压比允许偏差应为±1%；其他所有变压器额定分接下电压比允许偏差不应超过±0.5%；其他分接的电压比应在变压器阻抗电压值（%）的1/10以内，且允许偏差应为±1%。

5）升高座CT及套管试验。变压器的升高座CT及套管试验应在设备吊装前进行，试验检测合格后方可进行安装，其他的试验项目在升高座CT及套管安装结束后，变压器充满油达到静止时间要求后方可进行。

4. 互感器调试

通过对互感器的调试，以检查互感器的变比、误差试验、35kV及以上电压等级的介质损耗角正切值 tanδ 及接线组别和极性是否符合设计及技术标准要求。

（1）常规检查。主要项目包括：设备外观完整、无损、等电位连接可靠，均压环安装正确，引线对地距离、保护间隙等均符合规定；油浸式互感器无渗漏油，油标指示正常；气体绝缘互感器无漏气，压力指示与制造厂规定相符；三相油位与气压调整应一致；电容式电压互感器无渗漏油，阻尼器确以接入，各单元、组件配套安装与出厂编号要求一致；金属部件油漆完整，三相相序标志正确，接线端子标志清晰，运行编号完整；引线连接可靠，极性关系正确，电流比换接位置符合运行要求；各接地部位接地牢固可靠，符合现行反事故措施要求。

（2）单体调试。主要项目包括：绕组的绝缘电阻、局部放电试验、交流耐压试验、绝缘介质性能试验、绕组的直流电阻、接线组别和极性、误差测量、电流互感器的励磁特性曲线、电磁式电压互感器的励磁特性、电容式电压互感器（CVT）的检测、密封性能检查、铁芯夹紧螺栓的绝缘电阻、35kV及以上电压等级互感器的介质损耗角正切值 tanδ。

（3）互感器常规试验目的和技术要求。

1）测量绝缘电阻。测量绝缘电阻是一项最简单而又最常用的试验方法，通常用绝缘电阻表进行测量。根据检测试品在1min时的绝缘电阻的大小，判断是否有贯通的集中性缺陷、整体受潮或贯通性受潮。当绝缘缺陷贯通于两极之间时，测量其绝缘电阻时才会有明显的变化，若绝缘只有局部缺陷，而两极间仍保持有部分良好绝缘时，绝缘电阻降低很小，甚至不发生变化，因此不能检出这种局部缺陷。测量绕组的绝缘电阻，应符合：应测量一次绕组对二次绕组及外壳、各二次绕组间及其对外壳的绝缘电阻；绝缘电阻值不宜低于1000MΩ；测量电流互感器一次绕组段间的绝缘电阻，绝缘电阻值不宜低于1000MΩ，由于结构原因无法测量时可不测量；测量电容型电流互感器的末屏及电压互感器接地端（N）对外壳（地）的绝缘电阻，绝缘电阻值不宜小于1000MΩ。当末屏对地绝缘电阻小于1000MΩ时，应测量 tanδ 时，其值不应大于2%；测量绝缘电阻应使用2500V绝缘电阻表。

2）测量绕组直流电阻。测量绕组直流电阻通常应使用直流电阻测试仪，电压互感器一次绕组直流电阻测量值，与换算到同一温度下的出厂值比较，相差不宜大于10%。二次绕组直流电阻测量值，与换算到同一温度下的出厂值比较，相差不宜大于15%；电流互感器同型号、同规格、同批次电流互感器绕组的直流电阻和平均值的差异不宜大于10%，一次绕组有串、并联接线方式时，对电流互感器的一次绕组的直流电阻测量应在正常运行方式下测量，或同时测量两种接线方式下的一次绕组的直流电阻，倒立式电流互感器单匝一次绕组的直流电阻之间的差异不宜大于30%。当对测试节后有怀疑时，应增大测量电流，但不宜超过额定电流（方均根值）的50%。

3）测量电流互感器的励磁特性曲线。测量电流互感器的励磁特性曲线，通常使用互感器特性测试仪，由于试验电压一般高于运行电压，要求必须在试验设备周围设置安全围栏、悬挂警示标识，并有专人监护等。当继电保护对电流互感器的励磁特性有要求时，应进行励磁特性曲线试验；当电流互感器为多抽头时，应测量当前拟订使用的抽头或最大变比的抽头，测量结果应符合产品技术条件要求；当励磁特性测量时施加的电压高于绕组允许值（电压峰值4.5kV），应降低试验电源频率；330kV及以上电压等级的独立式、GIS和套管式电流互感器，线路容量为300MW及以上容量的母线电流互感器及各种电压等级的容量超过1200MW的变电站带暂态性能的电流互感器，其具有暂态特性要求的绕组，应根据铭牌参数采用交流法（低频法）或直流法测量其相关参数，并应核查是否满足相关要求。

4）测量介质损耗角正切值tanδ。任何电介质（绝缘材料）在电压作用下，都有能量损耗。介质损耗会使温度上升，损耗愈大，温升愈高。如果介质温升已使绝缘体熔化、烧焦，那么它就会失去绝缘性能而造成所谓的热击穿。例如，高压电容型绝缘结构的电力设备在运行中发生爆炸事故，主要是由于电容型绝缘结构中局部受潮或放电，聚积大量能量形成热击穿，从而使电气设备的内部压力不断增加而超过外瓷套的强度造成的。因此，介质损耗因数的大小在电力设备的绝缘监测中是衡量绝缘水平的一项重要指标。

电压等级35kV及以上油浸式互感器的介质损耗因数正切值（tanδ）的与电容量测量，应符合如下规定：互感器的绕组正切值tanδ测量电压应为10kV，正切值tanδ(%)不应大于表5-3中数据。当对绝缘性能有怀疑时，可采用高压法进行试验，在（0.5～1）$U_m/\sqrt{3}$范围内进行，其中U_m是设备最高电压（方均根值），正切值tanδ变化量不应大于0.2%，电容变化量不应大于0.5%；对于倒立油浸式电流互感器，二次线圈屏蔽直接接地结构，宜采用反接法测量正切值tanδ与电容量；末屏正切值tanδ测量电压应为2kV；电容型电流互感器的电容量与出厂试验值比较超出5%时，应查明原因。

表5-3　tanδ限值（t：20℃）表　（%）

种类	额定电压			
	20～35kV	66～110kV	220kV	330～750kV
油浸式电流互感器	2.5	0.8	0.6	0.5
充硅脂及其他干式电流互感器	0.5	0.5	0.5	—
油浸式电压互感器整体	3	2.5		—
油浸式电流互感器末屏	—	2		

电容式电压互感器（CVT）检测电容分压器电容量与额定电容值比较不宜超过5%～10%，介质损耗因数正切值 $\tan\delta$ 不应大于0.2%；叠装结构CVT电磁单元因结构原因不易将中压连线引出时，可不进行电容量和介质损耗因数正切值（$\tan\delta$）的测试，但应进行误差试验；当误差试验结果不满足误差限值要求时，应断开电磁单元中压连接线，检测电磁单元各部件及电容分压器的电容量和介质损耗因数正切值（$\tan\delta$）；CVT误差试验应在支架（柱）上进行；当电磁单元结构许可，电磁单元检查应包括中间变压器的励磁曲线测量、补偿电抗器感抗测量、阻尼器和限幅器的性能检查，交流耐压试验按照电磁式电压互感器，施加电压应按出厂试验的80%执行。

（4）案例分析。某风电场220kV电容式电压互感器经过两次试验，A相电压互感器C1试验数据与出厂值比较均超出－15%，超出规程规定值，判断A相电压互感器异常。试验数据见表5-4。

表5-4 某风电场电容式电压互感器试验数据

相别	位置	tanδ（%）		电容值（nF）		
		出厂值	实测值	出厂值	实测值	偏差（%）
A相	C1	0.062	0.065	12.10	10.23	－15.45
	C2	0.235	0.274	66.61	73.04	9.65
	C总	0.103	0.119	10.20	11.78	15.49
B相	C1	0.050	0.047	12.01	12.07	0.50
	C2	0.274	0.285	66.49	66.86	0.56
	C总	0.110	0.111	10.25	10.29	0.39
C相	C1	0.055	0.050	12.03	12.01	－0.17
	C2	0.275	0.286	66.68	66.92	0.36
	C总	0.109	0.113	10.22	10.23	0.10

问题处理：返厂进行解体检查，发现互感器C1部分的电容损坏，更换电容后，试验数据合格。

5. 避雷器调试

通过对避雷器的调试，检查避雷器的本体和基座的绝缘电阻、直流参考电压和0.75倍直流参考电压下的泄漏电流、放电计数器的动作情况是否正确、可靠，判断其是否可以投入运行。

（1）常规检查。主要项目包括：相色正确、油漆完整，避雷器的绝缘底座安装水平，避雷器密封良好、外表完整无缺损，避雷器安装垂直，其垂直度符合要求；均压环无划痕、毛刺，安装牢固、平整，无位移、无变形；瓷套部分无裂纹、破损；防污涂料层无破裂、起皱、鼓泡、脱落；复合绝缘外套闪裙无破损、变形；避雷器的接地符合设计要求，接地引下线连接、固定牢靠，避雷器各连接处的金属接触表面清洁、导通良好；放电记数器和在线监测仪密封良好、安装位置一致、便于观察、接地可靠；接地标识、设备铭牌、设备标识牌、相序标识齐全、清晰等。

(2) 单体调试。主要项目包括；金属氧化锌避雷器及基座绝缘电阻、工频参考电压和持续电流、直流参考电压和0.75倍直流参考电压下的泄漏电流、放电计数器动作情况及监视电流表指示、工频放电电压试验。

(3) 避雷器常规试验目的和技术要求。

1) 测量金属氧化物避雷器的绝缘电阻。测量金属氧化物避雷器的绝缘电阻，可以初步了解其内部是否受潮及检查低压金属氧化物避雷器内部熔丝是否熔断等缺陷。测量金属氧化物避雷器及基座绝缘电阻通常使用绝缘电阻表，35kV以上电压等级应采用5000V绝缘电阻表，绝缘电阻不应小于2500MΩ；35kV及以下电压等级应采用2500V绝缘电阻表，绝缘电阻不应小于1000MΩ；1kV以下电压等级应采用500V绝缘电阻表，绝缘电阻不应小于2MΩ；基座绝缘电阻不应低于5MΩ。

2) 测量金属氧化物避雷器直流参考电压和0.75倍直流参考电压下的泄漏电流。测量金属氧化物避雷器直流参考电压和0.75倍直流参考电压下的泄漏电流，直流参考电流下的直流参考电压，应整支或分节进行测试值，不应低于规定值，并应符合产品技术条件的规定。实测值与制造厂实测值比较，其允许偏差应为±5%；0.75倍直流参考电压下的泄漏电流值不应大于50μA，或符合产品技术条件规定。750kV电压等级的金属氧化物避雷器应测试1mA和3mA下的直流参考电压值，测试值应符合产品技术条件规定；0.75倍直流参考电压下的泄漏电流值不应大于65μA，尚应符合产品技术条件的规定；试验时若整流回路中的波纹系数大于1.5%时，应加装滤波电容器，可为0.01～0.1μF，试验电压应在高压侧测量。

3) 测量金属氧化物避雷器的工频参考电压和持续电流。测量金属氧化物避雷器工频参考电流下的工频参考电压，整支或分节进行的测试值，应符合现行国家标准或产品技术条件的规定；测量金属氧化物避雷器在避雷器持续运行电压下的持续电流，其阻性电流和全电流值应符合产品技术条件规定。

6. 母线调试

通过对母线的调试，以检查母线的绝缘电阻、交流耐压试验及性能是否正常、可靠，判断其是否可以投入运行。

(1) 常规检查。常规检查主要项目有相色正确，油漆完好、绝缘子清洁无灰尘、螺栓紧固，接触可靠、支柱绝缘子叠装时，中心线一致。

(2) 单体调试。单体调试主要项目包括：绝缘电阻测量及交流耐压试验。

(3) 母线交流耐压试验目的。交流耐压试验是判断母线及绝缘子抗电强度最直接、最有效、最权威的方法。交接试验时必须进行该项试验。对于单元件的支柱绝缘子，交流耐压试验目前是最有效、最简易的试验方法。

7. 接地装置调试

通过对接地装置的调试，以检查接地网电气完整性及接地阻抗是否正常、可靠，判断其是否可以投入运行。变电所的接地网应满足工作、安全和防雷保护的接地要求。一

般的做法是根据安全和工作接地要求敷设一个统一的接地网，然后再在避雷针和避雷器下面加装集中接地体以满足防雷接地的要求。

(1) 常规检查。主要项目包括：接地体连接应可靠无松动，截面符合设计要求；防腐涂层完好，接地标识齐全明显、连接板的数量和位置符合设计要求。

(2) 单体调试。单体调试主要项目包括：接地网电气完整性测试、接地阻抗测试。

(3) 接地装置主要试验目的和技术要求。

1) 接地网电气完整性测试。接地网电气完整性测试，应测量同一接地网的各相邻设备接地线之间的电气导通情况，以直流电阻值表示；直流电阻值不宜大于 0.05Ω。

2) 接地阻抗测量。接地阻抗测量，接地阻抗值应符合设计文件规定，当设计文件没有规定时应符合表 5-5 的要求；试验方法可按现行行业标准的有关规定执行，试验时应排除与接地网连接的架空地线、电缆的影响；应在扩建接地网与原接地网连接后进行全场整体测试。

表 5-5　　接地阻抗值要求表

接地网类型	要　求
有效接地系统	$Z \leqslant 2000/I$ 或 $Z \leqslant 0.5\Omega$（当 $I > 4000$A 时） 式中 I ——经接地装置流入地中的短路电流，A； Z ——考虑季节变化的最大接地阻抗，Ω。 当接地阻抗不符合以上要求时，可通过技术经济比较增大接地阻抗，但不得大于 5Ω。并应结合地面电位测量对接地装置综合分析和采取隔离措施
非有效接地系统	(1) 当接地网与 1kV 及以下电压等级设备共用接地时，接地阻抗 $Z \leqslant 120/I$。 (2) 当接地网仅用于 1kV 以上设备时，接地阻抗 $Z \leqslant 250/I$。 (3) 上述两种情况下，接地阻抗一般不得大于 10Ω
1kV 以下电力设备	使用同一接地装置的所有这类电力设备，当总容量≥100kVA 时，接地阻抗不宜大于 4Ω，如总容量＜100kVA 时，则接地阻抗允许大于 4Ω，但不大于 10Ω
独立避雷针	接地阻抗不宜大于 10Ω； 当与接地网连在一起时可不单独测量
露天配电装置的集中接地装置及独立避雷针（线）	接地阻抗不宜大于 10Ω
有架空地线的线路杆塔	(1) 当杆塔高度在 40m 以下时，应符合下列规定： 1) 土壤电阻率≤500Ω·m 时，接地阻抗不应大于 10Ω； 2) 土壤电阻率为 500～1000Ω·m 时，接地阻抗不应大于 20Ω； 3) 土壤电阻率为 1000～2000Ω·m 时，接地阻抗不应大于 25Ω； 4) 土壤电阻率为＞2000Ω·m 时，接地阻抗不应大于 30Ω。 (2) 当杆塔高度≥40m 时，取上述值的 50%，但当土壤电阻率大于 2000Ω·m 时，接地阻抗难以达到 15Ω 时，可不大于 20Ω
无架空地线的线路杆塔	(1) 对于非有效接地系统的钢筋混凝土杆、金属杆不宜大于 30Ω。 (2) 对于中性点不接地的低压电力网线路的钢筋混凝土杆、金属杆：接地阻抗不宜大于 50Ω。 (3) 对于低压进户线绝缘子铁脚，不宜大于 30Ω

8. 电力电缆线路调试

通过对电缆的调试，检查电力电缆金属屏蔽层电阻和导体电阻比、线路两段的相位及交流耐压试验是否正确、可靠，判断其是否可以投入运行。

（1）常规检查。主要项目包括：电缆外护套无破损；金属护套接地良好、可靠，支架固定牢固、无松动、接地良好；终端清洁、引出线紧固可靠，无松动、引线无变形、带电距离符合规定，电缆牌装设齐全、正确、清晰等。

（2）单体调试。主要项目包括：绝缘电阻测试、交流耐压试验、金属屏蔽层电阻和导体电阻比测试、电缆线路两端的相位测试、交叉互联系统试验。

（3）电力电缆常规试验目的和要求。

1）绝缘电阻测量。通常应使用绝缘电阻表：电缆耐压试验前后，绝缘电阻测量应无明显变化；橡塑电缆外护套、内衬层的绝缘电阻不应低于0.5MΩ/km；0.6/1kV电缆，用2500V绝缘电阻表，6/6kV及以上电缆也可用5000V绝缘电阻表；橡塑电缆外护套、内衬层的测量用500V绝缘电阻表。

2）交流耐压试验。电力电缆线路交接试验，近几年来国内都采用高压电抗器与电缆电容通过变频电源调节频率，在20～300Hz频率范围内使$X_L=X_C$，达到谐振状态来进行交流耐压试验。橡塑电缆应优先采用20～300Hz交流耐压试验，主要检查电力电缆制作和安装工艺质量是否满足运行及技术标准要求。对电缆的主绝缘进行交流耐压试验或测量绝缘电阻时，应分别在每一相上进行。对某一相进行试验或测量时，其他两相导体、金属屏蔽或金属套和铠装层一起接地；对金属屏蔽或金属套一端接地，另一端装有护层过电压保护器的单芯电缆主绝缘进行交流耐压时，必须将护层过电压保护器短接，使这一端的电缆金属屏蔽层或金属套临时接地。

（4）案例分析。某风电场35kV高压电力电缆，电压等级为26/35kV。按交接试验标准对其进行交流耐压试验，A相电缆进行交流耐压升压至10kV时，发生绝缘击穿、放电现象，立即停止试验。

问题处理：检查发现电缆存在击穿点，电缆应力锥积炭、冷缩绝缘管半导电层有轻微刀痕，判断电缆终端头制作工艺质量差，用力过大，划伤半导体层，高电压时，磁场畸变，尖端放电造成绝缘击穿。重新制作电缆终端头，后试验检测合格。

由于交流耐压试验电压一般比运行电压高，要求必须在试验设备周围设置安全围栏、悬挂警示标识，并有专人监护等，如有异常，应立即停止升压试验。同时要检查电缆线路两端相位应一致，并与电网相位相符合。

9. 电抗器调试

通过对电抗器的调试，检查电抗器绕组直流电阻、吸收比或（和）极化指数、绕组的$\tan\delta$、电容型套管的$\tan\delta$和电容值是否正确、可靠，判断其是否可以投入运行。

（1）常规检查。主要项目包括：支柱完整、无裂纹，线圈无变形、线圈外部的绝缘漆完好、支柱绝缘子的接地良好，接地线不应构成闭合环路。

（2）单体调试。主要项目包括：油中溶解气体色谱分析、绕组直流电阻、绕组绝缘电阻、吸收比或（和）极化指数、绕组的 $\tan\delta$、电容型套管的 $\tan\delta$ 和电容值、绝缘油试验、铁芯（有外引接地线的）绝缘电阻、测温装置及其二次回路试验、气体继电器及其二次回路试验。

（3）电抗器常规试验目的和技术要求。

电抗器绝缘电阻试验。测量绝缘电阻是一项最简便而又最常用的试验方法，通常用绝缘电阻表进行测量。根据 1min 时的绝缘电阻测试结果，检测绝缘是否有贯通的集中性缺陷、整体受潮或贯通性受潮等缺陷。例如，电抗器的绝缘整体受潮后其绝缘电阻明显下降，可以用绝缘电阻表检测出来。应当指出，只有当绝缘缺陷贯通于两极之间时，测量其绝缘电阻时才会有明显的变化，即通过测量才能灵敏地检出缺陷。若绝缘只有局部缺陷，而两极间仍保持有部分良好绝缘时，绝缘电阻降低很少，甚至不发生变化，因此不能检出这种局部缺陷。

10. 电容器调试

通过对电容器的调试，检查电容器极对壳绝缘电阻、电容值、并联电阻值是否正确、可靠，判断其是否可以投入运行。

（1）常规检查。主要项目包括：熔断器熔丝完好，安装角度正常，弹簧无锈蚀损坏、指示牌在规定位置；瓷质部分清洁、无裂纹；保护回路与信号回路完好并全部投入；固定支架牢固、无锈蚀，接地良好；电容器无异味，串联电抗器和放电回路正常完好。

（2）单体调试。主要项目包括：极对壳绝缘电阻、电容值、并联电阻值测量、渗漏油检查等试验。

（3）电容器常规试验目的和技术要求。

1）测量绝缘电阻。测量绝缘电阻，500kV 及以下电压等级的应采用 2500V 绝缘电阻表，750kV 电压等级的应采用 5000V 绝缘电阻表，测量耦合电容器、断路器电容器的绝缘电阻应在二极间进行；并联电容器应在电极对外壳之间进行，并应采用 1000V 绝缘电阻表测量小套管对地绝缘电阻，绝缘电阻均不应低于 500MΩ。

2）测量耦合电容器、断路器电容器的介质损耗因数 $\tan\delta$ 正切值的及电容值。测量耦合电容器、断路器电容器的介质损耗因数（$\tan\delta$）的及电容值，应符合产品技术条件的规定；耦合电容器电容值的偏差应在额定电容值的－5%～＋10%范围内，电容器叠柱中任何两单元的实测电容之比值与这两单元的额定电压之比值的倒数之差不应大于 5%；断路器电容器电容值的允许偏差应为额定电容值的±5%。

3）测量电容值。测量电容值的目的是检查其电容值的变化情况。测量值和铭牌值进行比较，可以判断内部接线情况及绝缘是否受潮等。

（三）继电保护及安全自动装置调试

对继电保护及安全自动装置进行调试的主要目的是检验继电保护及安全自动装置的功能模块功能及运行状态进行检查、调整及保护动作情况是否符合设计及技术标准要求。

1. 变压器保护装置整组试验

（1）差动保护检验。

差动保护启动值检验：退出差动保护及TA断线闭锁。在差动保护电流单元加入0.95倍整定值，保护不启动；加入1.05倍整定值，保护装置可靠启动。

二次谐波制动判据检验：从电流回路加基波电流分量，使差动保护可靠动作。再叠加二次谐波电流分量，从大于定值减小到使差动保护动作。

比率差动保护定值校验：依据保护装置比率差动动作特性曲线，在每一折曲线上选取至少两个点进行校验，验证比率差动制动系数。根据变压器参数信息和公式计算出变压器高、低压侧的一次额定电流和二次额定电流。首先在高、低压两侧的电流单元加三相正序电流，电流大小为各侧的二次额定电流，高、低压侧电流的相位关系根据变压器连接组别和保护装置原理来确定，此时差动电流为0，增加高压侧电流大小至保护临界动作，根据保护装置计算原理，可计算出一组差动电流值和制动电流值。上述方法在同一折曲线上找到另一个临界动作点，两个点确定直线的斜率即为比率制动系数。

差动速断保护检验：在差动保护电流端子分别加入0.95倍整定值，速断保护不启动；加入1.05倍整定值，速断保护可靠动作。

动作时间检验：在任一相电流端子加2倍的整定值，测试动作时间。

（2）复合电压闭锁方向过电流保护检验。

动作电流定值测试：将方向元件退出，时限整定为最小，逐渐增加测试电流至保护动作。

负序电压启动值检验：将方向元件退出，延时整定为最小，低电压定值整定为最低（0V），施加1.2倍电流整定值，然后施加负序电压，逐渐增加电压值至保护动作。

低电压动作值校验：将方向元件退出，延时整定为最小，负序电压定值整定为最大（100V），施加三相正序额定电压，之后施加1.2倍电流整定值，保护不应动作，同时降低三相电压至保护动作。

方向元件检验：分别模拟正方向和反方向故障，方向元件应正确动作。

动作时间检验：在最大灵敏角条件下，施加满足低电压条件的电压量，然后施加1.2倍电流整定值，测试动作时间。

（3）零序方向过电流保护检验。

电流定值检验：方向元件退出，将延时整定为最小，施加单相电流至保护动作。

方向元件检验：分别模拟正方向和反方向故障，方向元件应正确动作。

动作时间检验：在最大灵敏角条件下，施加满足零序电压条件的电压量，然后施加1.2倍电流整定值，测试动作时间。

（4）零序过电压保护检验。

电压定值检验：将延时调整为最小，在零序电压保护端子施加电压至保护动作。

动作时间检验：施加1.2倍的动作电压整定值，测试动作时间。

（5）非电气量保护检验。

1）轻瓦斯保护。采用在继电器顶盖上的放气阀注入气体或者放油的方法，当继电器内聚集的气体数量达到定值时，信号触电可靠动作并发出信号，重复试验3次，应能可靠动作。一般轻瓦斯保护的定值在250～350mL之间，可以调整重锤的位置来进行整定。

2）重瓦斯保护。依据继电器型号、连接管内径、冷却方式等确定动作流速定值范围，调节弹簧杠杆尾部的圆片进行定值的整定，在流速试验台上进行测试，重复3次，应能可靠动作，与整定值之间的误差应不大于0.05m/s。现场传动试验一般采用充气法检验轻瓦斯信号、采用动作探针的方法检验重瓦斯跳闸回路的接线是否正确良好。

3）油温度及绕组温度保护。温度表校验一般采用“热模拟法”，将温度表的感温包置于70℃的恒温油槽中，让它保持恒定不少于15min后，记录此时温度表的指示值，然后模拟变压器的运行状态，在电源匹配器的输入端施加电流，把调整好的输出电流引至加热丝，并持续45min，待线圈温度表的指针稳定后，再轻拍表壳后记录读数，然后把这前后两次读数相减，其差值就为模拟变压器线圈最热点对顶层油温的温差值，且该温差值应与之前的计算值H_{gr}(K)的误差不得大于2℃，如果大于2℃就必须重新调整电源匹配器的输出电流。这样整个温度表的校验工作才算完成。现场传动试验一般采用短接接点或者转动表针的方法检验油温保护回路接线是否正确良好。

4）压力释放保护。将压力释放阀卡装在开启压力试罐上，在常温下向罐内压缩空气，调节进气量，进气的压力增量在25～40kPa时，释放阀应连续间歇性跳动，周期为1～4s。现场传动试验一般采用短接接点或者拨动压力释放阀的微动开关校验压力释放保护回路接线是否正确良好。

2. 母线保护装置整组试验

以双母线接线方式为例，接线方式见图5-1。

(1) 区内故障时母差保护检验。短接元件1的Ⅰ母线隔离开关位置接点及元件2的Ⅱ母线隔离开关位置接点。

将元件1TA、母联TA、元件2TA同极性串联，模拟Ⅰ母线内部故障，母线差动保护应动作切除母联开关元件和Ⅰ母线上的所有开关元件。

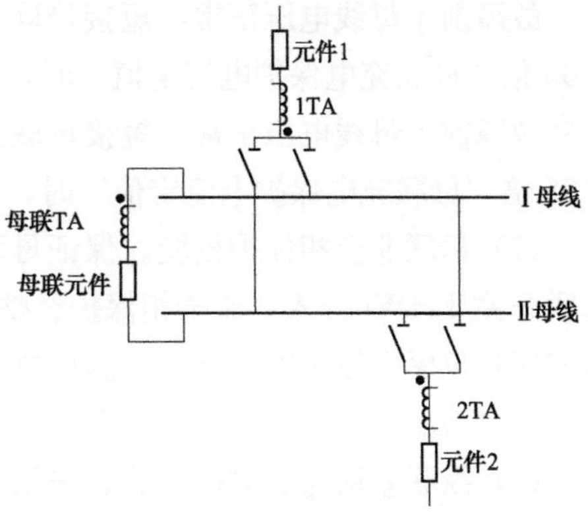

图5-1　双母线接线方式图

将元件1TA、母联TA、元件2TA同极性串联，模拟Ⅱ母线内部故障，母线差动保护应动作切除母联开关元件和Ⅱ母线上的所有开关元件。

(2) 区外故障时母差保护检验。短接元件1的Ⅰ母线隔离开关位置接点及元件2的Ⅱ母线隔离开关位置接点。

将元件2TA与母联TA同极性串联，再与元件1TA反极性串联，模拟母线区外故障，母线差动保户应不动作。

(3) 制动系数K的检验。短接元件1及元件2的Ⅰ母线隔离开关位置接点。在元件1与元件2电流回路上，同时加入方向相反、数值相同两路电流I_1、I_2。将元件1电流

I_1 固定，元件 2 电流 I_2 慢慢增大至母线差动保护动作，差动保护动作时分别读取此时 I_1、I_2 电流值。可计算出差动电流 $I_{cd}=|I_1-I_2|$，制动电流 $z_d=(|I_1|+|I_2|)$，再根据保护装置厂家制动原理进行 K 值计算。

（4）母联死区保护。

1）母联开关处于合位时的死区保护：短接元件 1 的Ⅰ母线隔离开关位置接点及元件 2 的Ⅱ母线隔离开关位置接点，将母联开关跳闸接点接至母联开关合位开入。在保证母差电压闭锁条件开放的情况下，通入大于差流启动高定值的电流，母线差动保护应动作跳Ⅱ母线元件，经 T_{SQ}时间，死区保护动作跳Ⅰ母线元件。

2）母联开关处于分位时的死区保护：短接元件 1 的Ⅰ母线隔离开关位置接点及元件 2 的Ⅱ母线隔离开关位置接点，将母联开关跳闸接点接至母联跳位开入。在保证母差电压闭锁条件开放的情况下，通入大于差流启动高定值的电流，死区保护只动作跳Ⅰ母线所有元件。

（5）母联断路器失灵保护。投入母联过电流保护压板及投母联过电流保护控制字。向母联 TA 通入大于母联过电流保护定值的电流，模拟母线区内故障，保护向母联开关发跳令后，向母联 TA 继续通入大于母联失灵电流定值的电流，并保证两母差电压闭锁条件均开放，经母联失灵保护整定延时母联失灵保护动作切除两母线上所有的连接元件。

（6）充电保护。投入母联充电保护压板及投母联充电保护控制字。

故障前Ⅰ母线电压正常，短接母联开关 TWJ，在断开 TWJ 后立即向母联 TA 通入 1.05 倍“母联充电保护电流定值”时，母联充电保护应可靠动作跳母联。

故障前Ⅰ母线电压正常，短接母联开关 TWJ，在断开 TWJ 后立即向母联 TA 通入 0.95 倍“母联充电保护电流定值”时，母联充电保护应不动作。

（7）母联非全相保护校验。保证母联非全相保护的零序或负序电流判据开放，短接母联开关 THWJ 开入，非全相保护经整定时限跳开母联开关。分别检验母联非全相保护的零序和负序电流定值，误差应满足技术条件要求。

3. 高压线路保护装置整组试验

（1）纵联差动电流保护检验。采用装置自环试验，将装置光纤收、发接口用尾纤对接，模拟单相或多相区内故障；装置应可靠动作。

（2）距离保护、零序电流保护检验。将差动保护退出，调整输入电压、电流、相位，分别模拟正方向故障和反方向故障。

（3）自动重合闸检验。利用继电保护测试仪的“状态序列功能”。设置第一状态为故障前状态，施加三相额定电压，电流为 0，故障前状态时间要大于保护装置充电复归时间；第一状态过后装置充电。

设置第二状态为故障状态，设置故障参数，最大故障时间大于保护跳闸、重合闸以及加速段保护时间的总和；第二状态保护应可靠动作。

设置第三状态为重合闸状态，施加三相额定电压，电流为 0，重合状态时间要大于重合闸与后加速时间之和。第三状态保护装置重合闸应动作，充电状态消失。

4. 通用性试验

(1) 装置通电检查。

1) 打开装置电源，装置应能正常工作；

2) 按照装置技术说明书要求进行外部检查，检查装置实际构成情况，装置的配置、型号、额定参数是否与设计相符。

(2) 绝缘试验。

1) 按照装置技术说明书要求拔出插件；

2) 打开保护屏端子排交流电压回路、交流电流回路外侧接地线；

3) 断开与其他回路的弱电联系回路；

4) 将打印机与装置连接断开；

5) 用 500V 绝缘电阻表测量绝缘电阻值，阻值应大于 20MΩ。测试后，应将各回路对地放电。

(3) 装置通电检查。

1) 打开装置电源，装置应能正常工作；

2) 按照装置技术说明书要求，检查并记录装置的硬件和软件版本号、校验码等信息；

3) 校验时钟；

4) 打印机与保护装置联机试验。

(4) 逆变电源检查。合上装置逆变电源插件上的电源开关，试验直流电源由零缓慢上升至 80%额定电压，逆变电源插件面板上的电源指示灯应点亮，液晶显示正常，无异常信号。保持试验直流电源为 80%额定电压，拉合直流开关、逆变电源应可靠启动。

按照上述方法将试验电压调整到 115%额定电压，装置应工作正常。

(5) 开关量检查。

1) 开入量检查。对所有引入端子排的开关量输入回路依次加入激励量，装置应正确反应动作；接通和断开连接片、硬压板及转动把手等，装置应正确反应动作。

2) 开出量检查。对保护装置进行模拟试验，在保护屏端子排处测试所有输出触点及输出信号的通断状态。

(6) 模拟量、数字量变换检验。

1) 零点漂移检查。在装置不输入任何交流电压量、电流量的情况下，观察装置在一段时间内的零漂值。

2) 模拟量精度检查。输入不同幅值和相位的电流、电压。测试交流电流在 $0.05I_N$～$20I_N$ 范围内，相对误差不大于 2.5%或绝对误差不大于 $0.02I_N$；或者在 $0.1I_N$～$40I_N$ 范围内，相对误差不大于 2.5%或绝对误差不大于 $0.02I_N$。交流电压在 $0.01U_N$～$1.5U_N$ 范围内，相对误差不大于 2.5%或绝对误差不大于 $0.02I_N$。

(7) 纵联保护光纤通道检验。装置通电后，采用自环的方式检查光纤通道是否完好。

(8) 操作箱检验。

1）操作出口继电器动作电压范围的检验；

2）各回路接线正确性的检查；

3）对断路器进行传动试验。

（四）故障录波装置

1. 装置外部检查

检查装置实际构成情况，装置的配置、型号、额定参数是否符合设计要求。

2. 绝缘测试

（1）按照装置技术说明书要求拔出插件；

（2）打开保护屏端子排交流电压回路、交流电流回路外侧接地线；

（3）断开与其他回路的弱电联系回路；

（4）将打印机与装置连接断开；

（5）用500V绝缘电阻表测量绝缘电阻值，阻值应大于20MΩ。测试后，应将各回路对地放电。

3. 逆变电源检查

合上装置逆变电源插件上的电源开关，试验直流电源由零缓慢上升至80%额定电压，逆变电源插件面板上的电源指示灯应点亮，液晶显示正常，无异常信号。保持试验直流电源为80%额定电压，拉合直流开关、逆变电源应可靠启动。

按照上述方法将试验电压调整到115%额定电压，装置应工作正常。

4. 装置通电检查

（1）检查显示器通电正常；

（2）检查装置版本信息与设计相符；

（3）检查装置各按键，操作正常；

（4）装置自检正确，无异常报警信号；

（5）核对时钟；

（6）打印机与装置的联机试验；

（7）通道名称定义检查，根据设计图纸定义各通道名称，各通道参数按现场实际情况定义；

（8）定值检查；

（9）核对装置定值，系统参数与现场实际参数一致。

5. 模拟量、数字量变换检验

（1）零点漂移检查。进行本项目检验时，要求装置不输入任何交流电压量、电流量，观察装置在一段时间内的零漂值满足装置技术条件规定。

（2）模拟量精度检查。按照装置技术说明书规定的试验方法，分别输入不同幅值和相位的电流、电压。

交流电流在$0.05I_N$～$20I_N$范围内，相对误差不大于2.5%或绝对误差不大于$0.02I_N$；或者在$0.1I_N$～$40I_N$范围内，相对误差不大于2.5%或绝对误差不大于$0.02I_N$。

交流电压在 $0.01U_N \sim 1.5U_N$ 范围内，相对误差不大于 2.5%或绝对误差不大于 $0.02I_N$。

6. 装置启动波功能检查

(1) 手动录波功能检查。启动手动录波键，录波灯、数据灯点亮并给出正在录波告警信号，按下复归键，录波灯灭。

(2) 开入量录波功能检查。短接开入量输入正电源与各开入量输入端子，装置应启动录波，查看波形，核对开入量变位情况，装置显示各开入量名称应与实际一致，波形正确。

(3) 模拟量录波功能检查。突变量启动录波检查：分别通入大于整定值的电流、电压、频率等突变量，装置启动录波，保存数据，查看波形分析。

越限量启动录波检查：分别通入大于整定值的电流、电压、频率等越限量，装置启动录波，保存数据，查看波形分析。

(五) 电能计量装置调试

电能计量装置调试主要包括电能表、计量用互感器及其与电能表之间二次回路测试等。

1. 电能表调试

电能表调试主要项目如下：

(1) 外观检查：铭牌字迹清楚、接线图和端子标志完整；内部干净无杂物；计度器显示清晰，字轮式计度器上的数字清晰；液晶或数码显示器笔画完整无断码；指示灯工作正常；表壳无损坏，视窗固定完好无破损；封印应完好。

(2) 交流耐压试验。对首次检定的电能表进行工频耐压试验。试验电压应在 5～10s 内由零升到表 5-6 所示规定值，保持 1min，随后以同样速度将试验电压降到零。

表 5-6　　交流电压试验电压值的规定

电能表类别	Ⅰ类防护电能表	Ⅱ类防护电能表
试验电压 (kV)	2	4

注　Ⅰ类防护电能表与Ⅱ类防护电能表的区别，Ⅱ类防护绝缘包封仪表应有双方框符号“回”。

(3) 潜动试验。试验时，电流线路不加电流，电压线路施加电压为参比电压的 115%，$\cos\varphi$ ($\sin\varphi$)=1。测试输出单元所发脉冲不应多于 1 个。

潜动试验最短试验时间 Δt 见式 (5-2)～式 (5-4)。

0.2 级表：

$$\Delta t \geqslant \frac{900 \times 10^6}{CmU_n I_{max}} (\text{min}) \tag{5-2}$$

0.5 级、1 级表：

$$\Delta t \geqslant \frac{600 \times 10^6}{CmU_n I_{max}} (\text{min}) \tag{5-3}$$

2 级表：

$$\Delta t \geqslant \frac{480 \times 10^6}{CmU_n I_{max}} (\text{min}) \tag{5-4}$$

式中　C——电能表输出单元发出的脉冲数，imp/kWh 或 imp/kvarh；

U_n——参比电压，V；

I_{max}——最大电流，A；

m——系数，单相电能表，$m=1$；对三相四线电能表，$m=3$；对三相三线电能表，$m=\sqrt{3}$。

(4) 启动试验。在电压线路加参比电压 U_n 和 $\cos\varphi(\sin\varphi)=1$ 的条件下，电流线路的电流升到表 5-7 规定的启动电流 I_Q 后，电能表在启动时限 t_Q 内应能启动并连续记录，时限按式 5-5 确定。

$$t_Q \leqslant 1.2 \times \frac{60 \times 100}{C_m U_n I_Q} (\text{min}) \tag{5-5}$$

式中　I_Q——启动电流，A。

启动试验过程中，字轮式计度器同时转动的字轮不多于两个。

表 5-7　单相和三相电能表的启动电流

类　别	有功电能表准确度等级				无功电能表准确度等级	
	0.2S	0.5S	1	2	2	3
	启动电流/A					
直接接入的电能表	—	—	0.004Ib	0.005Ib	0.005Ib	0.01Ib
经互感器接入的电能表	0.001In	0.001In	0.002In	0.003In	0.003In	0.005In

注　经互感器接入的宽负载电能表（$I_{max} \geqslant 4$ Ⅰb）[如 3×1.5(6)A]，按Ⅰb 确定启动电流。

(5) 基本误差检定。电能表误差检定方法主要有两种，一种是标准表法检定，另一种是瓦秒法检定。基本误差测量时，每一次负载功率下，至少记录两次误差测定数据，取其平均值作为基本误差值。

1) 标准表法检定。标准电能表法检定电能表是标准电能表与被检电能表都在连续工作的情况下，用被检电能表输出的脉冲（低频或高频）控制标准电能表计数来确定被检电能表的相对误差。

被检电能表的相对误差 λ 按式（5-6）计算：

$$\lambda = \frac{m_0 - m}{m} \times 100\% \tag{5-6}$$

式中　m——实测脉冲数；

m_0——算定（或预置）的脉冲数。

2) 瓦秒法检定。瓦秒法检定电能表是用标准功率表测定调定的恒定功率，或用标准功率源确定功率，同用标准测时器测量电能表在恒定功率下输出若干脉冲所需时间，该时间与恒定功率的乘积所得实际电能，与电能表测定的电能相比较来确定电能表的相对误差。

(6) 仪表常数试验。

1) 计读脉冲法。在参比频率、参比电压和最大电流及 $\cos\varphi(\sin\varphi)=1$ 的条件下，被检电能表计度器末位（是否是小数位无关）改变至少 1 个数字，输出脉冲数 N 应符合式（5-7）要求，即：

$$N = bC \times 10^{-a} \tag{5-7}$$

式中 a ——计度器小数位数，无小数位时 $a=0$；

b ——计度器倍率，未标注者为 1；

C ——被检电能表常数，imp/kWh(kvarh)。

2) 走字试验法。在规格相同的一批被检电能表中，选用误差较稳定而常数已知的两个表作为参考表。各表电流线路串联而电压回路并联，在参比电压和最大电流及 $\cos\varphi(\sin\varphi)=1$ 的条件下，当计数器末位（是否是小数位无关）改变不少于 15 个数字（0.2S 级表和 0.5S 级表）或 10 个数字（1～3 级表）时，参照与其他表示数应符合式（5-8）要求：

$$\gamma = \frac{D_i - D_0}{D_0} \times 100 + \gamma_0 \leqslant 1.5\,E_b(\%) \tag{5-8}$$

3) 标准表法。将被检表与标准表的同相电流线路串联，电压线路并联，在参比电压和最大电流及 $\cos\varphi(\sin\varphi)=1$ 的条件下，运行一段时间。运行停止后，按照式（5-9）计算被检表误差。

$$\gamma = \frac{W' - W}{W} \times 100 + \gamma_0(\%) \tag{5-9}$$

式中 γ_0 ——标准表已定的系统误差，不须修正时 $\gamma_0=0$；

W' ——被检电能表停止运行时与运行前示值之差，kWh；

W ——标准电能表显示的电能值，kWh。

(7) 时钟日计时误差。时钟日计时误差测量方法是在电压线路（或辅助电源线路）施加参比电压 1h 后，用标准时钟测试仪测电能表时基频率输出，连续测量 5 次，每次测量时间为 1min，取其算术平均值，试验结果应在±0.5s 范围内。

2. 计量用互感器二次回路的调试

计量用互感器二次回路在调试过程中需要检查的项目有电压互感器二次实际负荷、电流互感器二次实际负荷、电压互感器二次回路压降。

(1) 电压互感器二次实际负荷。测试电压互感器在实际运行中，二次所接的测量仪器以及二次电缆间及其与地线间电容组成的总导纳。

一般采用伏安相位法间接测量。电压、电流、相位同时采样。

测量电压 U_{AO}、U_{BO}、U_{CO}；测量电流 I_A、I_B、I_C 和相角 A（$U_{AO}-I_A$），B（$U_{BO}-I_B$），C（$U_{CO}-I_C$）。电压互感器各相二次负荷导纳的幅值分别为：$Y_A=I_A/U_{AO}$；$Y_B=I_B/U_{BO}$；$Y_C=I_C/U_{CO}$。

各相二次负荷的实际功率因数应与额定二次负荷功率因数相接近。

当变电系统只有一套电压保护装置，不允许二次回路退出保护时。可以填用第二种工作票，在运行状态下用钳形相位伏安表测量二次回路电压、电流和相位。

（2）电流互感器二次实际负荷。测试电流互感器在实际运行中，二次所接测量仪器的阻抗、二次电缆和接点电阻的总有效阻抗。二次负荷分为离线测量方法和在线测量方法。离线测量可以通过测量二次回路直流电阻进行估算，也可以通过互感器校验仪进行测量。在线测量是在实际运行中，通过专用设备取得计量回路的电压和电流，通过计算直接获得二次实际负荷。

（3）电压互感器二次回路压降。由于电压互感器二次回路电缆的电阻、隔离开关和接点电阻造成相对于电压互感器二次端子与接入电能表对应端子之间的电压差，采用压降测试仪直接测试。

一般采用压降法测量，测量仪器的精度不应低于2.0级，测试仪的频率分辨能力不小于0.01%，测试仪的功角分辨能力不小于0.01（′）。测试仪对被测试回路带来的负荷最大不应超过1VA。

测量方法：检查电压互感器侧的相序是否正确，电压互感器侧的接线应接在电压互感器二次引出线所连接的第一组端子处，电能表侧的接线应接在电能表盒盖内接线。接线时注意先接电压互感器侧的接线，再接电能表侧的接线。测试过程中，严禁电压互感器二次短路。电压互感器二次回路电压降相对值按式（5-10）计算。

$$\varepsilon\Delta U = f^2 + (0.0291\delta)^2 \tag{5-10}$$

式中 $\varepsilon\Delta U$——二次压降的相对值百分数；

f——同相分量，%；

δ——正交分量，%。

Ⅰ、Ⅱ类用于贸易结算的电能计量装置中电压互感器二次回路电压降应不大于其额定二次电压的0.2%；其他电能计量装置中电压互感器二次回路电压降应不大于其额定二次电压的0.5%。

（六）电测量指示仪表及变送器调试

1. 电测量指示仪表的调试

电测量指示仪表的调试主要有外观检查、绝缘电阻测量、基本误差的测定、升降变差的测定、偏离零位的测定等。

（1）外观检查。检查仪表表计外壳应无破损，接线端子应牢固，且轻摇时无异常响声，检查仪表铭牌、标识等。

（2）绝缘电阻测量。使用500V绝缘电阻表，测量接线柱对外壳绝缘电阻应不低于10MΩ。

（3）基本误差测定。仪表基本误差按照式（5-11）计算：

$$\gamma = \frac{\Delta}{A_m} \times 100\% = \frac{A_X - A_0}{A_m} \times 100\% \tag{5-11}$$

式中 A_X——被检仪表的读数；

A_0——标准仪表的读数；

Δ——被检仪表读数的绝对误差，取其最大者计算并判断基本误差是否合格；

A_m——仪表标尺度的规定值，仪表类型和量程的不同，其规定值也不同。

根据国家标准规定，在仪表标度尺工作部分的所有分度线上基本误差不应超过表5-8的规定。

表5-8　　基本误差极限值

仪表的准确度等级	0.1	0.2	0.5	1.0	1.5	2.5	5.0
基准误差极限值（%）	±0.1	±0.2	±0.5	±1.0	±1.5	±2.5	±5.0

注　对于振簧系频率表，使用频率（一般是50Hz）的簧片，误差应为基本误差极限值的一半。对于具有两个相同测量机构的双指示频率表，两个对应分度线读数之差也不得超过基本误差极限值的一半。

（4）升降变差的测定。在极性不变（当用直流检验时）和指示器升降方向不变的前提下，使被检表指示器从一个方向平稳地移向标度尺某一个分度线，读取标准表的读数；然后再从另一个方向平稳地移向标度尺的同一个分度线，再次读取标准表的读数，标准表两次读数之差即为升降变差。

（5）偏离零位测定。具有机械反作用力矩的仪表，当将它的指示器自标度尺终点分度线平稳地逐渐减少至零时，指示器不回机械零位值不应超过用式（5-12）计算之值。

$$\Delta L = 0.005KL \tag{5-12}$$

式中　ΔL——指示器偏离零位值，mm；

K——仪表准确等级的数值；

L——标度尺的长度，mm。

2. 变送器调试

变送器调试主要有外观检查、绝缘电阻测定、基本误差检定、输出纹波含量的测定、响应时间的测定、带负荷检查等。

（1）外观检查。根据有关标准规定，应有完整标志和接线图。如有外壳损坏、端钮盒固定不牢或损坏、没有封印等情况，需修复后方可检定。

（2）绝缘电阻测定。绝缘电阻不应低于5MΩ，测量时所用绝缘电阻表或绝缘电阻测试仪的额定电压为1000V。对工作电压低于50V的辅助电路额定电压选500V。

（3）基本误差检定。标准装置法是输入变送器一次被测量的量值（交流：频率、电压、电流、功率、相位）为定值，测量变送器二次输出端直流值的大小来计算基本误差。基本误差按照式（5-13）计算，并且选择检定中最大误差点作为基本误差。一般检定时由最大负载点向轻负载点顺序检定，每个检定点最少检定两次。

$$\gamma = \frac{B_X - B_r}{A_f} \times 100\% \tag{5-13}$$

式中　B_X——被检定变送器输出值；

B_r——被检定变送器输出预期值；

A_f——被检定变送器的输出引用值（它可以是变送器的量程或标称范围的上限）。

(4) 输出纹波含量的测定。输出纹波含量（峰-峰值）应不超过正向输出范围的 2C%。C 为变送器等级指数。

(5) 响应时间的测定。在检定条件下，辅助线路至少应按预热时间通电，用开关闭合输入线路，使变送器产生一个输入阶跃，使用示波器观看从施加输入阶跃到输出范围到90%所需时间。或用开关切断输入信号，使输出范围从100%到10%所需时间即为响应时间。稳定范围是正向输入范围的±1%。变送器输出的响应时间一般为400ms以内，除厂家与用户另有协议。

(6) 带负荷检查。带负荷检查必须断开一切与试验无关的线路，将变送器屏连接屏外的电流互感器二次侧短接，电压互感器二次侧断开，将标准源与变送器屏连接屏内的端子排正确连接，模拟所测回路实际负荷，调节标准源输出信号，观察各显示信号。

(七) 二次回路调试

二次回路调试是全面考核二次回路接线的正确性，主要包括：交流电压回路，交流电流回路，控制回路的检查和调试等。

1. 校线检查

根据展开图和安装接线图从上到下、从左到右依次进行校线，做好记录，以防遗漏。校线时应将连接线的两端拆除，保证接线正确可靠。复查二次回路中各元件型号规格是否与设计相符，元件是否齐全。

2. 二次回路的绝缘试验

主要项目包括：电流回路对地、电压回路对地、直流回路对地、信号回路对地、正极对跳闸回路、各回路间等。使用1000V绝缘电阻表测量二次回路的绝缘电阻，新投入的，室内不低于20MΩ，室外不低于10MΩ，如需测所有回路对地，应将它们用线连起来检测。

注意事项：断开本路交直流电源；断开与其他回路的连线；拆除交流回路的接地点；摇测完毕恢复原状。

3. 电流回路通流试验

(1) 二次通流试验。检查各电流回路的用途、绕组极性（极性、变比、准确级别、额定负载），检查一点接地情况；分相别进行通入互感器二次额定电流（5A或1A），在电流流经各处（电流互感器、端子箱、保护及自动化装置、计量设备等）测量A、B、C三相及中性线N相电流，同时在保护、测量等显示装置上查看电流信息。

(2) 一次通流试验。一次通流试验是模拟运行状况对电流回路做投运前的最后检查。在一次设备加400V交流电源是一种更接近实际运行工况的通电试验方法，电流将通过一次直接作用在设备上，然后从保护装置上查看各相电流、差流、和流的大小，进而验证整个回路的正确性。

以单台双绕组变压器升压站为例进行说明，接线见图5-2。

具体操作要点：

1) 根据变压器本身的短路阻抗值计算在一次加400V电压时，高、低压侧的短路电

流大小，并折算至二次电流。具体计算方法因变压器接线组别的不同而有所差异；

2）在一次通电前检查变压器两侧 TA 回路无开路，连接良好；

3）做好低压侧短路连接，在高压侧通入400V电压；

4）通电稳定后，在保护及自动化装置观察电流幅值、相位、差流、合流，应和理论计算值相一致。

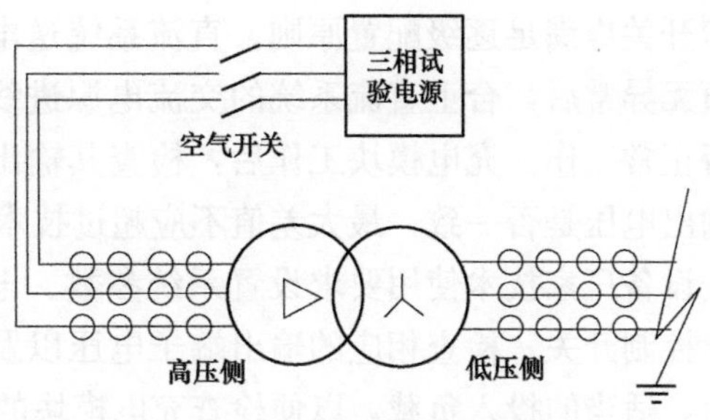

图 5-2　变压器差动回路一次通电图

4. 电压回路加压试验

电压回路调试主要是进行二次升压试验，在电压互感器端子箱（或接口屏）同一绕组 A、B、C 分别施加不同幅值的正序电压，在电压互感器二次线盒、端子箱、保护屏、测控屏等处分别对地测量 A、B、C 三相应与施加的电压一致。同时查看保护、测控等装置的采样值。

5. 控制及信号回路传动试验

(1) 控制回路调试。控制回路的调试主要是通过手合手分、遥合遥分、出口传动、防跳等测试，实现断路器、隔离开关等设备控制回路功能符合设计要求。

手合手分：在试验位置时，把转换开关打到就地位置，进行手动分合闸试验，检查设备状态，指示灯指示是否正确，后台监控机状态指示是否正确。把转换开关打到远方位置，闭锁手动分合闸。

遥合遥分：在工作位置时，把转换开关打到远方位置，进行远方分合闸试验，检查设备状态，指示灯指示是否正确，后台监控机状态指示是否正确。把转换开关打到就地位置，闭锁远方分合闸。

储能回路：通过断路器分合闸操作，核实储能机械位置及信号指示灯正确。

防跳回路：断路器处在合闸位置时通过控制开关手柄持续发出合闸指令，此时通过保护出口使断路器跳闸，断路器跳闸后，合闸继电器不应动作。

(2) 信号回路调试。信号回路主要为了监控设备实时运行状态，信号回路调试主要有绝缘性能测试、回路功能测试。回路的功能测试应在设备实际状态下进行。

变电站内信号主要包括：继电保护及自动装置动作、告警信号，断路器、隔离开关信号，直流系统信号，UPS系统信号等。

(八) 电气分系统调试

1. 直流系统调试

变电所中的控制、信号、继电保护、监控计算机、自动装置和断路器等的操作都需要可靠稳定的工作电源供电，该电源称为操作电源。操作电源可分为直流操作电源和交流操作电源，在变电所中主要采用的是直流操作电源。

在直流系统调试前，首先要检查直流系统接线是否符合图纸设计要求，所用空气负荷开关应满足逐级配置原则。直流系统送电前，需检测直流系统绝缘电阻值，绝缘电阻值无异常后，合上直流系统的交流电源进线开关，对直流母线送电，并检查充电模块是否正常工作。充电模块工作后，检查其输出电压与输出电流，依次测量各个充电模块的输出电压是否一致，最大差值不应超过技术要求规定值。直流系统监控模块投入使用后，按设备厂家技术使用要求设置系统参数、电池个数以及定值。然后，依次合上各支路输出控制开关，检查相应的输出端子电压以及对应的指示灯是否正常。以上工作全部结束后，适当的投入负载，以便检查充电模块的运行输出情况以及系统的均流调节情况。

直流系统交流主电源调试结束后，首先应检查蓄电池室内蓄电池安装应排列整齐，间距均匀，且平稳牢固。蓄电池间连接条应排列整齐，螺栓应紧固、齐全，极性标识应正确、清晰。每个蓄电池的顺序编号应正确，外壳应清洁，液面应正常。蓄电池的单体电压、电池极性正确、端口总电压、放电容量以及放电倍率应符合产品技术文件要求。在蓄电池并网前，应对蓄电池进行绝缘测试，其绝缘电阻值不应小于5MΩ。无疑问后，合上直流系统的蓄电池回路进线开关，检查蓄电池工作是否正常，各相关仪表及计算机采样值、直流母线绝缘巡检仪是否能正常工作。模拟直流系统正常工作的交流电源回路失电，直流系统应无波纹切换到蓄电池回路供电，录取直流母线电压波形。

2. UPS 系统调试

UPS 电源作为升压站内监控系统、自动装置以及断路器、隔离开关的操作电源，其调试结果直接影响设备的正常工作。

在 UPS 系统直流系统调试前，首先要检查 UPS 系统接线是否符合图纸设计要求，所用空气负荷开关应满足逐级配置原则。UPS 系统送电前，应先测试其绝缘电阻值，绝缘电阻值无异常。然后，测量 UPS 装置交、直流电源幅值、相序是否在产品技术要求范围内。无疑问后，首先合上 UPS 系统的市电进线开关、旁路进线开关，系统运行后，再合上直流电源开关。检查 UPS 装置旁路输出电压、逆变器输出电压、负荷电压在正常范围内，频率符合产品技术文件要求。以上操作完成后，开始对 UPS 装置进行切换试验。具体步骤如下：

（1）正常工作模式下断开主路市电输入开关转为电池供电的工作模式；稍后合主路市电输入开关回到正常工作模式。

（2）正常工作模式按“逆变停机”按钮，关闭逆变器，无间断转旁路供电模式；稍后再启动逆变器，回到正常工作模式。

旁路供电模式下，主路市电输入开关闭合，待整流器启动稳定后按“逆变启动”将无间断转正常工作模式。

从正常工作模式切换到维修工作模式：依顺序按“逆变停机”按钮、断开主路市电输入开关、闭合维修旁路开关、断开旁路电源输入开关、断开 UPS 电源输出开关、断开电池输出开关，此时由旁路电源从维修旁路开关直接向负载供电而机内（输入输出端口除外）不带电源，实现不停电维修。

3. 主变冷却系统调试

调试前，应检查确认冷却系统电源回路接线是否满足设计要求，绝缘测试合格后，两回路电源依次送电，相序检查和相位核对无误后，进行电源自动切换测试。切换测试合格后，启动冷却器电动机，依次检查冷却风扇旋转方向，旋转方向检查正确后，方可进行温度节点自动启停风扇模拟测试。

4. 升压站监控系统调试

升压站监控系统应能完成整个风电场生产设备的运行状态监测、控制及信息传动功能，并能根据操作员的输入指令实现断路器、隔离开关及接地刀闸等正常的操倒闸操作和其他设备的操作功能。微机五防应能适用不同类型的设备及各种运行方式的防误要求，操作系统应使用单独的电源回路，在其他电气设备或系统故障时，仍可以实现防误闭锁功能。

调试前，电气一次、二次安装结束，并经质量检验合格，完成调试方案编制，履行审批程序，方案内容应包括调试项目、内容方法、安全措施等；调试人员应符合熟悉图纸及相关技术要求。

通电前检查：所有与保护有关的二次电流、电压回路符合设计要求；输入电流、电压准确度等级符合设计要求；电流、电压互感器变压与保护定值要求相同；电流、电压互感器极性符合保护装置要求；电流电压二次接线正确、连接片无开路、螺栓连接紧固；核对各屏柜配置连片、压板、回路标注等应符合设计要求；装置硬件配置、标注、接线等符合设计要求；保护装置各插件元器件外观质量良好，所有芯片应插紧，型号正确，安装位置正确；回路接线应正确；装置模块与实际配置 TV、TA 一致；保护屏接地符合要求；分组回路、整组绝缘测试合格。

通电检查：核对屏柜元件配置应与设计一致；保护装置版本信息经厂家确认满足设计要求；装置按键操作正常，自检正确，无异常报警信息；打印机与保护装置联机正常。

单机校验：零漂检查正常；通道电流、电压、相角采样正确；GPS 对时系统正常，各装置时间与后台机显示一致；自检正确，无报警信号；遥信输入检查核对开关量名称与实际一致；遥控输入输出节点正确；同期功能检测正常。

后台联调：合上电源，通信系统与各装置通信连接正常，SOE 报警信息正确；数据采集和处理功能（遥测、遥信功能等）显示正确；控制与操作（遥控、遥调等功能）各单元元件执行正确，后台控制设备编号与实际设备编号一致。监控及报警功能调试信号显示符合设计要求。操作员站、工程师站运行正常；测控装置、通信转换装置正常；控制、操作项目与五防闭锁正确、操作正常；系统统计及打印功能正常；事件顺序记录及追忆功能正常；遥控扫描周期测试、信息响应时间、事件分辨率测试正确；双机切换功能正常，切换时间满足设计要求。

远动联调：工作站与各测控单元、保护设备通信正常；与调度通信正常；各通信数据库定义正常；通信规约功能及诊断功能调试正确，性能指标符合设计要求。

微机五防系统调试：微机五防画面、数据库定义与现场设备应一致；五防系统采集信息与现场设备状态一致；五防闭锁功能符合设计标准及技术要求；五防闭锁操作对象闭锁、操作功能测试正确。

GPS系统调试：信号接收安装位置、环境符合要求，与设备连接可靠；对时设备捕获时间和跟踪数量符合要求；输出时间同步信号正确，符合设计要求；对时网敷设、安装、连接符合设计要求；各对时设备实际正确；系统性能指标符合设计要求。

二、 电气设备并网试验

（一）受电前准备

（1）风电场电气设备安装、调试工作全部结束，验收合格，具备投运条件。

（2）送出线路两侧，待送电设备的开关、隔离开关（包括接地开关）均处于断开位置，临时安全措施全部拆除，人员全部撤离。

（3）与受电有关的所有保护及自动化装置的各项试验结束，检测结果符合标准和制造厂技术要求，试验记录及二次回路、继电保护、测量仪表的试验报告齐全，保护定值按有效定值单整定结束，保压板投退符合运行及调度要求。

（4）有关远动信息已送至调度，通信正常，设备遥控试验合格，电量计量设备安装调试结束；调度数据网、故障信息子站、PMU装置均已安装调试结束，符合设计要求。

（5）故障录波装置投入运行。

（6）送出线路、主变压器应增设临时相电流速断保护，定值输入符合调度要求，保护传动试验动作正确、可靠。

（7）电压、电流回路通电试验检查测试结束，符合设计要求。

（8）所有TA二次回路接线连接可靠，无开路、松动、虚接，备用绕组已短路接地；PV二次回路接线连接可靠、无短路、松动、虚接。

（9）受电一次、二次设备及带电设备检查无异常，设备标志、标识符合运行要求。

（10）电源、照明、通信、采暖、通风等设备实施安装调试结束，能正常投入运行。

（11）生产、生活设施具备使用条件。

（12）应急物资、安全警示标识准备正常。

（二）送电方案

1. 风电场受电方案（以220kV升压站为例）

（1）首先检查对端风电场内风电场出线的临时定值，传动试验合格。

（2）对端风电场停用220kV母差失灵保护后，允许进行风电场出线交、直流回路接入母差失灵保护二次回路作业，传动试验合格后向调度汇报。

（3）对端风电场220kV母差失灵保护按只跳风电场出线断路器的使用方式投入运行。合上风电场出线甲、乙隔离开关；合上220kV母线TV隔离开关。整屏投入风电场出线双套光纤纵联保护，投入风电场出线断路器失灵保护，停用风电场出线断路器重合闸。

（4）合上对端风电场风电场出线断路器进行第一次冲击合闸，时间不少于10min，且冲击合闸后对有关设备进行外观检查应无异常，冲击合闸良好后，断开风电场出线断路器。

(5) 按调度令，调度监控远方对对端风电场风电场出线断路器进行第二次冲击合闸，时间不少于 5min，冲击合闸后对有关设备进行外观检查应无异常，冲击合闸良好后，调度监控远方断开风电场出线断路器。

(6) 本端风电场合上风电场侧送出线路隔离开关、断路器；合上 220kV 母线 TV 隔离开关。

(7) 合上对端风电场风电场出线断路器，对风电场出线进行第三次冲击合闸，同时对风电场 220kV 送出线路断路器、220kV 母线充电，合闸后对有关设备进行外观检查应无异常。冲击合闸良好后，对端风电场风电场出线断路器不再断开。

(8) 风电场检查 220kV 母线电压表计指示正确。

(9) 风电场合上主变压器 220kV 侧隔离开关，合上主变压器 220kV 侧中性点接地隔离开关，投入主变压器 220kV 侧断路器处临时加装的相电流速断保护，投入主变压器差动、瓦斯、过电流及其他电气量与非电气量保护，投入主变压器 220kV 中性点所有保护。

(10) 冲击合闸前，应对主变压器保护装置输入冲击合闸专用保护定值，并带差动保护作冲击试验。

(11) 合上主变压器 220kV 侧断路器，对主变压器连续冲击合闸 5 次，每次间隔时间不少于 10min，且每次冲击合闸后对有关设备进行外观检查应无异常。第五次冲击合闸良好后，主变压器 220kV 侧断路器不再拉开。

(12) 冲击合闸第一次时，应检查主变压器差动保护是否有差流、是否能躲过变压器冲击励磁涌流。

(13) 主变压器冲击试验结束后，确认 35kV 母线具备送电条件，自行安排合上 35kV 母线 TV 隔离开关，自行考虑 35kV 母差保护投入与测试工作，然后合上主变压器 35kV 侧断路器空充电至 35kV 母线，设备充电良好外观检查无异常后向调度汇报。

(14) 用 220kV 母线 TV 与 35kV 母线 TV 之间进行校相，应正确。

(15) 在主变压器充电结束后，将差动保护出口连接片停用，等待有关测试；停用 220kV 双套母差失灵保护。

(16) 停用对端风电场 220kV 双套母差失灵保护，停用送出线路两侧双套光纤纵联保护。

(17) 请示调度同意后安排对 35kV 厂用变压器、无功补偿装置送电。送电后应视风电场电压情况调整无功补偿设备运行方式和无功补偿容量，无功补偿设备投用方式和控制策略应满足调度相关规定。

(18) 对端风电场风电场出线断路器处加 0s 跳闸临时定值，定值见调度临时保护定值单。

(19) 风电场请示调度同意后进行集电线路送电工作。为尽快测试有关设备保护相位，尤其为使对端风电场 220kV 母差保护尽早完成测试工作，要求风电场投入负荷达到保护测试要求。

（20）对端风电场、风电场关注发电负荷情况，当达到保护测试负荷要求时，尽快向调度汇报。并由风电场协调联系，继续进行以下操作。

（21）对端风电场进行220kV母差失灵保护测试工作，相位、差流、差压合格后按规定投入220kV母差失灵保护。

（22）送出线路两侧进行双套光纤纵联保护通信通道测试，应正常。送出线路两侧双套光纤纵联保护纵联差动部分及后备部分测试正确后，按规定投入两侧双套光纤纵联保护。

（23）风电场进行双套220kV母差失灵保护测试工作，相位、差流、差压合格后按规定投入220kV母差失灵保护。风电场进行主变压器差动保护等有关保护测试，合格后投入。

（24）所有测试合格，运行24h后可以准备移交生产。

2. 厂用电系统受电方案

（1）确认厂用电系统的安装、调试工作已全部完成，能够满足厂用电系统受电要求。

（2）现场周围应整齐、清洁、无杂物；孔洞堵塞完好；人行通道、消防通道要畅通，照明充足。

（3）各相关带电设备标识完整、齐全，编号合理；带电范围内的变压器、断路器隔离开关等一次设备已按要求编号完毕，并挂标识牌。

（4）测量TA、TV二次阻值，回路无开路或短路现象，中性点均可靠短路接地。

（5）确认保护装置已按调度要求输入保护定值，投入保护跳闸压板。

（6）厂用电系统一次连接引线完好，母线处于冷备用状态；母联开关处于冷备用状态。

（7）首先对厂用变压器进行第一次冲击合闸。高压带电设备如无异常情况，准备进行第二次冲击合闸。

（8）间隔15min后进行第二次冲击合闸试验，以后间隔5min进行一次，直至5次冲击试验结束。冲击试验结束后变压器投入运行，准备对厂用电母线进行冲击试验。

（9）测量厂用电系统绝缘电阻值，绝缘电阻值无异常后，合上厂用电系统进线开关，观察400V工作母线运行无异常后，合上电压互感器二次空气开关，测量母线电压互感器二次电压幅值、相序以及零序电压大小。

（10）合上备用变侧备用电源进线开关，观察400V备用母线运行无异常后，合上电压互感器二次空气开关，测量母线电压互感器二次电压幅值、相序以及零序电压大小。

（11）测量工作电源进线与备用电源进线电压相位，要求相位差在合格范围内。

（12）依次合上各供电回路断路器，对厂用电系统相关保护进行带负荷校验，检查相关指示仪表及监控机采样值是否正常。

（13）模拟系统主电源回路失电，检查厂用电系统能否迅速切换至备用电源，保证供电的连续性。

3. 无功补偿装置受电方案

（1）确认无功补偿装置的安装、调试工作已全部完成，能够满足无功补偿装置受电要求。

(2) 现场周围应整齐、清洁、无杂物；孔洞堵塞完好；人行通道、消防通道要畅通，照明充足。

(3) 各相关带电设备标识完整、齐全，编号合理；带电范围内的变压器、断路器、隔离开关等一次设备已按要求编号完毕，并挂标识牌。

(4) 确认保护装置已按调度要求输入保护定值，投入保护跳闸压板。

(5) 测量无功补偿装置 TA、TV 二次回路绝缘电阻值，确定回路完好，在二次回路中通过额定电压、电流，检查各装置、仪表、监控系统采样无异常，测量并记录二次回路功率。

(6) 检测无功补偿装置一次设备绝缘电阻，无异常后，检查各模块接触是否良好，监控有无报警。

(7) 测试无功补偿装置的内部逻辑与外回路的联锁关系。

(8) 测试无功补偿装置内保护与外回路的相关信号、控制回路是否符合设计要求。

(9) 对无功补偿变压器进行第一次冲击合闸。高压带电设备如无异常情况，准备进行第二次冲击合闸。

(10) 间隔 15min 后进行第二次冲击合闸试验，以后间隔 5min 进行一次，直至 5 次冲击试验结束。冲击试验结束后变压器投入运行，准备对无功补偿装置受电。

(11) 受电后，检查无功补偿装置内设备运行状态，核实保护及测控装置各种参数、报警、指示灯、风扇等。

第二节 风电机组调试

风电机组调试是指风电机组在建设及发电、供电、用电过程中进行设备控制功能、安全保护功能的检查和试验工作，目的是检测风电机组设备重要参数、性能指标等是否符合设计要求。风电机组调试一般分为离网调试和并网调试。调试人员应具有相应技术资质，并仔细阅读风电机组调试技术标准，严格按照设备技术标准执行，避免发生人身伤亡及设备损坏事故。

一、风电机组离网调试

风电机组离网调试主要是对风电机组的各部分功能进行调试，完成对风电机组性能的检验，考核整机安全和保护性能是否符合设计要求，达到安全、优质、稳定运行的要求，是风电机组并网调试的基础准备工作。风电机组离网调试可以分为基本功能调试和完全链保护功能调试。

（一）风电机组离网调试应具备的条件

风电机组离网调试应具备下列条件：

(1) 机组安装检查结束并经确认，现场清扫整理完毕；

(2) 作业环境、气象条件符合调试要求；

(3) 机组电气系统的接地装置应连接可靠，接地电阻经测量应符合设计要求；

(4) 发电机引出线相序应正确，固定牢靠，连接紧密；

(5) 照明、通信、安全防护装置应齐全，所有开关处分断，电气设备关闭；

(6) 通风系统、冷却系统工作正常，消防等配套设施齐全；

(7) 控制柜内电器元件型号和标识与电气原理图一致，所用元件安装牢固，接线紧固。

(二) 风电机组基本功能调试

1. 机组上电

风电机组的上电流程：电网侧经风电机组变压器到变流器和塔底柜，再由变流器和塔底柜为机舱供电。上电过程中要严格按照电气原理图，逐级进行上电，并检查相序、电压是否正确，上述条件完全满足后才能向下一级送电。

2. 通信测试

按照设备技术规范，正确连接通信光纤及网线，检验各系统与风电机组主控系统的通信是否正常，检测机舱控制柜与塔底控制柜通信是否正常，变桨控制单元、变流器控制单元与系统主控单元的通信是否正常，SCADA 监控器显示是否正常。

3. 齿轮箱

(1) 检查齿轮箱油位是否在正常范围内，各管路均按要求正常连接，每个接口处是否漏油，紧固接口是否有明显松动现象，阀门是否处在工作位置；

(2) 在启动油泵电动机前查看循环油路是否畅通，油泵阀门是否处于开通状态。通过控制界面对油泵电动机进行低、高速测试，测试正常后启动油泵电动机，观察齿轮箱顶部压力表是否正常；

(3) 检查散热风扇电动机接线是否紧固，散热器是否清洁，通过控制界面启动齿轮油散热风扇电动机，检查风扇旋转方向是否正确，同时测量并记录回路工作电流；

(4) 检查齿轮箱压差传感器、管路压力传感器、轴承 PT100、齿轮油 PT100 等传感器是否正常投入运行。

4. 液压系统

(1) 检查液压站外观是否清洁，各管路接头是否松动；

(2) 观察液压站的油位是否在正常范围内，启动液压站油泵电动机，观察电动机运转方向是否正确；

(3) 通过控制界面给定制动信号，检查高速轴、偏航制动器动作是否正常，检查制动压力变化是否正确，检查制动片磨损信号是否正常；

(4) 测量高速轴、偏航制动间隙是否在范围内；

(5) 按照液压回路图纸要求核对液压站各阀体工作状态是否正确，检查不同运行状态下液压系统各压力监测点压力是否正常。

5. 偏航系统

(1) 检查偏航减速器的油位是否在正常范围内，检查偏航减速器与偏航齿圈的啮合间隙；

(2) 检查偏航电动机电磁抱闸功能，测试偏航电动机电磁抱闸是否正常动作；

(3) 检查偏航电动机相序是否正确，手动偏航，观察偏航方向、速度是否正常；

(4) 在偏航的过程中，观察偏航接近开关动作反馈信号是否正常；

(5) 按照设备技术规范调节偏航计数器凸轮位置，测试偏航解缆功能是否正常，偏航编码器信号是否正常；

(6) 将压力表安装在偏航制动回路，在手动偏航、自动偏航、偏航解缆、偏航停止状态下，观察压力表压力是否正确；

(7) 检查风速风向仪安装固定及接线是否正确、牢固，在控制界面中检查风向、风速信号采集是否准确；

(8) 检查偏航系统润滑泵的设定参数是否正确，检查润滑油脂油位是否异常，启动润滑泵检查各管路接口是否渗漏油。

6. 发电机

(1) 检查发电机绕组、轴承温度传感器信号是否正常；

(2) 检查发电机定子、转子绝缘情况是否符合技术要求，检查定子、转子接线端子是否按照设备技术要求进行紧固；

(3) 检查滑环室清洁程度和电刷安装情况，触发电刷报警开关测试报警回路的反馈功能；

(4) 检查发电机润滑泵的设定参数是否正确，检查油位是否异常，运行润滑泵检查各管路接口是否渗漏；

(5) 检查编码器固定是否牢固，编码器接线是否正确、紧固；

(6) 检查发电机避雷器，测试其反馈信号是否正常；

(7) 采用水冷系统的发电机需要检查冷却水压力罐的压力值，手动操作输出命令检查电动阀门工作是否正常；

(8) 通过控制界面启动发电机散热风扇电动机，观察电动机转向并检测气流方向，同时测量并记录工作电流；

(9) 通过控制界面启动机舱散热风扇电动机，观察电动机转向并检测气流方向，同时测量并记录工作电流；

(10) 对发电机和齿轮箱进行轴对中，对中精度满足设备技术要求。

7. 变桨系统

变桨系统调试时，风速应满足设备技术要求，同时锁定叶轮并激活机械制动。

(1) 电变桨系统。

1) 检查变桨减速器油位是否在正常范围内；

2）检查变桨减速器与变桨齿圈的啮合间隙是否符合要求；

3）检查变桨控制柜内接线无误后，采取逐级送电的方式，依照电气图纸逐级送电，检查各电气回路工作是否正常；

4）检查变桨控制系统送电后的状态是否正常，电气回路、保护定值、温控回路等是否正常；

5）检查变桨变频器程序版本，保证变频器程序版本适合当前风电机组正常运行，并将设置好的参数上传到变频器内；

6）触发安全链，检查三个轴限位开关触发位置是否正确，检查限位开关安装是否正确；

7）在“服务模式”下对叶片角度进行标零，叶片标零工作应分别单独进行；

8）手动变桨测试，检查叶片的运行、噪声情况，检查变桨轴承运行过程应流畅、无卡涩，并检查变桨电动机转向、速率、叶片位置与操作命令是否保持一致；

9）检查变桨后备电源的电压值是否在正常范围内，调节温度控制器检测加热器和冷却器的功能是否正常。

（2）液压变桨系统。变桨系统调试期间，风速应满足设备技术要求，同时锁定叶轮并激活机械制动。

1）变桨调试前检查油管回路是否完好、油位在工作范围内，检查液压站本体、各阀体安装等是否完好，检查液压系统是否渗漏；

2）检查蓄能器气体压力，蓄能器压力不足进行补充，如果损坏进行更换；

3）检查旋转单元及电气滑环固定连接是否正常；

4）检查叶片轴承润滑是否正常；

5）检查液压缸的关节轴承，摆动轴承的间隙、磨损和轴承内表面和轴承座变形情况，如检查间隙超差、磨损或变形，更换液压缸中的关节轴承；

6）启动液压系统前泄压阀处于关闭状态，测试系统压力在工作范围内；

7）对叶片进行正弦变桨测试，对比例阀流量、偏移量进行校准，检查变桨位置传感器的反馈值是否与比例阀控制值相匹配；

8）手动变桨检查对应叶片开桨、顺桨动作是否正常，查看变桨时系统压力是否正常。

8. 变流系统

（1）变流系统调试前，检查变流器柜的外部接线，包括发电机定子接线、转子编码器接线、电网侧电缆、24V供电回路接线、接地电缆等的接线情况；检查各回路电缆绝缘情况；

（2）上电时严格按照电气图纸要求，对变流器控制电源逐级上电，检查相序、电压是否正常；

（3）上电工作完成后检查变流系统与主控系统的通信是否正常，在人机界面中监测变流器的电压电流信号。通过调试软件校核预充电、网侧、机侧、控制回路等定值参数，依次进行网侧模块、机侧模块、Crowbar 功能等测试，检查励磁回路的电压波形和电流波形是否正常等；

(4) 采用水冷系统的变流器应检查压力罐的水压是否满足要求，风扇的旋转方向是否正确，功率柜、控制柜等管路连接处是否有冷却液渗漏现象，启动系统前应冷却系统进行手动排气，确保冷却效果。

9. 主控系统

主控系统的调试是针对设备整体的每一个部分进行，主控发出的指令应能被机组执行机构正确执行。内容包括：变桨系统能否根据主控指令，实现桨距角度的调整；偏航系统能否根据主控指令来调节偏航方向及角度；冷却系统能否根据主控指令来调节电动机的启动和停止等。

(三) 安全链保护功能调试

1. 紧急停机

风电机组正常运行时，按下塔基、机舱等处的紧急停机按钮，机组应执行紧急停机。

2. 振动保护

模拟一个振动信号并使该信号超过厂家设定值，检查控制器应记录并执行紧急停机指令。

3. 超速保护

手动操作使风电机组的转速超过超速模块的速度设定值，机组应执行超速保护动作，测试结束后恢复设置。

4. 扭缆保护

手动操作使偏航系统偏航到满足扭缆保护的触发条件，机组应执行紧急停机。

5. 电网失电保护

模拟电网失电，机组应能按照设计执行紧急停机。

6. 紧急收桨保护

在人机界面手动变桨，将叶片位置变桨到工作位置，触发风电机组进入紧急停机状态，检测变桨速度、叶片位置、后备电源压降等数据是否符合要求。

三、 风电机组并网调试

在离网调试完成的基础上，可以进行风电机组的并网调试。并网调试一般分为空转调试、手动并网调试、自动并网调试及限功率调试。

(一) 风电机组并网调试应具备的条件

风电机组并网调试应具备下列条件：

(1) 离网调试完成，满足并网调试要求，作业环境、气象条件符合并网调试要求；

(2) 变桨、变流、冷却等系统参数按机组并网调试要求设定，叶轮锁定装置处于解除状态；

(3) 风电机组外系统电源具备并网调试条件；

(4) 塔架内部动力电缆连接和箱式变电站动力电缆连接的相序应保持一致且相序色标清晰，三相电缆之间的绝缘和电缆对地的绝缘应符合设计要求；

(5) 向风电场提交并网调试申请，同意后方可开展机组并网调试。

(二) 空转调试

(1) 设置软、硬件并网限制，使机组处于待机状态，观察主控制器初始化过程，是否有故障报警，如机组报警故障未能进入待机状态，应立即对故障进行排查；

(2) 启动机组空转，调节桨距角进行恒转速控制，转速从低至高，稳定在额定转速下；

(3) 观察机组的运行情况，包括转速跟踪、三叶片之间的桨距角之差是否在合理的范围之内，偏航自动对风、噪声、电网电压、电流及变桨系统中各变量情况；

(4) 空转调试应至少持续 10min，确定机组振动和温度无异常后，手动使机组停机；

(5) 在空转模式额定转速下运行，按下急停按钮来停止风电机组，观察风电机组能否快速顺桨，制动器是否能够正常制动。

(三) 手动并网调试

(1) 设置软、硬件并网限制，在机组空转状态下，启动网侧变流器和发电机侧变流器，使变流器空载运行，观察变流器各项监测指标是否在正常范围内；

(2) 检查变流器电路，启动预充电功能，检测直流母线电压是否正常；

(3) 取消软、硬件并网限制，启动机组空转，当发电机转速保持在同步转速时，手动启动变流器测试发电机同步、并网，持续一段时间，观察机组运行状态是否正常；

(4) 逐步关闭变流器，使叶片顺桨停机。

(四) 自动并网调试

(1) 启动机组，当发电机转速达到并网转速时，观察主控制器是否向变流器发出并网信号，变流器在收到并网信号后是否闭合并网开关，并网后变流器是否向主控制器反并网成功信号；

(2) 观察水冷系统，确认主循环泵运转、水压及流量均达到规定要求；

(3) 观察变桨系统，确认叶片的运行状态正常；

(4) 并网过程应过渡平稳，发电机及叶轮运转平稳，冲击小，无异常振动；如并网过程中系统出现异常噪声、异味、漏水等问题，应立即停机进行排查；

(5) 启动风电机组，观察一段时间内的风电机组运行数据及状态是否正常；

(6) 模拟电网断电故障，测试风电机组能否安全停机，停机过程机组运行平稳，无异常声响和强烈振动。

(五) 限功率调试

风电机组的限功率调试要在并网调试完成后进行。风电机组开始时可零负载并网，

通过控制面板将发电功率设定为额定功率的（25%～50%～75%），观察风电机组功率是否稳定在对应的设定值。随着风电机组的运行，可以尝试缓慢调高功率限定值直至全功率运行，这样缓慢调高功率限定值的方法对变流器有极大好处。限功率试运行时间一般为72h，试运行结束后检查发电机滑环表面氧化膜形成情况，确保电刷磨损状况良好及变桨系统齿面润滑情况正常。并网调试结束后整理调试记录，填写机组现场调试报告。

第六章　风电场生产准备

生产准备是保证新建（或扩建）风电场在顺利投产和投产后的生产运营的需求而完成的高质量准备工作，应贯穿于项目规划、设计、设备选型、试运全过程。主要包括组织机构设置及人员配置、生产准备人员培训、生产物资准备、生产技术文件准备、风电场安全标志等方面。

第一节　组织机构设置及人员配置

生产准备机构宜按生产技术、安全监察、运行、检修维护等职能设置，在条件允许的情况下，可按运行维护一体化设置；同时生产准备机构应确定各专业岗位、职责和定员。

生产准备机构应根据工程进度，分阶段制定人员配备计划，应包括人员数量、专业、方向、工作经验等方面内容；生产准备机构宜配备参加工程建设或前期工作的人员。筹建阶段，应根据风电机组投产计划，完成生产准备大纲和工作计划编制。建设阶段，应完成生产组织机构设置、各类生产准备人员配备、岗位编制；投产后，应根据风电机组装备水平和生产需要，合理设置运维岗位，明确岗位职责。生产准备人员应全过程参加项目各阶段系统和设备的技术谈判、工程施工、设备调试、投产运行及质量验收等，了解设计、安装、调试、生产过程中工作内容及技术标准，并收集整理各阶段生产技术资料。同时，应建立健全生产准备责任制，履行岗位职责，落实各级责任。

第二节　生产准备人员培训

生产准备机构应根据生产准备方案编制人员的详细培训计划。培训方式主要应包括理论培训、厂家培训、同类风电场培训、仿真机培训、现场培训等；培训资料应包括技术标准、说明书、图纸、出厂试验资料及安装调试资料等。生产准备人员的培训以熟悉现场系统、掌握设备特性、实际操作技能及提高事故异常处理能力为主，分阶段、有计划、有重点地进行。

培训基本内容应包括：相关的法律法规、电力安全工作规程、安全生产管理制度、专业基础理论、检修规程、运行规程、操作标准及规章制度；同类机组异常案例、设计文件、图纸；设备制造厂培训；设备构造、原理、检修工艺流程、设备作业指导书、设备常见故障处理等知识培训。

运行人员培训内容应包括风电场设备或系统的结构、性能、原理、操作方法及故障处理方法，了解和掌握设备及其控制系统的实际运行工况；值班人员应在投产前熟悉调度规程、运行规程，安全防护措施、应急预案及事故处理程序。

检修维护人员的专业培训内容应包括风电机组各系统及其附属设备的结构、原理、检修维护工艺流程、质量标准、安装调试方法及安全要求等。

电气专业人员培训内容应包括主变压器、高压电缆、开关设备、继电保护及安全自动装置等基本结构、工作原理、操作方法及检修维护质量标准；各元器件的参数和作用；检修维护的安全要求。了解保护配置、定值动作原理及保护动作后的处理。

汇集线路专业人员培训内容应包括线路杆塔构造；金具、导线、防护装置、防雷设备设施等基本结构、工作原理、检修维护工艺流程；电力电缆线路检修维护工艺流程、安全要求；了解汇集线路基本维护内容及一般性故障的处理方法。

综合自动化专业人员培训内容应包括计算机监控系统、自动化系统设备的构造、性能、工作原理、操作方法及检修维护工作的安全要求；电信基础知识和通信专业技术标准、通信设备的工作原理、操作方法及检修维护工作的安全要求；计算机软件、硬件、网络的基础知识、网络基础安全技术和信息安全体系及风电场业务管理流程；了解综合自动化基本维护内容及一般性故障的处理方法。

同时，生产准备人员经培训考核合格后方可担任相关工作。运行值班人员应按调度要求取得电网调度证；特种作业人员经专门的技术培训考试合格并取得特种作业资格证后方可上岗工作。

第三节　生产物资及技术文件准备

一、生产物资准备

生产物资准备主要包括专用工具、安全工器具、仪器仪表和通用工具及生产耗材等。

应结合生产设备实际情况，编制生产设备和部件清册，清册内容应包括厂家、型号、参数、出厂日期、数量等。整理生产设备合同中约定提供的各个系统备品备件清单，对于合同中未提供但生产需要的备品备件应另外采购，列出采购计划。

备件采购计划应按照设备使用数量、使用寿命、故障率、采购周期等制定。根据使用情况制定最低库存和最低采购量，在接收备品备件前，相关单位和部门共同验收、登记；备品备件分类存放、单独立账、定期清查及保养，根据需求进行相关检验，使用时办理相关手续。

生产设备专用工具清单根据设备合同进行整理及清点；安全工器具足量配置且质量合格主要包括绝缘手套、绝缘靴、绝缘操作杆、绝缘夹钳、验电器、接地线、工具柜、安全带、全身式安全带、安全锁扣、安全帽、安全绳、绝缘梯、绝缘凳、防毒面具、脚扣、SF_6 气体检漏仪、接地线架、安全标志等。

仪器仪表和通用工具主要包括绝缘电阻表、万用表、钳形电流表、相序表、直阻测量仪、对中仪等，以及液压钳（导线压接钳）、尖嘴钳、压线钳、网络接头压线钳、剥线钳、断线钳、斜嘴钳、米制球形内六角扳手、双开口扳手、活动扳手、扭力扳手等各类通用工器具。

二、生产技术文件准备

生产技术文件的准备，按照收集资料、编写、审核、批准、发布的程序进行。主要包括风电场生产管理规章制度、规程和标准等内容。规章制度具体、全面，具有较强的可操作性；符合现场及设备实际。生产准备人员参与规程制度、工作票和操作票的标准票的编写、系统图的校正等工作。

生产管理规章制度在主要生产设备投运前完成，履行审核、批准、发布程序；包括安全生产工作规定、安全生产监督规定、培训管理规定、安全生产奖惩工作规定、安全事故调查规程、发包工程管理规定、防止人员误操作管理规定、工作票使用和管理规定、操作票使用和管理规定、安全工器具管理规定、备品备件管理规定、技术改造和重大检修项目管理规定、可靠性监督管理规定、风电机组 240h 试运行管理规定、出质保验收管理规定、生产调度管理规定、生产准备管理规定等。

风电场应在升压站投运前完成《运行规程》初稿和送电标准操作票的编写，并在单台风电机组调试试运过程中执行和完善；完成风电机组各类事故预案的编写及全场设备统一命名、安全标志设置、安装（详情见第五节）等工作。在升压站投运前应完成《运行规程》试行稿的编写，履行审核、批准、下发试行程序。

主要内容包括：设备的规范和概述结构、工作原理、联锁逻辑、运行操作和规定等内容，风力发电机组、升压站、线路等设备的规范和概述、设备结构、工作原理、机组的联锁逻辑、运行说明、启动停止、正常运行维护、停运设备保养、试验、事故处理等；生活、消防、安防等设备的规范、设备结构、工作原理、联锁逻辑、运行操作、设备启停、事故处理、试验等。运行标准操作票应包括所有主要设备系统和辅助设备系统的标准操作票等。其中，规程中的基本要求等参照《风电场运行规程》（DL/T 666）。

《检修规程》编制应参照设备厂家技术文件及《风力发电场检修规程》（DL/T 797）现场实际情况进行编制。

第四节　风电场安全标志

风电场配置的安全标志总共分为五类，分别为禁止标志、警告标志、指令标志、提示标志、消防标志及其他。主要有四种类型的安全标志，每一种都具有独特的颜色及图形。各类标志的含义及图形符号见文后附表 1。

在风电场中可以根据不同的需要定制不同尺寸的安全标志牌，具体参考尺寸见表 6-1。

表 6-1　　安全标志牌的尺寸　　(m)

型号	观察距离 L	圆形标志的外径	三角形标志的外边长	正方形标志的边长
1	$0<L\leqslant 2.5$	0.070	0.088	0.063
2	$2.5<L\leqslant 4.0$	0.110	0.142 0	0.100
3	$4.0<L\leqslant 6.3$	0.175	0.220	0.160
4	$6.3<L\leqslant 10.0$	0.280	0.350	0.250
5	$10.0<L\leqslant 16.0$	0.450	0.560	0.400
6	$16.0<L\leqslant 25.0$	0.700	0.880	0.630
7	$25.0<L\leqslant 40.0$	1.110	1.400	1.000

注　允许有 3%的误差。

一、 禁止标志的应用

禁止标志的基本型式见图 6-1。

禁止标志基本型式的参数：

(1) 外径 $d_1=0.025L$；

(2) 内径 $d_2=0.800d_1$；

(3) 斜杠宽 $c=0.080d_1$；

(4) 斜杠与水平线的夹角 $\alpha=45°$；

(5) L 为观察距离。

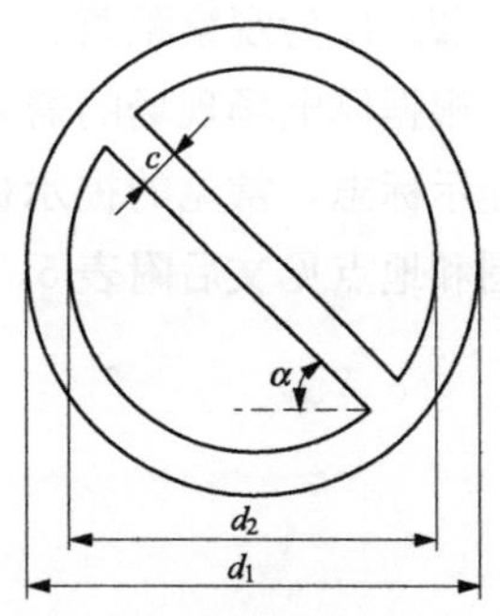

图 6-1　禁止标志的基本型式

根据风电场现场的需要在不同的地点需要设置不同的禁止标志，常见的禁止标志有如下几种，标志的设置范围和地点见文后附表 2。

二、 警告标志的应用

警告标志的基本型式是正三角形边框，见图 6-2。

警告标志基本型式的参数：

(1) 外边 $a_1=0.034L$；

(2) 内边 $a_2=0.700a_1$；

(3) 边框外角圆弧半径 $r=0.080a_2$；

(4) L 为观察距离。

图 6-2　警告标志的基本型式

根据风电场现场的需要在不同的地点需要设置不同的警告标志，常见的警告标志有如下几种，标志的设置范围和地点见文后附表 3。

三、 指令标志的应用

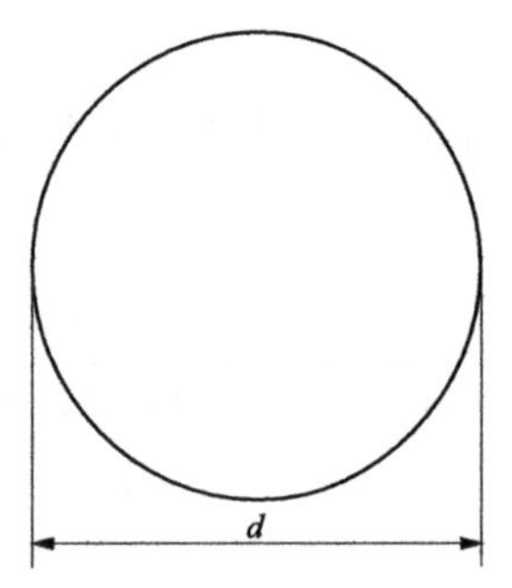

图 6-3 指令标志的基本型式

指令标志的基本型式是圆形边框，见图 6-3。

指令标志基本型式的参数：

(1) 直径 $d=0.025L$；

(2) L 为观察距离。

根据风电场现场的需要在不同的地点需要设置不同的指令标志，常见的指令标志有如下几种，标志的设置范围和地点见文后附表 4。

四、 提示标志的应用

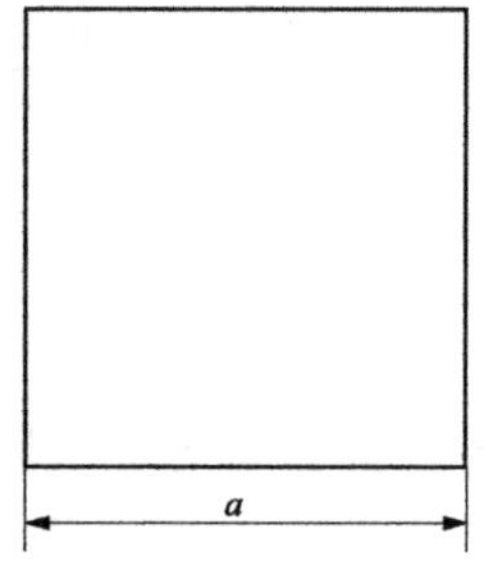

图 6-4 提示标志的基本型式

提示标志的基本型式是正方形边框，见图 6-4 所示。

提示标志基本型式的参数：

(1) 边长 $a=0.025L$；

(2) L 为观察距离。

根据风电场现场的需要在不同的地点需要设置不同的提示标志，常见的提示标志有如下几种，标志的设置范围和地点见文后附表 5。

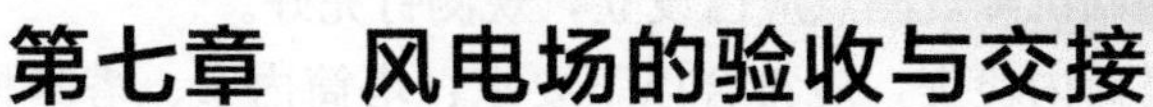

第七章 风电场的验收与交接

风电场验收主要包括风电机组 240h 验收、工程移交生产验收与风电机组出质保验收等。随着不同时间节点的推进，设备的责任主体会出现变换，最终将设备主体责任逐步交接到生产单位，实现从工程建设到生产运行的转变。风电场的验收是考量设备、设施健康状态的重要手段，因此应高度重视各阶段的验收工作。

第一节 风电机组 240h 试运行验收

风电机组 240h 试运行验收是检验风电机组在现场安装调试结束后的安全性、功率特性、电能质量、可利用率和噪声水平等指标是否满足设计要求，是否安全、优质、稳定运行并形成稳定生产能力的工作过程。

一、 验收流程

风电机组 240h 试运行验收流程见图 7-1。

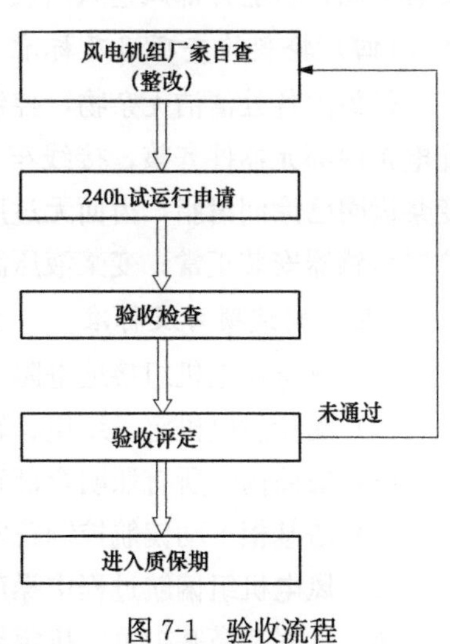

图 7-1 验收流程

二、试运行前准备工作

试运行验收主要包含验收准备、验收标准制定、验收检查、验收内容的记录审查等内容。验收准备期间的主要工作有验收组筹备、验收车辆准备、验收相关的支撑性材料收集；验收标准制定是根据风电机组设备具备的性能参数及合同约束的相关要求而制定的，验收标准作为验收检查的主要依据；验收检查是经施工方、设备方、监理方和业主方四方共同组织验收组开展逐台设备的验收工作，并依据验收标准对相关问题进行逐项记录，最终形成单台设备的验收检查记录文件，用于后续评定。

（一）验收准备

风电机组厂家已按要求配备合适的检修车辆及常驻检修人员，人员数量及资质应满足要求，向项目法人单位提出试运行申请，项目法人单位接收后组织安装单位、工程监理、风电机组厂家共同对机组进行现场检查和性能测试。

（二）现场检查项目

检查项目应满足风电机组厂家技术要求和试运行检查签署表要求，包括但不限于以下项目：

（1）风电机组外观检查，塔筒、机舱、风轮外表面应清洁完整，塔筒门、锁完整牢固。

（2）风电机组基础沉降观测点应已设立，观测钉完好。

（3）风电机组塔筒内检查，应符合以下要求：塔筒内壁、塔基柜内外、各平台清洁无杂物；塔基柜内元器件齐全完整，接线牢固规范，标识完整，无灼伤痕迹，柜门、锁完整牢固；塔基柜一箱变电缆、塔筒内部动力电缆、控制电缆、光纤连接牢固，布线规范；塔筒内部照明齐全，固定牢固，布线规范；塔基柜控制系统菜单显示各项参数正确；塔筒内部接地回路连接牢固规范；塔筒内爬梯、钢绳索、助爬器、升降机安装牢固，符合规范；塔筒内消防器材齐全，符合要求。

（三）机舱检查项目及标准

机舱内部各处清洁无杂物，照明齐全，布线规范，接线牢固，小吊车安装规范，逃生装置齐备；控制柜、配电柜内部元器件齐整，接线牢固，布线规范，无灼伤痕迹；发电机引线相序正确，连接牢固紧密，电刷及附属设备完好；齿轮箱及油系统无渗漏、油位正常；发电机及水冷系统无渗漏、水压正常，自动加脂系统正常；机械制动液压系统无渗漏、油位正常；偏航减速器无泄漏、油位正常，偏航齿圈已涂润滑脂，偏航计数器安装牢固；机舱外部风速风向仪安装牢固，接线规范。

（四）轮毂检查项目及标准

轮毂内各处清洁无杂物，控制柜、配电柜固定牢固，滑环固定牢固、清洁；控制柜、配电柜内部元器件齐整，接线牢固，布线规范，无灼伤痕迹；接地回路连接牢固规范；变桨齿圈已涂润滑脂，齿面无过度磨损；变桨减速器无泄漏，油位正常；变桨限位开关、位置传感器安装正常；变桨液压缸、液压管路无泄漏，连杆机构连接处间隙正常。

（五）测试项目及标准

（1）测量风电机组接地电阻，接地电阻小于 4Ω；

（2）测量发电机定子绕组、转子绕组的对地绝缘电阻符合设计要求；

（3）塔筒内部所有照明全部正常；

（4）塔基柜手动偏航控制正常；

（5）风电机组偏航过程中噪声符合要求；

（6）远程和塔基柜风电机组启停控制正常；

（7）塔基柜、机舱急停开关测试正常；

（8）塔基柜、机舱启动机组过程中各项参数变化正常；

（9）机械制动测试、偏航控制测试、冷却系统控制测试、变桨控制测试、加热控制测试、电池监测正常；

（10）远方启停试验、限制负荷试验、偏航试验正常。

（六）风电机组进入 240h 测试具备的条件

（1）风电机组工程安装验收报告、静态及动态调试报告齐全；

(2) 质检部门已对本期工程进行全面的质量检查;

(3) 风电机组所有测量、控制、保护、自动、信号等全部投入,不得屏蔽任何保护及信号;

(4) 风电机组必须经过满负荷运行一段时间,各项参数均为正常,无超温、超限的各类异常报警,具备连续 48h 以上无缺陷和故障运行记录;

(5) 升压站、电网、集电设备及线路、控制系统及附属设施设备满足试运要求;

(6) 风电机组监控系统已正常投入运行,远传参数核对准确、无误,通信稳定,光缆标识完善;

(7) 风电机组厂家现场服务人员和风电场运行人员已全部到位,且准备完毕,记录、台账完整清晰;

(8) 风电机组厂家提供合同中规定的技术文件、设备资料及当前空气密度下的修正功率曲线、风电机组报警编码对照表;

(9) 建设方风电机组厂家、试运行单位共同认可的试运行验收协议。

(七) 试运行要求

(1) 每台风电机组试运行时间不得少于 240h;

(2) 风电机组功率曲线达到合同约定的修正功率曲线;

(3) 试运行风电机组出现以下情况试运行时间顺延:

在 240h 试运行期间如没有出现额定风速则试运行时间顺延 120h,顺延后仍未出现额定风速,但机组运行正常则视为试运行合格;在 240h 试运行期间如有效风时数未达到 70%,则试运行时间顺延 120h;非风电机组厂家提供设备引起的电网故障,试运行时间按故障时间顺延;因电网限负荷造成的风电机组停运,试运行时间按停机时间顺延;超出切出风速或环境温度造成的风电机组停运,试运行时间按停机时间顺延;通过远程复位即可恢复运行的风电机组停运,试运行时间按停机时间顺延,但不允许超过 3 次;累计故障停运时间超过 2h 而少于 5h 的,试运行时间按故障时间顺延。

(八) 风电机组退出试运行原则

(1) 单台风电机组连续通信中断 1h 以上的,故障机组退出试运行;

(2) 单台风电机组出现异常运行情况,如偏航声音、振动大、漏油等,异常机组退出试运行;

(3) 单台风电机组出现状态参数、控制信号显示异常的,异常机组退出试运行;

(4) 单台风电机组出现 3 次以上远程无法消除的故障,故障机组退出试运行;

(5) 单台风电机组累计故障停运时间超过 5h 的,故障机组退出试运行;

(6) 同批次参加试运行的风电机组在同一时间报同一类故障超过 5 台的,此批次机组全部退出试运行;

(7) 退出试运行风电机组经厂家售后服务人员确认修复后可安排在下一批次进行。

三、 试运行后的验收

根据风电机组认可的正常运行小时数、功率曲线确定是否通过验收;风电机组厂家在 240h 试运行后，应对系统做一次系统数据崩溃并恢复的测试，满足正确恢复的要求；形成正式的试运行报告，数据完整准确，并签字确认。

第二节 工程移交生产验收

工程移交生产验收是衡量风电项目建设质量和电力设备可靠性的一个环节。应从安全及依法依规生产、土建工程、电气设备、线路设备、风电机组等部分进行开展，验收重点在工程建设质量、设备设施功能及可靠性、依法依规生产等方面。验收可分为资料检查和现场检查，资料检查主要包括设备资料、竣工图纸、调试资料、验收资料等方面，以掌握工程施工安装过程中关键环节的信息；现场检查主要包括设备安装质量及工艺、设备状态等方面，掌握设备性能和安装质量是否满足设计及规范要求。验收工作针对遗留问题本着责任落实明晰、资金来源明确、整改措施有效、整改过程可控的原则，顺利将建成项目的管理权限转移到生产系统。

一、 安全及依法依规生产

安全检查部分以当地安全监督管理机构出具的安全设施竣工验收结论为基础，结合电力行业的特殊要求，从设备、设施安全，消防安全，道路安全等方面开展验收工作。新投产项目设备、设施安全必须通过安全监督部门审核并验收合格。消防安全应通过主管部门审核并验收合格。道路安全以道路设计图纸中的相关要求为基础，保证风电场内部道路平坦、标识齐全和道路两侧的防护排水设施完善。

依法依规生产主要涵盖项目取证、环保验收、人员取证等方面。项目取证主要包括电力业务许可证、林业证、土地证和取水许可证。环保验收以环保局的环评报告为基础，应在水土保持、水行政许可、环境影响等方面符合要求。人员取证主要包括安全监督资格证、安全培训合格证、调度许可证、电工作业许可证、高处作业许可证、风力发电运行检修员资格证等。

二、 土建工程

土建工程部分包含升压站、风电机组基础、机组变压器基础、线路杆塔基础和场内道路的功能实现和施工质量，土建工程大部分都属于隐蔽工程，检查应以建筑物外观检查结合关键施工节点资料检查为重点。升压站检查项目主要包含电气设备基础、电缆沟、站内路面硬化、建筑物等。风电机组基础的检查项目主要包含混凝土试块强度、基础浇筑工艺、沉降观测点设置、沉降观测执行情况、基础防水、基础回填、接地网电阻、电缆孔洞封堵等内容。机组变压器基础检查的主要包含基础工艺、基础回填、围栏防护、电缆沟回填等内容。线路杆塔基础检查主要内容包含杆塔基础工艺、杆塔基础回填、护坡处理等内容。场内道路检查的主要项目包括道路平坦程度、交通标识、道路护坡等内容。

三、电气设备

电气设备验收包括资料检查和现场检查两方面。

(一) 资料检查

包含厂家资料、设计资料、调试资料、验收资料和试运行资料。

(1) 厂家资料包括主变压器、电流互感器、电压互感器、避雷器、断路器、无功补偿装置、电抗器、电容器、电力电缆等一次设备资料和保护装置、故障录波装置、GPS对时系统、电能质量装置、直流绝缘监察装置、不间断电源UPS装置等二次设备资料等。

(2) 设计资料以竣工图纸为主，竣工图纸应与工程实际一致，且有签字盖章。

(3) 调试资料检查应符合以下要求：

1) 调试单位出具的正式调试报告，签字、盖章齐全；

2) 各设备单体调试、系统调试项目齐全；

3) 调试结果满足相关标准要求。

(4) 验收资料检查电力建设工程质量监督单位出具升压站、线路的正式报告，报告须签字、盖章齐全，有明确的通过结论。

(5) 试运行资料包括保护定值单、技术监督检查报告、运行台账、检修台账、综自系统、保护装置故障信息等。

(二) 现场检查

从电力线路（电缆）、母线、变压器（电抗器）、高低压电器、无功补偿装置、电动机、盘柜、电缆桥架支架、电缆敷设、电缆防火、二次接线、防雷接地、继电保护及自控装置、故障录波装置、计量装置及仪表、直流系统、蓄电池、不间断电源等方面进行，验收以安装质量、设备功能实现为控制点。

(1) 电力线路（电缆）主要检查内容包括电力杆塔安装工艺、引下线制作质量、电缆连接及接地、电缆标识、光缆箱等，容易出现问题的单芯交流电缆穿钢管敷设、电缆管弯头太多、接地引下线与杆塔的连接不便于打开测量等。

(2) 母线须按照“软母线及引下线三相弛度、弯曲度一致；管母线平直、三相高程一致；硬母线平置时，螺栓应由下向上穿，螺母在上方”的要求安装。变压器（电抗器）应从油色、油位、冷却系统、中性点两点接地、有载调压、事故放油等方面检查，实际检查中事故放油阀方向未朝下方和盖板未采用易碎材料是容易被忽视的问题。

(3) 高低压电器检查的主要内容包括开关、TV和TA，开关操动机构是否满足使用功能是一个重要的检查点。

(4) 无功补偿装置检查项目以外观、外壳、接地和通风设施为主。

(5) 电动机检查项目主要包括外壳接地检查和功能实现，要求接地可靠、功能正常。

(6) 盘柜检查项目主要包括盘柜固定、电气元器件连接可靠、内外部接地良好、机械闭锁可靠、防水、防火、防潮、防腐蚀等。电缆桥架、支架及电缆敷设主要检查内容包括安装牢固、动力与控制电缆分层敷设、电缆保护管不允许对焊等。

（7）电缆防火主要检查内容包括防火涂料粉刷和防火封堵，防火涂料按照“防火涂料涂刷厚度不小于 1.0mm，涂刷长度：控制电缆 1.0～1.5m，电力电缆 2.0～3.0m”的要求。

（8）二次接线主要检查内容包括绝缘层完好、接线牢固、连接导线的中间不应有接头、备用芯绝缘处理、导线截面符合规定等，容易出现的问题有备用芯未做绝缘处理、电流回路中同一端子接 2 根接线和不同截面线芯接同一端子等。

（9）防雷及接地装置检查以接地可靠、规范为依据，焊接应采用搭接，搭接长度：扁钢为其宽度的 2 倍，至少 3 个棱边焊接；圆钢为其直径的 6 倍。圆钢与扁钢连接时，其长度为圆钢直径的 6 倍，每个电气装置的接地应以单独的接地线与接地汇流排或接地干线相连接。

（10）继电保护及自动装置检查项目主要有整定值与定制单一致性核对、保护装置自动装置投入情况、GPS 对时等。

（11）故障录波装置检查项目有录波功能、采样频率、采样精度及 GPS 对时等技术指标符合设计要求，故障录波装置定值正确性检查。

（12）计量装置及仪表检查主要有仪表选用正确、是否定期整定、监测表计变送器投入率等。

（13）直流系统检查项目有绝缘监测功能、报警功能、负荷能力检查、直流母线和逐级开关配合要求、充电装置设计符合要求、两路交流电源的布置和切换可靠性。

（14）蓄电池检查以容量、外观、连接可靠性为主；不间断电源检查的项目为容量符合设计要求，正常电源与事故电源切换功能正确可靠。

四、 风电机组设备

风电机组设备验收以设备发电能力和施工安装质量为重点，分为资料检查和现场检查两部分。

（一）资料检查

资料检查包括风电机组出厂资料、调试资料、工程安装阶段性验收资料、检测资料和试运行资料。

（1）风电机组厂家资料包括安装手册、维护手册、用户手册、电气图纸、主要部件列表和实际功率曲线。风电场在工程结束后应向机组厂家索取全部手册和图纸，以便于为后期的检修维护提供技术支持，手册和图纸须与本现场安装的机型一致。主要部件列表包含风电机组叶片、齿轮箱、发电机、主轴、电动机、偏航减速器、变桨减速器等，列表中应包含规格型号、生产厂家、序列号、主要电气机械参数。主要部件列表的建立意义在于掌握主要部件故障率及指导自行维护时的备件订货储备。

（2）调试资料包括风电机组的静态调试和动态调试，调试涵盖项目是否全面，定值是否满足要求。

（3）验收资料检查包含合同随机备件工具交付情况和风电机组主要部位螺栓连接副力矩值校验。

(4) 检测资料主要包含油品油脂和风电机组电阻检测。油品油脂的检测资料包含动力黏度、运动黏度、润滑性、凝点、闪点、稠度、油点、使用温度及基油的成分组成，油品油脂原始资料的收集便于观察后期检测时的参数变化趋势。机组电阻检测从机组接地电阻和机组本体设计电阻两方面验收。试运行资料检查包括机组实际功率曲线是否和合同约定的修正功率曲线一致和试运行期间是否存在重大缺陷、重复性缺陷。

（二）现场检查

现场检查包括工程期安装部位和保护功能实现。风电机组需要在现场安装的部位有叶片、塔筒、发电机（直驱）、轮毂、底部控制柜、变频器，这些部分的固定连接和电缆敷设是检查的重点。

(1) 叶片的验收主要检查叶片外观、防雷卡、引流系统和运行状态，运输和吊装中不恰当的操作都会导致叶片损坏、引流线折断、防雷卡丢失等；

(2) 轮毂及变桨机构主要检查编码器、变桨齿圈、叶片初始位置标定。叶片内部表面玻璃纤维脱落，轮毂内部的清洁状况差，可能导致控制柜内部短路、元器件卡涩。叶片初始 0°位置与控制器 0°的一致性影响机组出力和振动，应为重点检查；

(3) 导流罩应检查密封情况和是否有磕碰损坏。机舱检查应包括照明系统、机舱跨越接地线等项目；

(4) 顶部控制柜检查以工程阶段新接电缆、超速定值、温度定值等现场作业项目为主。

(5) 齿轮箱检查主要关注油位、运行声音、管路泄漏等；

(6) 发电机检查主要关注定转子接线、转速编码器、自动润滑系统及联轴器保护罩安装情况；

(7) 变流器检查项目有柜体固定、进出线连接等；

(8) 偏航系统检查项目主要有制动压力、偏航摩擦盘损坏情况、偏航运行声音、偏航管路渗漏情况、偏航齿圈润滑情况、偏航减速器油位、偏航电动机运行情况等；

(9) 液压站检查项目主要有本体和管路渗漏、油位、系统压力整定等；

(10) 塔筒检查主要项目有外观、连接螺栓、爬梯安装、主电缆连接、电缆保护、塔筒内照明等，在潮湿地区塔筒防腐和螺栓防锈须重点关注；

(11) 塔底检查主要项目有电缆封堵、塔基柜安装固定等；

(12) 风电实现检查通过对各系统的测试来完成。测试包括超速测试、辅助电动机测试、扭缆测试、远控及就地启停机测试、安全链测试。超速测试时应注意风速适当，具备速度调整功能的机组建议降低设定值进行超速测试。

第三节　风电机组出质保验收

风电机组出质保验收是厂家向业主转交设备时开展的一项重要工作。出质保验收一般由业主单位委托第三方进行。风力发电企业应制定风电机组出质保验收制度，指明机组质保期满后的验收标准、管理内容和技术要求，主要包括文档资料、工具软件、备件耗材、单台机组验收及其他验收项目等方面内容。同时对机组在质保期满时应完成的交接工作，以及机组性能和可靠性指标等进行综合评价，并以此明确机组目前状况和未来运行风险。

一、 验收条件

机组运行状况、质保期内管理及验收准备工作符合以下基本条件，可以申请验收。

（一）技术资料验收

（1）机组移交生产验收资料，包括图纸、安装调试手册、运检维护手册、安装调试报告、产品合格证、大部件更换指导书、定检作业指导书、保护定值清单及调整记录、240h 试运行考核报告等；

（2）质保期内风电机组运行日志、故障维护记录、定检记录（包括在此过程中形成的检测和分析报告，如齿轮箱油液分析报告等）、故障统计表、备件及消耗品使用统计表，维护报告（含油液化验报告）、重大特殊检修记录、备件及消耗品使用记录；

（3）运行过程中发现的问题和整改消缺记录及遗留问题（包括在此过程中形成的分析报告）；

（4）设备运行数据，包括单机各月、年发电量，单机及风电场各月、年可利用率及计算方法，SCADA 监控系统记录的历史数据；

（5）质量保证期内考核记录及确认文件，机组预验收证书；

（6）设备采购合同、备品备件清单及相关文件；

（7）程序软件及相关资料、单台机组主控运行程序最新版本及上传下载说明、机组 SCADA 系统安装文件、安装说明及使用手册、变桨运行程序及上传下载说明、变流器运行程序及上传下载说明、主控系统、变流器、变桨系统调试软件及调试软件使用说明书、主控与变流器、变桨系统、偏航系统、监控系统及风速风向仪等传感器的通信协议。

（二）具备仪器与工具

齿轮箱内窥镜、激光对中仪、振动数据采集仪、力矩扳手、油液采样瓶等在整机采购合同中由设备供应商负责提供的维护工具仪器齐全、完好。

（三）风电机组工况达标

（1）风电机组运行稳定，无频发、共性、大型部件损坏故障，内部接线无短接，故障信号无屏蔽，所有设备缺陷已经全部消除；

（2）设备供应商根据机组维护标准已按时、保质保量完成风电机组定期检查、维护工作；

（3）风电机组安全、消防设备齐全良好，且措施落实到位。

二、验收标准

（一）文档资料验收

在机组质保期满后，设备供应商应向风电场交接风力发电机组安装、运行与维护所需的文件资料，必要时可以通过检测机构对检测报告、资质证书等方面的文档进行技术核实。包括但不限于以下文件：

（1）设备采购合同（技术条款）；部件出厂合格证；产品说明书（含塔筒、基础）；机组实际硬件、软件、保护配置清单（单台）；机组运行全套软件、用户和密码配置；机组认证证书（型式证书或者设计证书）和设计评估报告；可行性研究报告；微观选址报告（含特定场址分析）。

（2）机组型式测试报告，例如：功率曲线测试报告、机械载荷测试报告、安全功能测试报告等。

（3）风电机组工作原理结构图、电气接线图；齿轮油冷却系统、液压系统油路图。

（4）现场安装、调试记录，风电机组作业指导书，质保期内技术改造记录，质保期内机组定检维护记录，质保期内机组大修记录，质保期内大部件更换方案及记录，质保期内机组故障统计表，质保期内机组备件及消耗品使用记录，质保期内机组所发现问题的整改消缺记录和报告；240h 验收记录或报告。

（5）机组各月、年发电量、可利用率统计，中央监控系统记录数据统计完整性。

（二）单台机组验收

（1）质保期满验收机组应具备有效的认证证书或完整有效的技术资料；

（2）机组配置检查内容包括各部件名称、型号、供应；

（3）机组实际配置应与认证证书、技术资料、合同约定一致，如不一致则需评估其对机组安全性的影响；

（4）质保期内机组实际运行维护情况应符合双方对机组运行维护的要求，如有不符则需评估其对机组可能造成的影响；

（5）机组运行时的噪声特性应与设计及合同约定一致，并符合环境保护相关要求，必要时需按照《风力发电噪声测试标准》（IEC 61400-11）对机组进行测试；

（6）机组并网特性应按区域或国家主管部门下达有关规定执行，如不符合相关规定，则应由设备供应商和发电企业协商确定整改措施和时限。

（三）机组运行数据分析

机组运行数据通常包括功率曲线、可利用率、故障率、缺陷损失电量比等。风力发电机组质保期满验收时应对机组运行数据进行考核，以验证机组质量及性能是否符合标准、规范、合同及设计要求。

1. 功率曲线考核

按照不低于装机台数 10% 的比例进行抽样检测，质保期满前一年，单台风电机组实际功率曲线应不低于标准功率曲线的 95%。

2. 可利用率计算

质保期内，整期机组平均可利用率、单台机组可利用率具体数值按照与风电机组供应商签订合同条款执行。当机组因自身缺陷需手动限负荷运行时，根据限制功率与额定功率比率，折算可用小时来计算等效可利用率。

3. 缺陷损失电量比考核

整期机组缺陷损失电量比应小于2%。

缺陷损失电量比＝缺陷损失电量/(缺陷损失电量＋发电量)×100%

4. 机组故障统计及分析

应对质保期内机组故障情况进行统计，并满足合同要求；或单台机组在质保期满前一年内故障频次不大于60次；对于叶片、发电机、齿轮箱、变桨电动机、主轴承、偏航电动机、偏航轴承、变流器等主要部件，质保期内故障率应小于合同约定的确保值。如机组及部件故障率高于确保值，应提供相应的原因分析和整改措施，并由设备供应商、发电企业代表和验收人员进行评估，评估通过后可以认为故障率满足要求。

(1) 机组及主要部件检查包括整体情况检查、主要系统检查和主要零部件检查、传动链振动检测和分析、齿轮箱内窥镜检测、传动链对中检测、油品检测分析、发电机三相不平衡检测、风电机组整体接地防雷接地测试、发电机定子和转子绝缘检测、发电机主轴接地检测、叶片防雷系统检测、叶片高空检查、叶轮动平衡检测、风力发电机对风偏差验证、风力发电机机舱风速仪标定、风力发电机噪声测试、验证各电气元件功能检测、变桨电池充电器测试，变桨蓄电池检查、验证风电机组自带保护（超速、振动、急停收桨等）功能、各电磁阀接线检查及功能验证等。

(2) 对于结构表面裂纹检查，目视可疑部位可采用渗透、磁粉或超声波检测等方法进行无损检测。

(3) 对于高强度连接螺栓拧紧力矩检查，可以采用抽检方式，每个部位按螺栓数量抽检10%，且不少于2个。对于抽检部位，当检测发现不合格时，应加倍对同类部位进行抽查，如再次发现不合格，应全数检测。

(4) 曾出现严重故障的部件，确认其使用性能和质量满足要求。对更换过的重要部件，质保期从更换之日起重新计算。

（四）设备可靠性

1. 风电机组安全链

(1) 风电机组安全链的设计应以失效-安全为原则，当安全链内部发生任何部件单一失效或动力源故障时，安全链应仍能对风电机组实施保护。

(2) 风电机组的安全链应包括振动、超速、急停按钮、看门狗、扭缆、变桨系统急停的触发条件，上述触发条件未进入安全链的不能通过验收，严禁机组存在屏蔽安全链的情况。

(3) 风电机组验收项目中应包括对振动、超速、扭缆、急停按钮、变桨超时等安全链条件的检验，宜进行整体功能测试，严禁只通过信号短接代替整组试验。

(4) 测试安全链保护回路，确保安全链动作时叶片能快速、准确回到预定位置。

2. 消防设备

(1) 消防设备包含火灾探测监视报警装置和灭火装置等设备，参考整机采购合同约定，保证所有功能投入，运行良好。

(2) 消防设备应根据其类型，按照相应的国家标准进行验收和定期检验，并具有相应的验收报告和检验报告。

3. SCADA 系统

应根据系统运行记录及必要的测试、检查，评估 SCADA 系统功能及性能，要与合同要求和现场运行需求相结合，考虑其一致性。

三、验收整改

对于验收过程中发现的问题，由设备供应商和发电企业商定整改措施、期限和违约责任。整改完成后设备供应商应提供整改报告，经验收人员评估并认可后通过验收。对于验收中发现的不影响机组安全的问题，如设备供应商和发电企业能够达成协议，可以作为遗留问题在机组通过验收后根据双方约定解决。

四、验收报告

验收通过后风电机组厂家和风电场进行验收文件整理。验收文件必须经验收组成员签字，对于委托验收的项目加盖委托单位公章。验收文件主要包括：分系统检查报告、机组状态报告、机组性能报告、风电机组噪声测量报告、风电机组电能质量测试报告、缺陷处理记录、验收整改报告、其他需要的资料、报告、证明及图片等。

所有验收项目及文件满足要求后设备供应商和发电企业最终签订出质保签证文件。

第八章　风电场后评估

风电场项目后评估是指对已经投产运行的风力发电项目的预期目标、执行过程、效益、作用和影响等进行系统、客观的分析和评价。通过对项目活动实践的检查总结和分析评价，确定项目预期的目标是否达到，项目的主要效益指标是否实现，从而达到肯定成绩、总结经验、吸取教训、提出建议、改进工作、不断提高后续项目的决策水平和投资效果的目的。对于风力发电行业来说，全面而适时的风电场项目后评估将会为行业的健康和持续发展提供指导和警示作用。

第一节　技术后评估

风电场后评估中的技术评价，即总结项目各阶段应用、选择的技术特点，对技术可靠性、先进性进行总结评价，简要说明项目外部条件对技术选择的影响，梳理该项目技术制约因素，对项目可研、设计、施工、调试、生产各阶段分析比较，综合评价技术因素对项目持续性的影响。从资源、机组运行状态两方面重点分析项目真实发电能力、挖掘提升空间，针对存在的问题提出技术改进建议。

技术后评估包括风资源及选址，工程地质，风电机组选型，机组运行状态及各子部件工况分析，电气系统，土建工程，环保及环境影响及全场综合性指标。

一、风能资源及选址

1. 风能资源

一般根据实测一个完整年度的风资源数据，对风电场风能资源进行整体性分析，包括风速、风向、风功率密度、风资源等级评估等主要性能参数。

（1）风能资源技术基本情况，包括地区风资源概况，测风资料的检验、处理和计算等；

（2）根据实测风能资源对比评价。

2. 宏观选址

对风电场的场址气温、最大风速和湍流强度、地形地貌、风能资源等区域建设条件进行论述，评价场址区域比选过程是否科学合理，存在哪些优势与缺陷。主要针对项目建设前后存在较大变化的外部条件，分析其对技术选择、经济效益、项目持续性等的影响。

3. 微观选址

微观选址需要对每台风电机组的发电量和实际发电量进行对比，列出风电机组机位坐标、海拔。要针对这些风电机组点位进行科学分析，从各种因素中指出偏差存在原因，总结经验。

（1）微观选址基本情况，包括风电机组布置，年上网电量估算、实际年上网电量、风电场出力概率分布特性等；

（2）微观选址对比评价。

二、 工程地质

对风电场场址区水文地质条件、场址稳定及均匀性方面基本情况进行对比分析。

1. 场址区主要工程水文地质条件

对风电场场址区主要工程水文地质条件进行论述，评价场址区主要工程水文地质条件是否与前期及设计各阶段勘测情况一致，设计优化是否按预期目标实现，所采用的勘测技术和结论是否先进及有哪些借鉴优势与缺陷。

2. 场地稳定及均匀性

对风电场场地稳定及均匀性进行论述，得出场地稳定及均匀性是否与前期及设计各阶段勘测情况一致，设计优化是否按预期目标实现，所采用的勘测技术和结论是否先进及有哪些借鉴优势与缺陷。

三、 风电机组选型

对风力发电机组主要技术参数及指标、风电机组位置的校核，重点从风电机组市场情况，风电场地形及风资源分布、交通运输、气候条件（如低温、盐雾腐蚀等）、投产后运营等方面评价风电机组机型选择是否科学合理，存在哪些优势与不足，总结在降低技术风险、设计优化、运行优化、技术改造等方面的工作，提出问题及建议。

1. 对风电机组功能选择进行分析

（1）有功功率调节能力；

（2）无功功率调节能力；

（3）低电压穿越能力；

（4）电能质量；

（5）涉网保护功能。

2. 风电机组选型

对风电场风电机组选型进行分析，得出风电机组选型是否实现了预期技术目标，优化是否按预期目标实现，风电机组技术是否先进及有哪些借鉴优势与不足。并分析论述是否存在影响风电机组运行效果的其他因素。具体分析内容如下：

（1）风电机组厂商选择。本地或邻近区域设厂、业绩情况。

（2）风电机组机型选择。机型成熟度、设计评估和整机型式认证情况、先进性、可靠性、价格及供货能力等方面的比选分析和结论。

(3) 风电机组布置。与相邻风电场间距、风电机组排布间距、风电机组排布优化。

(4) 功率曲线。选取具有代表性的风电机组，进行风电机组的功率曲线验证工作。通过验证功率曲线与保证功率曲线的对比以及对曲线形状、数据点位置的分析比较。

3. 电网友好型评价

通过对风电场有功/无功调节能力、低电压穿越能力、电能质量、涉网保护功能和功率预测上报系统的总结，评价风电场对电网接入及调度的友好程度，为进一步提高风电上网水平提供借鉴。

四、 机组运行状态及各子部件工况分析

1. 机组发电量分析

根据一年以上的风电机组SCADA数据，对风电场风电机组运行状态进行整体性分析，包括单机月发电量、单机年可利用率等主要性能参数。

机组发电量情况分析包括项目范围内所有风电机组的各月实发电量、月均风速、占全场发电水平各月排名等基本情况。

2. 机组功率曲线分析

根据进行机舱传递函数修正后的SCADA风速数据和有功功率，绘制各机组实际功率曲线，与厂家提供的理论功率曲线进行对比，重点针对额定风速、切入风速、切出风速、额定功率、低风速段功率进行比对，找出其中的差异。并从全场风电机组中选出标杆机组以便开展进一步研究分析。

3. 机组运行稳定性分析

量化机组故障统计及影响时间、停机时间、备件更换等对发电量造成的损失，并根据单一机组绘制故障概率统计分布直方图表，针对性地指出各个机组在稳定性上存在的明显问题。

4. 机组子部件分析

根据各机组的实测功率曲线、故障统计及功率损失统计，针对性的对偏航、变桨、转速等控制系统进行深入分析，对比与标杆机组间存在的差异性，找出差异的原因，总结经验。

5. 结论性建议

根据风电场中存在问题的机组，有效地针对其存在的问题提出后期技改措施及建议。

五、 电气系统

1. 升压站

分析升压站电气系统在可研、初设阶段的技术路线，设计优化、设计变更工作，投产、运营阶段的优化运行、技术改造工作。总结该系统、设备在设计、安装、调试、运

行过程中存在的问题及优化情况，提出建议、措施。

2. 集电线路

分析集电线路在可研、初设阶段的技术路线，设计优化、设计变更工作，投产、运营阶段的优化运行、技术改造工作。总结该系统、设备在设计、安装、调试、运行过程中存在的问题及优化情况，提出建议、措施。

3. 送出线路

分析送出线路在可研、初设阶段的技术路线，投产、运营阶段技术改造。总结该系统、设备在设计、安装、调试、运行过程中存在的问题及优化情况，提出建议、措施。

如送出线路为电网公司建设，应分析送出线路容量及其他原因是否存在对风电场外送电量限制等问题。

4. 继电保护与控制系统

分析继电保护与控制系统在可研、初设阶段的技术路线，投产、运营阶段技术改造。总结该系统、设备在设计、安装、调试、运行过程中存在的问题及优化情况，提出建议、措施。

六、 土建工程

分析工程等级及主要建筑物级别、洪水标准、抗震设防标准、工程地质、风电场总体布置等基本情况，通过对风机基础、箱式变压器基础、风场道路、集电线路土建、接地网土建、升压站与监控中心土建工程进行对比分析，得出土建工程设计技术是否体现了适用、美观与经济性的统一，是否实现了预期技术目标，设计优化是否按预期目标实现，土建工程设计技术是否先进及有哪些借鉴优势与不足。

七、 环保及环境影响

1. 环境保护及环境影响

通过检查评价风电场可研报告、环境影响评价报告、主管部门环评批复意见，环境保护和水土保持设计，废污水、废油处理措施，综合评价风电场对生态环境、附近居民、候鸟迁徙、自然保护目标的影响，并分析风电场景观效果及对旅游业和城市发展规划的影响，得出环境保护及环境影响设计技术是否实现了预期技术目标，设计优化是否按预期目标实现，环境保护及环境影响设计技术是否先进，以及有哪些借鉴优势与不足。

总结分析项目建设对生态环境的影响，施工期、运营期环境污染影响以及项目主要不利影响的环保对策和措施。

根据风电场年实际上网电量，推算风电场每年节约标煤量，减少灰渣、SO_2、CO_2、NO_x 排放量，从而对风电场节能减排效益进行积极评价。表 8-1 所示为某风电场节能减排效益表。

表 8-1　　某风电场节能减排效益表

年份	装机规模 (MW)	上网电量 (万 kWh)	节约标煤 (万 t)	减排灰渣 (万 t)	减排 CO_2 (万 t)	减排 SO_2 (万 t)	减排 NO_x (万 t)
2012 年	49.5	6154.25	2.31	0.44	5.54	636.72	732.97
2013 年	49.5	10 877.79	4.09	0.77	9.80	1125.42	1295.54
2014 年	49.5	9549.55	3.59	0.68	8.60	988.00	1137.34
2015 年 6 月	49.5	5749.28	2.16	0.41	5.18	594.82	684.73
合计	49.5	32 330.87	12.15	2.29	29.12	3344.95	3850.58

2. 水土保持

通过对水土流失原状及预测、水土流失防治措施、水土保持监测技术进行分析，得出水土保持设计技术是否实现了预期技术目标，设计优化是否按预期目标实现，水土保持设计技术是否先进及有哪些借鉴优势与不足。

3. 复垦

通过对损毁土地的再生及生态系统恢复的综合技术进行分析，得出复垦设计技术是否实现了预期技术目标，设计优化是否按预期目标实现，复垦设计技术是否先进及有哪些借鉴优势与不足。

八、 全场综合性指标

（一）设计阶段

设计阶段全厂综合性指标与同时期、同地域、同类型机组进行对比，找出优劣。表 8-2 所示为某风电场设计阶段主要指标对比表。

表 8-2　　某风电场设计阶段主要指标对比表

项目	80m 平均风功率密度 (W/m^2)	发电量 (GWh)	利用小时 (h)	综合场用电率 (%)
本厂	401.6	916.3	2288	4
国内平均	375.4	860.7	1879	5

（二）运营阶段

1. 发电量评价

对风电场年发电量进行统计，并与设计值进行对比分析。表 8-3 所示为某风电场年发电量统计表。

表 8-3　　某风电场年发电量统计表　　（万 kWh）

序号	指标名称	2012 年	2013 年	2014 年	2015 年	年设计值
1	一期	6154.25	11 145	9792	5749.28	9250.91
2	二期	5061.55	9434	8720	5103.2	9347.04
3	合计	11 215.8	20 579	18 512	10 852.48	18 597.95

对风电场发电量进行逐月统计，并与计划值比较分析，从中寻找发电量月度变化规律。表8-4所示为某风电场发电量月度统计表。

表8-4　某风电场发电量月度统计表　（万kWh）

月份	2011年发电量	2011年受限电量	2012年发电量	2012年受限电量	2013年发电量	2013年受限电量	2014年发电量	2014年受限电量
1月	1653.54	0.00	2205.63	2319.07	3174.99	2707.00	3251.22	3846.87
2月	1680.00	1.00	4055.10	6274.10	4345.95	5012.30	2514.33	3631.27
3月	2835.00	0.00	4612.86	7477.38	6990.48	4719.10	4635.12	2586.73
4月	5833.17	0.00	6900.81	6042.10	7474.74	3643.50	7574.07	2033.20
5月	7759.08	0.00	8005.83	1815.80	8575.14	4394.70	6506.43	1042.06
6月	5250.84	0.00	4690.97	280.50	5312.16	813.20	4787.79	282.76
7月	3799.32	171.00	5389.02	139.70	4802.07	618.37	6536.46	421.30
8月	2517.69	0.00	5886.10	149.10	5177.97	397.43	2233.14	12.00
9月	5803.14	790.17	4777.50	843.20	6319.74	1807.80	5376.00	830.08
10月	7368.43	1922.03	7376.04	1144.70	6625.50	1392.60	5542.74	3357.72
11月	4676.54	2061.64	5346.18	2510.30	6979.77	3609.70	7062.09	2051.83
12月	4164.93	618.51	2556.33	2521.00	3438.12	2872.00	3619.14	3592.02
合计	51 710.29	5564.35	61 802.37	31 516.95	70 326.02	31 987.70	59 638.53	23 687.84

对风电场进行年度损失电量统计，全面分析损失电量的主要因素。表8-5所示为某风电场年损失电量统计表。

表8-5　某风电场年损失电量统计表　（万kWh）

年度		风电机组故障	送变电设备故障	调度限电	计划检修	其他	合计
一期	2013年	76.08	47.65	301.24	877.74	31.05	1333.76
	2014年	45.98	7.25	145.04	—	61.16	259.43（不含计划检修）
二期	2013年	83.74	146.14	277.43	647.32	3.21	1157.84
	2014年	42.19	8.84	117.04	—	3.7	171.77（不含计划检修）

通过对以上各电量的对比分析，查找影响发电量的内外部因素，并根据各风电场的实际情况，有针对性地提出增发电量、减少损失电量的建议和相关措施。

2. 年发电利用小时评价

通过对风电场年实际利用小时和可研设计值的对比，分析利用小时产生偏差的原因；同时，结合设计阶段微观选址的论述，验证可研报告对风资源数据处理的合理性。表8-6

所示为某风电场年发电利用小时统计表。

表 8-6　　某风电场年发电利用小时统计表　　(h)

序号	风场	2013 年	2014 年	2015 年 6 月	年设计值
1	一期	2251.45	1978.22	1190.24	1868
2	二期	1905.8	1761.67	1060.55	1888
3	一、二期平均	2078.63	1869.95	1125.40	1878
4	省网平均值	2008	1782	1087	—

3. 风电场场用电率评价

采取风电机组投产以来风电场场用电率实际运行值与设计值、给定值、国内同类型机组平均值进行比较，从项目投产以来主变压器、箱式变压器、集电线路损耗等各系统场用耗电率因素的统计分析，得出影响风电场发电场用电率偏差的原因，为今后风电项目在加强运行管理、设备维护治理，以及节能技术改造等方面提供指导性意见。表 8-7 所示为某风电场生产技术经济指标对比表。

表 8-7　　某风电场生产技术经济指标对比表

项目	单位	设计值	实际完成值			
			2011 年	2012 年	2013 年	2014 年
年发电量	万 kWh	91 630	51 710.29	61 802.37	70 326.02	59 638.53
发电场用电率	%	—	0.032	0.197	0.152	0.151
综合场用电率	%	—	2.32	2.43	3.53	2.33

第二节　管 理 后 评 估

评价项目前期、建设、生产运营状况，整体评价项目的管理水平和效益，是否实现项目工期短、花钱少、效益好的目标。总结各阶段管理工作对制约项目盈利能力的因素是如何应对的，项目外部条件和管理等对项目未来持续性的影响。

管理后评估分为：前期管理后评估、工程准备管理后评估、工程管理后评估及生产管理后评估等。

一、 前期管理

评价项目立项的依据和外部条件，决策和实施过程的合规合法性、分析决策结果的科学合理性及外部因素对项目持续性的影响，对项目筹建单位的前期承诺进行评价。

回顾项目前期对立项条件的预测分析，风资源、水文地质、送电通道、交通等重要条件同项目投入运行的实际状况进行对比。评价项目对选址涉及的多项重要条件预测分析的准确性，对项目后期综合成功性的影响情况，尤其是对项目盈利能力的影响，揭示

前期预测产生偏差的深层次原因，提出投资主体避免类似错误的合理化建议。

综合投产后实际运行中反映出的问题，着重研究项目总体建设方案中哪些方面做调整能使项目更加完善、合理。根据前期决策的合理性、合规性综合评判前期工作的决策水平。

（一）合规合法性

（1）重点审核项目是否符合国家及地方政府产业政策、行业及区域发展规划，对照项目从可行性研究、各项专题报告编制和评审的完成情况，检查项目取得的各项合规性（支持性）文件，土地使用的批准手续，检查项目立项、可行性研究、核准、开工建设的全过程，是否适时取得地方政府、国家部委批复，评价项目立项、核准、建设的过程是否合规合法。

（2）检查项目立项、可行性研究、核准、建设各阶段是否首先通过内部决策审批，项目建设是否符合企业内部决策的合规合法性。

（3）评价项目是否按照前期工作要求完成专题报告的编制与批复，取得的前期各项支持性文件的质量及取得的时效，对前期工作开展的影响。表 8-8 所示为项目主要合规性文件表。

表 8-8　　项目主要合规性文件表

序号	工程阶段	批复单位	文件及文号	批复时间
1	前期工作批复			
2	接入系统批复			
3	土地批复			
4	环境影响批复			
5	可研（初步设计）审查批复			
6	核准批复			
7	项目开工批复			
8	执行概算批复			
9	项目通过 240（120）h 试运		—	
10	商业化运营许可			
11	竣工验收			

（二）科学合理性

对项目前期工作涉及的场址条件、风资源、送出、环境、市场等多项主要外部条件进行可研阶段和运行阶段对比分析，反映当时预测分析的准确性程度，揭示前期预测产生偏差的深层次原因，以及预测偏差对后期项目综合成功性的影响情况，提出避免在其他项目中犯类似相同错误的合理化建议，以评判前期工作决策的科学合理性。同时评价项目对地方经济社会发展，增加财政收入、拉动就业等方面影响，项目商业运营后的效益贡献。

（1）场址条件：分析征地的难易程度，地形的复杂程度、影响工程投产、商业化运营和工程总投资的程度等；分析地质条件，是否有地质变化影响工程投产和工程总投资等。

（2）风资源：分析投资决策时测风数据的完备性和可靠性。将风电场年平均风速、年平均风功率密度、有效小时数和项目投产后的风资源状况进行对比，分析偏差。

（3）送出：重点分析送出系统的投资主体、投产同步性、设计的合理性，影响工程投产、商业化运营的程度等。

（4）环境：重点分析项目建设期间落实环评报告的要求、影响商业化运营程度等。

（5）市场：重点分析电力市场的变化原因，影响商业化运营的程度等。

（6）其他：水土保持、外部交通等方面。

（三）外部因素对项目持续性影响

（1）分析项目周边可利用的社会公共服务资源，对项目在该地区发展的影响。

（2）分析项目对地方经济社会发展，增加财政收入、拉动就业等方面影响，评价地方政府支持对项目持续性的影响。

（3）分析区域电力市场发展对项目持续性的影响。

（4）分析外部资源条件对项目持续性的影响。

（5）分析环保政策、环境保护容量对项目持续性的影响。

（四）前期承诺评价

回顾前期立项决策全过程，评价项目承诺是否符合要求。

（1）前期及开工承诺文件主要内容。

（2）承诺内容实现情况对比分析评价。包括存在哪些差异，不同差异对经济评价结果的影响。

二、 工程准备管理

为防范投资风险，从合规性和充分性两个角度，对项目开工准备工作进行总体评价，总结项目工程准备管理工作对后续工程实施、项目运营影响的管理经验，并结合项目特点提出工程准备工作还需改进的建议。

（一）项目批复与组织建设情况

（1）项目法人设立情况：包括项目组织管理机构成立批复，项目规章制度制定完成情况，法人和管理机构情况等。

（2）项目初步设计批复情况：包括项目初步设计编制（含设计优化）及批复情况，概算额度的构成情况等。

（3）项目开工批复情况：包括开工审查批复情况，项目资本金、其他建设资金的批复和落实情况。

（二）施工现场与技术准备情况

（1）项目施工组织设计情况：施工组织设计是否按时完成，并经过审查程序，有无

特别可借鉴内容或有无明显缺陷。

（2）施工图纸交付情况：包括设计图纸交付计划、进度及完成情况，施工图纸是否满足现场连续 3 个月施工的要求。

（3）项目征租地及施工准备情况：包括项目征租地完成情况，“五通一平”工作完成情况，主体工程是否具备连续施工的条件等。

（4）施工准备与开工审查检查表：表 8-9 所示为项目开工条件表。

表 8-9　　项目开工条件表

序号	开 工 条 件	完成情况	备注
1	设立项目法人（包括组织机构的批复及成立情况）		
2	批复项目可行性研究（初步设计）		
3	落实建设资金		
4	编制项目施工组织设计大纲并通过审查		
5	招标选定主设备及主体工程施工单位，签订施工承包合同		
6	招标选定监理单位		
7	落实施工设计图纸交付进度计划，施工图纸满足现场连续 3 个月施工要求		
8	征租地工作		
9	落实项目建设需要的主要设备和材料		

三、工程管理

（一）采购与合同管理

项目主要设备、材料的招标及合同签订情况，设备、材料的供应能否满足连续施工的需要。了解设备采购过程是否合规，采购的设备能否满足设计规定和现场实际要求，总结分析物资采购的质量、价格、到货及合同管理对工程的质量、造价和进度的影响。表 8-10 所示为某风电场重大物资采购一览表。表 8-11 所示为某风电场工程、服务采购一览表。

表 8-10　　某风电场重大物资采购一览表　　（万元）

序号	物资名称	采购方式	执行概算	合同价	合同价－执行概算	总结算	总结算－合同价
1	风电机组	招投标	207 870.69	206 599	－1271.69	206 599	0
2	塔筒	招投标	45 628.61	42 846.62	－2781.99	42 846.62	0
3	机组变压器	招投标	5282.60	5282.60	0	5282.60	0
4	主变压器系统	招投标	3078.77	3077.85	－0.92	3077.85	0

表 8-11　　某风电场工程、服务采购一览表　　（万元）

序号	物资名称	采购方式	执行概算	合同价	合同价－执行概算	总结算	总结算－合同价
1	建筑工程	招投标	40 848.74	37 640.76	－3207.98	35 947.97	－1692.79
2	机电设备及安装工程	招投标	20 856.37	17 643.62	－3212.75	13 805.0	－3838.62
3	建设监理费	招投标	1120.00	1120.00	0	1120.00	0
4	勘察设计费	招投标	2081.78	2081.78	0	2020.17	－61.61

（1）超概算采购项目进行原因分析，总结经验教训。

（2）总结是否存在未经批复进行采购的项目。

（3）评价是否存在重要物资不满足现场工程进度的需要。

（4）与供应商签订经济合同有无重大超合同金额结算情况，有无重大合同纠纷现象，对合同执行情况进行评价。

（二）安全控制评价

（1）回顾项目建设过程，列表统计人身、设备安全事故，分析事故原因及直接间接经济损失。

（2）列出安全管理目标统计表。

依据以上分析评价工程实施阶段安全管理状况，提出问题和改进建议。表 8-12 所示为安全管理目标完成情况表。

表 8-12　　安全管理目标完成情况表

序号	指标内容		原因
1	建设期人身死亡		
2	建设期重伤人次		
3	建设期重大设备事故		

（三）质量控制评价

全面分析工程质量管理，总结影响工程质量的主要问题，提出后续工程和在建工程的改进建议。

（1）审查主要施工单位资质是否满足要求。

（2）工程质量控制流程是否合理。

（3）工程质量监督组织机构是否健全。

（4）工程质量管控制度措施是否完善。

（5）分析影响工程质量的因素，包括人员、材料、设备、施工程序及方法等。

（6）单位工程质量验收情况。

（7）隐蔽工程验收情况。

（8）总结分析进度控制对工程质量的影响。

（9）工程质量管理过程中值得借鉴的经验，实际工程质量指标与设计或合同文件规定存在差异的原因，存在（发生）问题的原因、处理情况及改进措施等。

（四）进度控制评价

全面分析工程进度管理，总结影响工期进度的主要问题，提出后续工程和在建工程的改进建议。

（1）施工进度计划的编制是否合理。

（2）包括开工时间、完工时间和投产时间在内的里程碑进度实现情况。

（3）根据一级网络进度编制的二、三级网络进度是否合理及完成情况。

（4）施工单位的各种施工方案和措施的合理性、可行性。

（5）保证进度的物资供应计划的制定及执行情况。

（6）工程进度与计划进度对比的差异和原因，工程总工期变化的原因及分析。

（7）工程进度管理过程中值得借鉴的经验，存在的问题及改进措施。

（8）对于大规模增加投资赶工期的情况，具备条件的，应将增加的投资额与因工期提前而多创造的投资效益结果进行对比，分析论述进度提前的必要性。表 8-13 所示为里程碑进度表。

表 8-13　　　　　　　　　　　　　　里程碑进度表

序号	项目	计划时间	完成时间	提前或落后原因的简要分析
1	风电机组基础第一罐混凝土			
2	主控楼第一罐混凝土			
3	风电机组开始吊装			
4	变电站设备调试完成			
5	风电机组调试开始			
6	首批机组并网发电			
7	全部风电机组吊装完毕			
8	全部机组移交生产			
9	送出线路调试完成			

（五）工程监理评价

评价建设项目监理工作在工程质量、进度、安全、资金使用管理工作的作用与效果。

（1）评价建设单位对监理单位的管理，总结经验教训。

（2）评价监理单位工作开展情况。

（3）监理大纲及保证现场施工质量、进度、安全措施是否完善。

（4）主持工作例会质量，包括调度会、安全例会、专业技术会、重要项目验收会、重大方案审查会等。

（5）现场监督工作是否到位，包括见证点跟踪、隐蔽工程验收、危险点、危险源管控等。监理通知单和监理整改单是否及时准确，各项工作是否闭环管理。

（6）评价监理整体水平，总结经验教训，提出改进意见。

（六）调试评价

评价机组调试阶段是否严格按风电场基本建设工程启动及竣工验收规程进行。调试阶段中设计、设备、施工质量暴露的缺陷是否及时消除。是否为机组稳定运行打下良好基础。

（1）调试组织机构是否健全。

（2）调试单位资质是否合格。

（3）调试单位人员及专业配备能否满足调试要求。

（4）调试方案及大纲是否完善、合理。

（5）风电机组 240h 试运效果及存在的主要问题。

（6）经上级质监站检查的项目、结果、评价及其他有关文件。

（7）整个调试试运过程出现问题的原因分析、改进措施及值得借鉴的经验。

（七）竣工验收评价

评价机组竣工验收是否全面，检验主机及其配套系统的设备制造、设计、施工、调试和生产准备的各个环节，是否通过竣工验收，确保机组安全稳定高效率投入生产。

（1）竣工验收组织机构是否健全。

（2）建设、设计、施工、调试和生产单位竣工总结报告是否真实完整（建设全过程所采用的新技术、新工艺、管理等方面取得的效果和经验教训，安全、质量、进度和效益，性能和技术经济指标、竣工决算等完成情况）。

（3）职业病防护设施、环境保护、水土保持、安全设施、消防工程项目竣工验收是否完成。

（4）竣工验收项目（建筑、安装和工艺设备，财务、计划、统计，安全、工业环境，调试试运，消防设施及工程档案等）完成情况。

（5）竣工图是否齐全。

（6）技术档案和施工管理资料是否齐全。

（7）设计、施工、工程监理等单位签署的质量文件是否合格、齐全。

（8）统计遗留问题，分析原因，提出解决措施。

（9）机组性能试验技术指标。

（八）开工承诺评价

（1）开工承诺文件主要内容。

（2）承诺内容实现情况对比分析评价。包括存在哪些差异，不同差异对经济评价结果的影响。

四、 生产管理

通过对项目生产阶段过程评价、总结经验，找出生产管理的漏洞与不足，提高生产管理水平。

（一）生产准备评价

(1) 机构组建情况：是否在基建阶段组织成立相应的生产组织机构，并充分发挥作用。

(2) 技术标准、管理标准、工作标准及规章制度的编制情况：编制的各项标准是否全面、简洁、实用；生产准备期间所发生的工作项目是否按要求编写标准工作票、操作票。

(3) 管理软件的应用：是否建立和有效应用能够便捷、有效的服务于生产实际工作的相关生产管理系统软件。

(4) 人员配置及培训：是否足额配置了生产人员；是否在基建阶段相应生产准备人员即到岗到位。机组单体试运前，所有生产准备人员即取得相应岗位合格证书。从单体试运开始，运行人员即在调试人员的监护下完成操作工作，现场考试合格，掌握确保机组投产后安全稳定运行的技能。

(5) 生产人员对项目建设阶段的全过程参与度：是否在项目建设阶段各级生产人员全过程地参与设计、设备选型、设备招标、设备监造、设备安装、静态调试、动态调试、单机试运、整体试运、生产移交等各项工作的技术交流、技术谈判、质量验收，熟悉和掌握设备系统的结构和特性。做好同类型设备运行使用情况的调研工作，解决系统中存在的影响安全稳定、经济运行、节能环保的问题。是否和基建人员进行了完整、全面的移交。

（二）安全生产评价

通过检查建设项目安全生产体系建立和运作情况，从整体评价风电场安全生产管理状况，对照国家法律法规、标准、规范，提出建议和意见，做出合理评价结论。

1. 安全生产目标管理

检查评价项目全年安全生产目标，并检查评价风电场、班组、个人安全生产目标及确保分解目标实现的措施。

2. 安全生产组织机构建立及运作情况评价

核查项目安全管理机构设置、三级安全网络和三级培训网络的建立情况。安全管理组织机构是否健全，岗位的设置、人员的安置和人员素质是否符合安全生产的需要。

3. 安全生产责任制建立与落实评价

检查评价安全生产责任制、安全监督和安全保障体系建立与落实情况。

4. 安全生产规章制度和执行情况评价

评价项目安全管理规章制度的执行情况，同时对规章制度制定、修编、规程与制度清单发布进行检查评价。

5. 安全例行工作评价

(1) 检查评价按照安全生产考核办法奖惩兑现情况。

(2) 检查评价项目两措（安全措施、反事故措施）执行情况，资金落实情况、两措完成率。

（3）检查评价危险点分析与控制措施及“两票”执行情况。

（4）检查评价项目每年定期或不定期开展的专项、季节性的安全生产检查活动情况。

（5）安全生产教育培训评价，评价安全培训计划执行情况、培训效果。

（6）检查评价项目消防管理工作。

（7）检查评价项目重大危险源管理工作。

（8）检查评价项目应急管理工作。

（9）检查评价企业安全生产指标。

（10）检查评价项目涉及安全方面专项验收情况。表 8-14 所示为安全生产情况统计表。

表 8-14　　安全生产情况统计表

评价年度	重特大事故	设备事故	设备一类障碍	设备二类障碍	死亡	重伤

（三）设备管理评价

对机组可靠性指标与行业同类型机组的可靠性指标进行比较，分析影响可靠性指标的因素。提出提高设备健康水平、运行水平的措施及建议。

1. 风电机组可利用率统计分析

（1）对风电机组可利用率等主要可靠性指标进行年度、月度统计和分析。

（2）对造成风电机组故障停机的原因进行分类统计，进一步分析影响风电机组可靠性的主要原因。根据统计结果，综合分析评价风电机组健康水平，有针对性的提出合理化建议及改进措施。

2. 检修管理

（1）设备检修维护管理制度是否健全，以及检修人员培训、持证上岗、绩效考核等规章制度的实施情况。

（2）检查日常检修记录，对检修制度的执行效果进行评价，提出持续改进措施。

（3）现有检修体系、人员、实际运作是否适应现场实际的需要，提出改进措施和建议。

（4）统计现场缺陷的发生数量和消除率，评价检修维护队伍的技术力量能否满足实际需要。

（5）各种生产管理体系中是否包括维护人员，维护人员在生产系统中的参与程度。

（6）对检修管理手册和检修记录的检查，检查评价检修前准备工作是否按相关规定落实到位，检修后是否达到预期效果。

（7）成闭环管理。

3. 技术监督

（1）技术监督体系及相关制度是否建立健全，专项技术监督记录及台账是否建立。

（2）月度和年度的技术监督报告及现场设备的实际运行情况，对技术监督所发现问题的整改落实情况进行评价。

4. 意见建议

根据以上检查评价情况，综合提出影响风电机组可靠性的主要因素及改进建议。

五、 管理综合评价

（1）管理中有哪些管理体制、机制创新和亮点，值得推广的经验。

（2）管理中存在的问题、缺陷、风险，投产以来是否由于管理原因发生过重大和一般性事故。

（3）提出对项目管理的结论性评价意见，对项目的管理提出优化和改进建议。

第三节 经济后评估

根据项目可研、设计、建设、生产运营实际情况，比照关键财务数据，采取前后对比的方法，进行分析，为综合评价项目效益目标提供评判依据。评价时要求必须对项目从投资角度进行对比分析，对比分析应包括：

（1）规制对比，与国家、行业、企业内部相关标准比较。

（2）纵向对比，对可研、初设、设计优化、投产和目前等各阶段比较。

（3）横向对比，其他同期、同区域、同类型机组横向比较。

综合以上分析得出该项目是否实现了预期投资目标，超出概算和节约开支要找出原因，综合分析投资控制对项目的整体影响，包括工期、质量、技术指标等方面。

一、 工程投资评价

通过分析项目概算、预算、决算管理过程，评价项目的造价控制、资金管理，了解项目建设各阶段资金到位、使用情况，整体评价项目资金管理的经验、教训，并提出改进建议。

（一）造价控制

按照建筑工程费、安装工程费、设备购置费和其他费用四大费用分类的方式比较批复概算、执行概算和竣工决算的差异，分析合同条件、设计变更以及概算外项目控制情况，对四大费用造价控制较执行概算超支（节余）情况评价，总结造成费用超支（节余）的主要原因，并形成对比。

（二）资金筹措

对项目资金筹措进行评价，对各股东方资本金到位情况及对项目的持续性影响进行分析，对项目融资情况进行分析，了解项目降低财务费用的措施。表 8-15 所示为某风电场资金来源情况调查表。

表 8-15　　某风电场资金来源情况调查表　　（万元）

序号	类别	来源	批复计划		实际到位		
			2011 年	2012 年	2011 年	2011 年	2012 年
1	资本金	×××开发有限公司	2000	6701	2000		1000
		小计	2000	6701	2000		1000
2	项目融资	国家开发银行	5713	26 413		31 000	
		小计	5713	26 413		31 000	
		合计	7713	33 114	2000	31 000	1000

（三）经验、教训及改进建议

（1）总结资金管理经验与教训，重点总结资金的合理使用对建设期利息影响。

（2）总结造价控制管理经验与教训，重点对概算外项目管理经验进行总结。

（3）归纳提升投资管理水平的建议与措施。

二、 经济效益评价

评价项目实际经营情况与效果，结合项目可研、开工前经济评价、设计及建设实际情况，对照关键经营数据，与决策阶段预测的结论比较，分析其差别和原因。通过对项目经营指标、经营管理能力分析，横纵向对标，评价项目在区域、国内同行业的竞争力水平。

（一）经济指标

评价项目收入情况，对项目售电价格、发电量、上网电量、综合场用电率及机组利用小时的数据，与可研或开工前经济评价数据进行对比，分析偏差原因，评价项目是否实现效益目标。

在后评价时间段，利用基础数据对比对项目投资回收期、资产负债率、财务内部收益率等指标进行全面评价与分析，并与决策阶段预测的结论进行比较，分析其偏差的原因。表 8-16 所示为某风电场基础数据对比表。

表 8-16　　某风电场基础数据对比表

序号	项目	单位	可研数据	后评价		
				2012 年	2013 年	2014 年
1	工程总投资	万元	49 152	42 255	49 152	42 255
2	CDM 收益	万元	0		0	
3	综合厂用电率	%	4	2.59	4	2.59
4	电价（含税）	元/ kWh	0.7	0.71	0.7	0.71

续表

序号	项目	单位	可研数据	后评价		
				2012年	2013年	2014年
5	等效满负荷利用小时	h	1946	1243	1946	1243
6	水费	元/MWh	0		0	
7	材料费	万元	118	0	118	0
8	大修理费	%	1.5	0.03	1.5	0.03
9	基准收益率	%	5	5	5	5
10	折旧年限	年	15	15	15	15
11	残值率	%	3	3	3	3
12	薪酬	万元	140	198	140	198
13	福利费率	%	10	66%	10	66%
14	定员	人	20	27	20	27
15	增值税率	%	17	17	17	17
16	所得税率	%	25	0	25	0
17	公积金	%	10	10	10	10

（二）成本、费用分析

对项目历年生产成本及财务费用进行深入分析，评价项目未来成本费用变化趋势；表8-17所示为某风电场生产成本及财务费用表。

表8-17　　某风电场生产成本及财务费用表　　（万元）

项目	2012年	2013年	2014年	平均值
购电费	18	24	21	23
材料费	0	0	1	0
工资及福利费	329	274	590	432
折旧费	1025	2460	2460	2460
修理费	13	0	57	28
其他费用	359	362	343	352
环保费	0	0	0	0
主营成本	1743	3119	3472	3296
发电单位成本	0.283	0.280	0.355	0.315
财务费用	858	1820	1494	1657
上网发电量（万kWh）	6025	10 877	9549	10 213
主营业务收入	3656	6322	5550	5936
CDM收益	0	0	0	0
利润总额	1055	1382	584	983

（三）财务盈利能力分析

利用财务数据，对项目盈利能力进行评价。表 8-18 所示为某风电场财务效益分析表。

表 8-18 某风电场财务效益分析表

分析内容	名称报表	评估指标名称	后评价		
			2012 年	2013 年	2014 年
盈利能力分析	全投资现金流量表	投资回收期（年）	9		
		财务内部收益率（税后）（%）	12.13		
		财务净现值（税后）（万元）	19 262		
	自有资金现金流量表	财务内部收益率（税后）（%）	8.48		
		财务净现值（税后）（万元）	19 909		
	损益表	资金利润率（%）	2.50	3.27	1.38
		资金利税率（%）	2.50	3.27	1.38
		资本金利润率（%）	35.15	46.08	19.46
偿债能力分析	资金来源与运用表	利息倍付率（%）	223	195	136
	资产负债表	资产负债率（%）	88	85	83
		流动比率（%）	14	26	49
		速动比率（%）	14	26	49

（四）盈亏平衡分析

(1) 根据评估时项目总投资、发电利用小时、电价等经营数据，对项目进行盈亏平衡分析。

(2) 根据当前风电机组的性能和电价水平，分析盈亏平衡时的发电量和利用小时水平，评价该项目具备在经营期内实现盈利的前景。

（五）敏感性分析

(1) 在其他条件不变情况下，机组利用小时数提高或降低，对项目内部收益率的影响。提出发电量调整影响建议。

(2) 在其他条件不变情况下，电价升高或降低，对项目内部收益率影响，提出相应对策。

(3) 在其他条件不变情况下，贷款利率升高或降低，对项目内部收益率影响，提出相应对策。

通过综合分析，找出该项目最为敏感的因素，提出对策，指导项目更好地实现其投资回报的最大化。表 8-19 所示为某风电场敏感性分析表。

表 8-19　　某风电场敏感性分析表

敏感性因素	变化率（%）	全投资内部收益率（%）	敏感系数	自有资金内部收益率（%）	敏感系数
基本方案	0	12.13		67.48	
利用小时	−10	10.84	1.06	64.73	0.407
	−5	11.50	1.04	66.16	0.391
	5	12.73	1.00	68.72	0.368
	10	13.32	0.98	69.90	0.358
上网电价	−10	10.83	1.07	64.72	0.409
	−5	11.49	1.04	66.16	0.392
	5	12.74	1.00	68.73	0.370
	10	13.32	0.99	69.91	0.360
贷款利率	−10	12.13	0.00	68.04	−0.083
	−5	12.13	0.00	67.76	−0.084
	5	12.13	0.00	67.19	−0.085
	10	12.13	0.00	66.91	−0.085

三、经济综合评价

（1）通过汇总工程投资情况，分析技术和管理等因素对项目造价控制水平的影响。

（2）通过生产成本分析，计算项目财务净现值和财务内部收益率情况，判断项目在财务上是否可行。

（3）根据项目偿债能力指标判断项目偿债能力情况。

（4）根据项目敏感性分析判断抗风险承受能力。

（5）综合评判项目效益目标的实际实现程度，并提出改善项目效益的合理化建议。

（6）财务盈利能力对项目持续性影响的判断。

第四节　持续性评价与目标综合评价

通过全面分析技术因素、管理因素、经济因素对项目持续性的影响，结合外部条件的实际情况，分析外部条件变化对项目持续能力的影响，得出项目实际总体持续能力结论。

一、持续性评价

1. 宏观环境

主要分析项目是否符合国家法规和当地总体规划的环境和生态要求；是否符合国家

产业政策发展方向；风电场所处资源区标杆电价情况；当地电网消纳情况；省内补贴、线路补贴情况；其他宏观环境因素。

2. 风能资源和选址方案

主要分析项目的所处地区风资源情况，项目微观选址方案对项目的持续经营的影响。

3. 设备管理

主要分析项目目前设备管理水平对项目的持续经营的影响。

4. 项目造价及运行成本

主要分析项目工程造价及运行成本对项目的持续经营的影响。

二、 目标综合评价

汇总以上各节评价内容，总结出项目的定性结论。得出的结论和提出的问题要用实际数据来表述，并归纳要点，突出重点，综合评价中应使用逻辑框架表作为主要评价工具进行评价，表 8-20 所示为后评价项目逻辑框架表，表 8-21 所示为某公司评价指标体系表。

表 8-20　　后评价项目逻辑框架表

项目描述	可客观验证的指标			原因分析		项目可持续能力
	原定指标	实现指标	差别或变化	内部原因	外部条件	
项目宏观目标						
项目直接目的						
产出/建设内容						
投入/活动						

表 8-21　　某公司评价指标体系表

<table>
<tr><th>一层指标及权重</th><th>二层指标及权重</th><th>三层指标及权重</th><th>指标参数</th><th>赋　分</th></tr>
<tr><td rowspan="5">目标评价（权重 0.3）</td><td rowspan="4">1. 发电（权重 0.8～1.0）</td><td>（1）装机容量（权重 0.2～0.3）</td><td rowspan="5">实现及偏离程度</td><td>实现目标得 100 分，偏离 5%得 90 分，偏离 10%得 80 分</td></tr>
<tr><td>（2）年发电量（权重 0.2～0.3）</td><td>实现目标得 100 分，偏低 10%得 90 分，偏低 20%得 80 分</td></tr>
<tr><td>（3）单位电能指标（权重 0.2）</td><td>实现目标得 100 分，偏低 10%得 90 分，偏低 20%得 80 分</td></tr>
<tr><td>（4）单位电能成本（权重 0.2）</td><td>实现目标得 100 分，偏低 10%得 90 分，偏低 20%得 80 分</td></tr>
<tr><td>2. 其他（权重 0.2～0.0）</td><td>科技示范、战略规划等（权重 1.0）</td><td>实现及超目标得 100 分，达到 90%得 90 分，达到 80%得 80 分</td></tr>
</table>

续表

一层指标及权重	二层指标及权重	三层指标及权重	指标参数	赋　分
实施过程评价（权重0.25）	1. 前期工作（权重0.3）	（1）风能资源评价（权重0.3）	符合法规情况	完全符合规定得100分，基本符合得60～80分，不符合得30～50分
		（2）风电场工程规划（权重0.2）		完全符合规定得100分，基本符合得60～80分，不符合得30～50分
		（3）预可研报告（权重0.1）	程序符合性	完全符合规定得100分，基本符合得60～80分，不符合得30～50分
		（4）可行性研究报告（权重0.2）		完全符合规定得100分，基本符合得60～80分，不符合得30～50分
		（5）勘察设计（权重0.2）	实现及偏离程度	实际实现结果与勘察设计时的基本无差别得100分，有较小差别得60～80分，差别较大得30～50分
	2. 工程施工（权重0.3）	（1）机组选型及微观选址（权重0.2）	实现及偏离程度	实际实现结果与设计时的基本无差别得100分，有较小差别得60～80分，差别较大得30～50分
		（2）工程招投标（权重0.2）	符合法规情况	完全符合规定得100分，基本符合得60～80分，不符合得30～50分
		（3）施工准备（权重0.1）	项目法人组建及开工条件	有批准的开工报告得100分，手续不健全的得60～80分，补手续的得40～50分，未经批准得30～50分
		（4）工程进度（权重0.1）	工期执行情况	按期完成得100分，基本按时完成得70～90分，工期滞后较长得40～60分
		（5）施工质量（权重0.1）	优良率	达到验收标准得100分，基本达到得70～90分，经多次处理达到得50～60分
		（6）安全生产与文明施工（权重0.1）	执行情况	无死亡事故得100分，一般事故得60～90分，较大伤亡得30～50分
		（7）施工监理（权重0.1）	机构、人员、职责（四控二管理一协调）	健全得100分，基本健全得70～90分，不够健全得40～60分
		（8）新技术采用（权重0.1）	创新或应用情况	有创新、应用较好得100分，一般得60～70分

续表

一层指标及权重	二层指标及权重	三层指标及权重	指标参数	赋　分
实施过程评价（权重0.25）	3. 竣工验收（权重0.1）	（1）质检评定（权重0.2）	质检报告齐全，质量管理体系健全	资料齐全、单项工程优良率≥85%得100分；资料较齐全，优良率≥75%得90分；资料一般，优良率≥65%得80分；资料较差，优良率≤65%得70分
		（2）竣工决算（权重0.4）	资料编制内容及投资执行情况	内容齐全不超概算得100分，内容较全超概算5%得80分，内容一般超概算5%～10%得60～80分，超过10%得0分
		（3）审计意见（权重0.2）	投资及合规性	无违规得100分，无严重违规得70～90分，有严重违规得50～60分
		（4）验收意见（权重0.2）	建设内容、规模、质量、试运行实现程度	优良工程，无重大事故，试运行顺利得100分；合格工程，试运行无重大问题得80～90分；有不合格项，纠正后合规得70～80分
	4. 初期运行（权重0.1）	（1）机构及配套设施（权重0.4）	健全及配套程度	机构、配套设施健全得100分，基本健全得90分，一般得80分
		（2）运行效果（权重0.6）	运行安全和可靠程度	运行效率高、安全可靠性良好得90～100分，一般得60～80分，差得40～50分
	5. 劳动安全（权重0.1）	劳动安全与工业卫生	与项目批准报告比较符合程度	劳动安全与工业卫生措施符合报告要求得100分，基本符合得60～80分，不符合得30～50分
	6. 投资情况（权重0.1）	（1）资金的来源（权重0.3）	实现及偏离程度	无差别得100分，基本一致得70～90分，差别较大得40～60分
		（2）资金的到位（权重0.3）		
		（3）总投资（权重0.4）		
影响评价（权重0.1）	1. 项目征地（权重0.2）	（1）永久征地（权重0.6）	与项目批准报告比较实际指标偏离程度	完全符合规定得100分，基本符合得60～80分，不符合得0分
		（2）临时用地（权重0.4）		完全符合规定得100分，基本符合得60～80分，不符合得0分

续表

一层指标及权重	二层指标及权重	三层指标及权重	指标参数	赋 分
影响评价（权重 0.1）	2. 经济影响（权重 0.35）	项目对国家、地区及行业的影响等（权重 1.0）	项目对国家、地区及行业的影响程度	正面作用大得 80～100 分，一般作用得 30～70 分
	3. 社会影响（权重 0.2）	社会经济发展、社会平等（权重 1.0）	社会满意度	满意度好得 100 分，基本满意得 80～90 分，一般满意得 60～80 分
	4. 环境影响（权重 0.25）	环境与水土保持（权重 1.0）	国家批准环境评价报告的符合程度	环保措施符合报告要求得 100 分，基本符合得 60～80 分，不符合得 30～50 分
效益评价（权重 0.25）	1. 国民经济效益（权重 0.5）	经济净现值（权重 0.4）	与项目批准报告的指标差别比较	无差别得 100 分，基本一致得70～90 分，差别较大得 40～60 分
		内部收益率（权重 0.3）		
		效益费用比（权重 0.3）		
	2. 财务效益（权重 0.5）	财务内部收益率（权重 0.4）	与项目批准报告的指标差别比较	无差别得 100 分，基本一致得70～90 分，差别较大得 40～60 分
		投资回收期（权重 0.4）		
		资产负债率（权重 0.2）		
持续性评价（权重 0.1）	项目持续性与风险（权重 1.0）	（1）外部因素（权重 0.3）	国家政策、社会经济、电力市场、协作情况等	有利因素较多得 90～100 分，有利因素一般得 60～80 分，不利因素较多得 30～50 分
		（2）内部条件（权重 0.3）	组织机构、人力资源、财务运营能力	有利条件较多得 90～100 分，有利条件一般得 60～80 分，不利条件较多得 30～50 分
		（3）需采取的措施（权重 0.4）	政策、工程、管理等措施	需要采取措施较少得 80～100 分，相对较多得 60～70 分，较多得 30～50 分

（1）宏观综合评价法，即将宏观评判因素和微观评判因素综合加权总评，表 8-22 所示为宏观综合成功度评价表。

表 8-22　　宏观综合成功度评价表

评定项目指标	项目相关重要性	评定等级
宏观目标和产业政策		
决策及其程序		
布局与规模		
项目目标及市场		

续表

评定项目指标	项目相关重要性	评定等级
设计与技术装备水平		
资源和建设条件		
资金来源和融资		
项目进度及其控制		
项目质量及其控制		
项目投资及其控制		
项目经营		
机构和管理		
项目财务效益		
项目经济效益和影响		
社会和环境影响		
项目可持续性		
项目总评		

（2）微观评价法，即去除宏观评判因素，只留下企业微观评判因素加权评分，表 8-23 所示为微观成功度评价表。

表 8-23　　微观成功度评价表

评定项目指标		项目相关重要性	评定等级
项目全过程控制效果	选址与资源条件		
	售电市场		
	可研建设方案		
	设计技术方案		
	施工进度控制		
	施工质量控制		
	设备质量控制		
	施工造价控制		
	施工安全环保控制		
	启动调试及竣工验收管理		
	生产准备管理		
	生产可靠性管理		
	生产经济性管理		
	生产安全性管理		
	生产环保性管理		
目前经济效益情况（当前竞争力）	目前经济效益情况		
项目可持续性（长期竞争力）	环境保护及资源条件的持续影响		
	其他内外部因素的持续影响		
项目总评			

下篇
运 维 篇

第九章　升压站设备的运行及维护

电气设备的运行及维护是保证风电场正常运转的重要部分，也是提高风电场经济效益的支撑，因此，风电场要切实掌握电气设备运行及维护中必须遵守的原则，并且采取有效的、有针对性的措施来加强对电气设备的运行及维护，以提高风电场生产运行的安全性。

第一节　电气一次设备的运行维护

电气一次设备的运行及维护主要包括变压器、断路器、互感器、隔离开关及母线、无功补偿装置、低压配电设备等电气设备的巡视、检修、预防性试验等。

一、 变压器运行维护

（一）变压器巡视检查

1. 日常巡视检查内容

变压器油温和温度计应正常，储油柜的油位与温度标界相对应，各部位无渗漏油，套管油位正常，套管外部无破损裂纹，无放电痕迹及其他异常现象；冷却装置运转正常，运行状态相同的冷却器手感温度相接近，风扇、油泵运转正常，油流继电器工作正常，指示正确；导线、接头、母线上无异物，引线接头、电缆、母线无过热现象；压力释放阀、安全气道及其防爆隔膜应完好无损；有载分接开关位置及电源指示正常；变压器声响正常，气体继电器或集气盒内应无气体；各控制箱和二次端子箱无受潮，驱潮装置正确投入，吸附剂干燥无变色。

2. 特殊巡视检查内容

系统发生短路或天气突然发生变化时（如大风、大雨、大雪及气温骤冷骤热等），值班人员应对变压器及其附属设备进行重点检查。主要项目包括：过负荷时，检查油温和油位是否正常，各引线接头是否良好，冷却系统是否正常；当系统发生短路故障或变压器故障跳闸后，检查变压器系统有无爆裂、断脱、移位、变形、焦味、烧伤、闪络、烟火及喷油等现象；大风天气时，检查引线摆动情况及变压器上是否挂有杂物；雷雨天气时，检查套管是否放电闪络，避雷器的放电记数器是否动作；下雾天气时，检查套管有无放电及电晕现象，并应重点监视污秽瓷质部分有无异常；下雪天气时，检查变压器引线接头部分，是否有落雪立即融化或蒸发冒气现象，导电部分应无冰柱。

（二）变压器检修

变压器检修主要内容包括：检查和清扫外壳；消除渗油、漏油；检查和清扫油再生装置，更换已变色硅胶；根据油质情况，过滤变压器油；检查接地装置；检查室外变压器外壳油漆；检查铁芯、铁芯接地情况及穿心螺栓的绝缘，检查及清理绕组及绕组压紧装置、垫块、引线、各部分螺栓、油路及接线板等；检查风扇电动机及其控制回路；检查强迫油循环泵、电动机及其管路、阀门等装置；检查清理冷却器及水冷却系统；检查并修理有载或无载分接头切换装置、控制装置；检查并清扫全部套管；检查充油式套管的油位情况；检查及校验温度表；检查呼吸器、干燥剂及油杯油位；检查及清扫变压器电气连接系统的配电装置及电缆。

1. 油浸式变压器绝缘受潮后器身的干燥处理

器身检修的气候条件及器身暴露时间应符合表 9-1 要求；在现场，器身干燥宜采用真空热油循环冲洗处理，或真空热油喷淋处理；对有载分接开关的油箱应同时按照相同要求抽真空；采用真空加热干燥时，应先进行预热，并根据制造厂规定的真空值进行抽真空，按变压器容量大小，以 10～15℃/h 的速度升温到指定温度，再以 6.7kPa/h 的速度递减抽真空。

表 9-1　　　　器身检修的气候条件及器身暴露时间

序号	项目	要　求
1	气候条件	（1）环境无尘土及其他污染的晴天； （2）空气相对湿度不大于 75%；如大于 75%时应采取必要措施
2	器身暴露时间	（1）相对湿度≤65%，为 16h； （2）相对湿度≥75%，为 12h

2. 变压器油处理

大修后注入变压器及套管内的变压器油，其质量应符合要求；注油后，变压器及套管都应进行油样化验与色谱分析；变压器补油时应使用牌号相同的变压器油，如需要补充不同牌号的变压器油时，应先作混油试验，合格后方可使用。

3. 检修注意事项

（1）变压器在吊检和内部检查时，应防止绝缘受伤。安装变压器穿缆式套管应防止引线扭结，不得过分用力吊拉引线。

（2）检修中需要更换绝缘件时，应采用符合制造厂要求、检验合格的材料和部件，并经干燥处理。

（3）在大修时，应注意检查引线、均压环（球）、木支架、胶木螺钉等是否有变形、损坏或松脱。注意去除裸露引线上的毛刺及尖角，发现引线绝缘有损伤的应予修复。对线端调压的变压器要特别注意检查分接引线的绝缘状况。对高压引线结构及套管下部的绝缘筒应在制造厂代表指导下安装，并检查各绝缘结构件的位置，校核其绝缘距离及等电位连接线的正确性。

（4）检修时，应检查无励磁分接开关的弹簧状况、触头表面镀层及接触情况、分接引线是否断裂及紧固件是否松动。为防止拨叉产生悬浮电位放电，应采取等电位连接措施。

（5）变压器安装和检修后，投入运行前必须多次排除套管升高座、油管道中的死区、冷却器顶部等处的残存气体。强油循环变压器在投运前，要启动全部冷却设备使油循环，停泵排除残留气体后方可带电运行。更换或检修各类冷却器后，不得在变压器带电情况下将新装和检修过的冷却器直接投入，防止安装和检修过程中在冷却器或油管路中残留的空气进入变压器。

（6）在安装、大修吊装或进入检查时，除应尽量缩短器身暴露于空气的时间外，还要防止工具、材料等异物遗留在变压器内。进行真空油处理时，要防止真空滤油机轴承磨损或滤网损坏造成金属粉末或异物进入变压器。为防止真空泵停用或发生故障时，真空泵润滑油被吸入变压器本体，真空系统应装设止回阀或缓冲罐。

（7）大修、事故检修或换油后的变压器，在施加电压前静止时间不应少于以下规定：110kV，24h；220kV，48h；500（300）kV，72h。

（8）变压器安装或更换冷却器时，必须用合格绝缘油反复冲洗油管道、冷却器和潜油泵内部，直至冲洗后的油试验合格并无异物为止。如发现异物较多，应进一步做检查处理。

（9）复装时，应注意检查钟罩顶部与铁芯上夹件的间隙，如有碰触，应及时消除。

（三）变压器预防性试验

预防性试验是判断设备能否继续投入运行，预防发生事故或设备损坏以及保证设备安全运行的重要措施。

1. 变压器预防性试验项目

（1）容量1.6MVA以上油浸式变压器预防性试验项目包括：油中溶解气体分析试验；绝缘油试验；油中含水量试验；油中含气量试验（330kV及以上）；绕组直流电阻试验；绕组、铁芯、铁轭夹件等绝缘电阻以及绕组的吸收比或（和）极化指数试验；绕组、铁芯、铁轭夹件等绝缘电阻以及绕组的吸收比或（和）极化指数试验；电容型套管的tanδ和电容值试验；绕组泄漏电流试验；有载调压装置的试验和检查；交流耐压试验（10kV及以下）；测温装置及其二次回路试验；气体继电器及其二次回路试验；冷却装置及其二次回路检查试验。

（2）容量1.6MVA及以下油浸式变压器预防性试验项目包括：绝缘油试验；绕组直流电阻试验；绕组的tanδ试验；电容型套管的tanδ和电容值试验。

（3）干式变压器预防性试验项目包括：绕组直流电阻试验；绕组、铁芯、铁轭夹件等绝缘电阻以及绕组的吸收比或（和）极化指数试验；绕组的tanδ试验（35kV及以上）；电容型套管的tanδ和电容值试验（35kV及以上）；交流耐压试验（10kV及以下）；测温装置及其二次回路试验。

2. 变压器预防性试验试验项目的意义及技术要求

（1）变压器绕组的直流电阻试验。

1）意义：检查绕组焊接质量；检查分接开关各个位置接触是否良好；检查绕组或引出线有无断线；检查并联支路的正确性，是否存在由几条并联导线绕成的绕组发生断线；检查绕组层、匝间有无短路的现象。

2）技术要求：容量 1.6MVA 以上变压器，各相绕组电阻相互间的差别不应大于三相平均值的 2%，无中性点引出的绕组，线间差别不应大于三相平均值的 1%；1.6MVA 及以下的变压器，相间差别一般不大于三相平均值的 4%，线间差别一般不大于三相平均值的 2%；与以前相同部位测得值比较，其变化不应大于 2%。

（2）绕组连同套管的绝缘电阻及吸收比或极化指数试验。

1）意义：对检查变压器整体的绝缘状况具有较高的灵敏度，能有效地检查出变压器绝缘整体受潮、部件表面受潮或脏污以及贯穿性的集中缺陷。例如，各种贯穿性短路、瓷件破裂、引线接壳、器身内有铜线搭桥等现象引起的半贯通性或金属性短路等。

2）技术要求：绝缘电阻换算至同一温度下，与前一次测试结果相比应无明显变化；吸收比（10～30℃范围）不低于 1.3 或极化指数不低于 1.5。

（3）铁芯、夹件、穿心螺栓等部件的绝缘电阻试验。

1）意义：能更有效地检出相应部件绝缘的缺陷或故障，这主要是因为这些部件的绝缘结构比较简单，绝缘介质单一，正常情况下基本不承受电压，其绝缘更多的是起“隔电”作用，而不像绕组绝缘那样承受高电压。

2）技术要求：220kV 及以上者绝缘电阻一般不低于 500MΩ。

（4）测量介质损耗因数 $\tan\delta$ 值。

1）意义：主要用来检查变压器整体受潮、油质劣化、绕组上附着油泥及严重的局部缺陷等。介质损耗因数测量结果常受表面泄漏和外界条件（如干扰电场和大气条件）的影响，应采取措施减少和消除这些影响。测量介质损耗因数值是指测量连同套管的 $\tan\delta$，但是为了提高测量的准确性和检出缺陷的灵敏度，必要时可进行分解试验，以判明缺陷所在位置。

2）技术要求：20℃时 330～500kV 变压器绕组的 $\tan\delta$ 值应不大于 0.6%，66～220kV 变压器绕组的 $\tan\delta$ 值应不大于 0.8%，35kV 及以下变压器绕组的 $\tan\delta$ 值应不大于 1.5%；变压器绕组的 $\tan\delta$ 值与历年的数值比较不应有显著变化（一般不大于 30%）；20℃时电容型套管对地末屏 $\tan\delta$（%）值应不大于表 9-2 中数值。

表 9-2　容型套管对地末屏 $\tan\delta$ 要求值　（%）

电压等级（kV）		20～35	66～110	220～500
大修后	充油型	3.0	1.5	—
	油纸电型	1.0	1.0	0.8
	充胶型	3.0	2.0	—
	胶纸电型	2.0	1.5	1.0
	胶纸型	2.5	2.0	—

续表

电压等级（kV）		20～35	66～110	220～500
运行中	充油型	3.5	1.5	—
	油纸电型	1.0	1.0	0.8
	充胶型	3.5	2.0	—
	胶纸电型	3.0	1.5	1.0
	胶纸型	3.5	2.0	—

注　当电容型套管末屏对地绝缘电阻小于1000MΩ时，应测量末屏对地 $\tan\delta$，其值不大于2%；电容型套管的电容值与出厂值或上一次试验值的差别超出±5%时，应查明原因。

二、 断路器运行维护

（一）断路器巡视检查

1. GIS封闭组合电器巡视检查内容

（1）外观检查。所有设备外观应清洁，标志清晰、完善。GIS外观应整洁、完整、无漂浮或悬挂物；构架接地应良好、紧固、无松动、锈蚀。支撑及焊缝无断裂。土建基础无裂纹、沉降；结构外壳完整无缺、壳体漆面无损坏、外壳漆膜颜色正常；压力释放装置无异常，释放出口无障碍物；套管表面无严重污垢沉积，无破损伤痕，法兰无裂纹，无闪络痕迹；伸缩节无异常变化；无异常声音。

（2）本体开关分合指示位置及其动作、机构箱检查。各开关分、合闸指示及动作正确，并与当时实际运行工况一致，检查计数器动作次数；各机构箱门关闭严密，机构箱内加热器的工作状态应按规定投入或切除；底部无异物、油污。

（3）汇控柜检查。面板的主接线上所标注的各开关合分指示与GIS相对应开关状态一致，带电显示正常；加热器无异常发热，排风功能正常，温湿度传感器功能良好，加热器按规定投切；汇控柜门应关闭良好，密封条无损坏变形，无积水或凝露，二次端子无锈蚀。

（4）避雷器动作计数器检查。避雷器动作计数器指示值正常，避雷器其泄漏电流或在线检测泄漏电流指示正常。

2. SF_6断路器的巡视检查内容

无异味、无异常响声；分、合闸位置与实际工况相符；引线无松动、断股、过紧、过松等异常情况；操作箱、机构箱内部整洁，关闭严密；引线、端子接头等导电部位接触良好；气体压力正常，管道无漏气声音；室内安装的通风设施完好；落地罐式断路器应检查防爆膜有无异状；接地是否完好。

3. 真空断路器的巡视检查内容

分、合位置指示正确，并与当时实际运行工况相符；真空断路器绝缘支持物清洁无损，无放电、电晕等异常现象；接地是否完好；引线接头无过热、引线弛度适中。

4. 液压机构的巡视检查内容

机构箱无异味、无积水、无凝露；液压机构压力在合格范围内；油箱油位正常，工作缸储压筒及各阀门管道无渗漏油；无打压频繁现象，油泵动作计数器无突增，驱潮装置正常。

5. 弹簧机构的巡视检查内容

弹簧机构储能电动机电源或熔丝应在合上位置，“储能异常”信号显示正确；机械位置应正常；机构金属部分无锈蚀；储能电动机行程开关触点无卡涩、变形，分、合闸线圈无冒烟及异味。

6. 启动机构巡视检查内容

启动机构的空气压缩机润滑油油色、油位正常；安全阀良好；空气压缩机启动后应运转正常；无异常声响和过热现象；压缩空气系统气压正常，气泵动作计数器指示无突增，驱潮装置正常。

（二）断路器检修

1. 断路器检修内容

（1）断路器本体：检查引弧触头烧损程度；检查喷口烧损程度；检查触指磨损程度；检查并清洁灭弧室及其绝缘件；更换吸附剂及密封圈；检查调整相关尺寸；检查合闸电阻及其传动部件；检查并联电容器。

（2）弹簧操动机构：检查分合闸线圈和脱扣打开尺寸及磨损情况；检查辅助开关切换情况；检查弹簧疲劳程度；检查轴、销、锁扣等易损部位，复核机构相关尺寸；检查缓冲器，更换缓冲器油（垫）及密封件；检查电动机工作情况及储能时间。

（3）气动操动机构：检查分合闸线圈；检查辅助开关切换情况；检查并清洗操作阀、信号缸，更换密封圈；检查压力开关并校核各级压力接点设定值；检查打压时间（零表压起至额定压力）；检查缓冲器，更换缓冲器油及密封件；检查管道密封情况；气动弹簧操动机构应检查轴、销、锁扣等易损部位，复核机构相关尺寸；检查转动、传动部位润滑情况；检查本间隔储气罐及相关阀门。

（4）液压操动机构：检查分合闸线圈；检查辅助开关切换情况；清洗并检查操作阀，更换密封圈；校核各级压力接点设定值并检查压力开关；检查打压时间（零表压起至额定压力）；检查油泵、安全阀是否正常工作；检查预充氮气压力，对活塞杆结构储压器应检查微动开关，若有漏氮及微动开关损坏应处理或更换；液压弹簧机构应检查弹簧储能前后尺寸；清洗油箱、更换液压油后排气；检查防慢分装置功能正常。

（5）SF_6气体系统：校验 SF_6密度继电器、压力表或密度表（条件允许可不停电校验）；校验 GIS 气室及管道泄漏；测量 SF_6气体湿度和纯度；对打开的气室更换吸附剂或根据制造厂要求定期更换。

2. 断路器常见故障分析及处理

（1）微水超标危害：SF_6断路器中 SF_6气体水分含量过高，不仅使 SF_6气体放电或产生热分离，而且有可能与 SF_6气体中低氟化物反应产生氢氟酸，影响设备的绝缘和灭弧能力，同时，在气温降到 0℃左右时，SF_6气体中的水蒸气气压超过此温度的饱和蒸汽压，则会变成凝结水，附在绝缘物表面，使绝缘物表面绝缘能力下降，从而导致内部沿面闪络造成事故。

（2）SF_6断路器微水超标原因：SF_6气体存放方法不当，出厂时带有水分；断路器器壁和固体绝缘材料析出水分；工艺不当，充气时气瓶未倒立，管路、接口未干燥，装配时暴露时间过长；环境温度高，空气湿度大；人为因素，如工艺掌握不熟练，责任心不强等。

（3）SF_6断路器微水超标处理方法。

1）固体绝缘材料及内壁析出水分。在工作缸上法兰盘处加装一套分子筛和更新三连箱内分子筛，以随时吸收析出的水分。

2）充气补气时接口管路带入水分。在使用前用合格的高纯氮气冲管路及接口，以带走接口及管路水分。

3）人员责任心不强，对微水超标的危害性认识不清。加强敬业爱岗教育和讲解微水超标对设备、人身的危害，以杜绝人为失误。

（4）检查维修真空断路器时注意事项。

对运行状态下真空断路器进行外观检查时，禁止进入危险区域内，必须断开真空断路器的主回路和控制回路，将主回路接地后方可开始检修；真空断路器中采用电动的弹簧操动机构时，必须松开合闸弹簧后才可以开始检修；避免真空开关管的绝缘壳体、法兰的焊接部分和排气管的压接部分碰触硬物而损坏；真空开关管外表面脏污时，应用汽油之类的溶剂擦拭干净；检修操作时，断路器应干净、整洁；松动的螺栓、螺母应紧固；拆除或更换器件，应不再重复使用；检查工作结束时，清点工器具，不得遗留或遗失。

（三）断路器预防性试验

1. 断路器预防性试验项目

（1）SF_6断路器及 GIS 装置预防性试验项目。断路器和 GIS 内 SF_6气体的湿度以及气体的其他检测项目；辅助回路和控制回路绝缘电阻；断口间并联电容器的绝缘电阻、电容量和 $\tan\delta$ 值；合闸电阻值和合闸电阻的投入时间；分、合闸电磁铁的动作电压；导电回路电阻；SF_6气体密度监视器检验；压力表校验（或调整），机构操作压力（气压、液压）整定值校验，机械安全阀校验；液（气）压操动机构的泄漏试验；油（气）泵补压及零起打压的运转时间。

（2）高压开关柜预防性试验项目。辅助回路和控制回路绝缘电阻；断路器、隔离开关及隔离插头的导电回路电阻；绝缘电阻试验；交流耐压试验；检查电压抽取（带电显示）装置；压力表及密度继电器校验；五防性能检查。

（3）真空断路器预防性试验项目。辅助回路和控制回路绝缘电阻；断路器、隔离开关及隔离插头的导电回路电阻；绝缘电阻试验；交流耐压试验；合闸接触器和分、合闸电磁铁线圈的绝缘电阻和直流电阻试验。

2. 断路器预防性试验项目的意义及技术要求

（1）SF_6断路器及 GIS 装置微水含量试验。

1）意义：在GIS及其他气体绝缘设备中，SF_6气体是主要的绝缘介质和灭弧介质，因而其绝缘强度和灭弧能力取决于气体的密度。SF_6气体绝缘设备的每个气室都装有压力表，以便在运行中直观地监视设备内气体压力的变化，因此要求压力表的指示要准确，以免由于读数误差使整定刻度与实际不一致而发生误报警及闭锁，校验时可将压力表指示与标准表的指示刻度相核对。

2）技术要求：断路器灭弧室气室SF_6气体的水分含量大修后不大于150μL/L、运行中不大于300μL/L；其他气室大修后不大于250μL/L、运行中不大于500μL/L。

（2）断路器导电回路电阻试验。

1）意义：测量断路器导电回路电阻主要是检查接头接触是否良好。这是因为在高压开关柜的事故中，接头发热事故率很高，接触电阻增大，由于电流的热效应，在工作电流下引起接触部位发热，易产生停电或其他故障。

2）技术要求：测量导电回路电阻时采用直流压降法，电流值不小于100A。合闸接触器与分、合闸电磁铁线圈的绝缘电阻值不应小于2MΩ，采用1000V绝缘电阻表；合闸接触器与分、合闸电磁铁线圈的直流电阻值应符合制造厂规定。

三、 隔离开关运行维护

（一）隔离开关巡视检查

隔离开关巡视检查内容：隔离开关导电回路长期工作温度不宜超过80℃；电气及机械联锁装置应完整可靠；隔离开关的辅助转换开关应完好；构架底部应无变形、倾斜、变位，接地良好；支持绝缘子应清洁、完整、无破损、无裂纹、放电痕迹；触头接触良好，各部分螺栓、边钉，销子齐全紧固；操动机构内无鸟巢、无锈蚀、扣损应紧固，内部整洁、关闭严密，接触良好，机械传动部位润滑良好，接头无过热、无变色、无氧化、无断裂、无变形。

（二）隔离开关检修

1. 隔离开关检修项目

清扫瓷件表面灰尘，检查瓷件表面掉釉、破损、裂纹、闪络痕迹；绝缘子的铁瓷粘合部位应牢固；动静触头、触指的检查更换，涂电力复合脂；所有附件如弹簧、螺栓、销子、垫圈等齐全无缺陷；引线无断股、无过热、接头牢固；检查、清扫操作传动机构，并加适量润滑脂；定位器和制动装置牢固，动作正确；底座固定和接地良好；检查触头接触情况；机构箱密封检查、清扫机构及检查控制回路元器件。

2. 隔离开关常见故障处理方法

（1）隔离开关发热的处理方法：主导流接触部位有发热现象，应向调度汇报，立即设法减小或转移负荷，加强监视。处理时，应根据不同的接线方式，分别采取相应的措施：

1）双母线接线。某一母线侧隔离开关发热，可将该线路经倒闸操作，倒至另一段母线上运行。向调度和上级汇报，母线能停电时，将负荷转移以后，发热的隔离开关停电检修。若有旁母时，可把负荷切换至旁母。

2）单母线接线。某一母线侧隔离开关发热，母线短时间内无法停电，必须降低负荷，并加强监视。应尽量把负荷切换至备用电源，如有旁母，也可以把负荷切换至旁母。母线可以停电时，再停电检修发热的隔离开关。

3）负荷侧（线路侧）隔离开关运行中发热，其处理方法与单母线接线时基本相同。应尽快安排停电检修。运行期间，应减小负荷并加强监视。

4）对于高压室内的发热隔离开关，在维持运行期间，除了减小负荷、并加强监视以外，还要采取通风降温措施。

(2) 隔离开关电动操作机构故障处理方法：

1）若操动机构接触器不动作，检查控制回路或机械闭锁接点；分析判断故障原因，处理后恢复正常运行。

2）若接触器已动作，测量主触头输出电压或检查电动机损坏等引发故障原因，处理后，恢复正常运行。

(3) 隔离开关手动机构故障处理方法：按照规定流程，检查机构转动及润滑情况，处理机械卡涩部位，添加润滑脂。

（三）隔离开关预防性试验

1. 隔离开关预防性试验项目

有机材料支持绝缘子及提升杆的绝缘电阻；二次回路的绝缘电阻。

2. 隔离开关预防性试验技术要求

测量有机材料支持绝缘子及提升杆的绝缘电阻应使用2500V绝缘电阻表，24kV以下等级绝缘电阻值不小于300MΩ，24～40.5kV等级绝缘电阻值不小于1000MΩ；测量二次回路的绝缘电阻应使用1000V绝缘电阻表，绝缘电阻不低于2MΩ。

四、 互感器运行维护

（一）互感器巡视检查

1. 油浸式互感器巡视检查内容

设备外观是否完整、无损，各部连接是否牢固、可靠；外绝缘表面是否清洁、有无裂纹及放电现象；油色、油位是否正常，膨胀器是否正常；有无渗漏油现象，防爆膜有无破裂；有无异常振动、异常声响及异味；各部位接地是否良好［注意检查电流互感器末屏连接情况与电压互感器N（X）端连接情况］；电流互感器是否过负荷，引线端子是否过热或出现火花，接头螺栓有无松动现象；电压互感器端子箱内熔断器及自动断路器等二次元件是否正常。

2. 电容式电压互感器巡视检查内容

设备外观是否完整、无损，各部件连接是否牢固、可靠；外绝缘表面是否清洁、有无裂纹及放电现象；油色、油位是否正常，膨胀器是否正常；有无渗漏油现象，防爆膜有无破裂；有无异常振动，异常声响及异味；电压互感器端子箱内熔断器及自动断路器

等二次元件是否正常；330kV及以上电容式电压互感器分压电容器各节之间防晕罩连接是否可靠；分压电容器低压端子N（δ、J）是否与载波回路连接或直接可靠接地；电磁单元各部分是否正常，阻尼器是否接入并正常运行；分压电容器及电磁单元有无渗、漏油。

3. SF_6气体绝缘互感器巡视检查内容

互感器有无异常振动、异常声响及异味，是否过负荷，引线端子是否过热或出现火花，接头螺栓有无松动现象；检查压力表、气体密度继电器指示是否在正常规定范围内，有无漏气现象；检查复合绝缘套管表面是否清洁、完整、无裂纹、无放电痕迹、无老化迹象，憎水性良好；若压力表偏出绿色正常压力区时，应引起注意，并及时按制造厂要求停电补充合格的SF_6新气；运行中应检查气体密度表，年漏气率应小于1%；运行中SF_6气体含水量不应超过300μL/L。

4. 树脂浇注互感器巡视检查内容

互感器有无过热，有无异常振动及声响；互感器有无受潮，外露铁芯有无锈蚀；外绝缘表面是否积灰、腐蚀、开裂，有无放电现象。

（二）互感器检修

1. 互感器检修项目

油浸式互感器：外部检查及清扫；检查维修膨胀器、储油柜、呼吸器；检查紧固一次和二次连接件；渗漏处理；检查紧固电容屏电流互感器及油箱式电压互感器末屏接地点，电压互感器N（X）端接地点；必要时调整油位或压力、补漆等。

固体绝缘互感器：外部检查及清扫；检查紧固一次及二次引线连接件，检查铁芯及夹件，必要时补漆。

SF_6气体绝缘互感器：外部检查及清扫；检查气体压力表、阀门及密度继电器；检查紧固一次与二次引线连接件；必要时补漆等。

电容式电压互感器：外部检查及清扫；检查紧固一次与二次引线及电容器的连接件；电磁的单元渗漏处理；必要时补油、补漆等。

2. 互感器常见故障处理

（1）电压互感器回路断线的处理：

1）将该电压互感器所带的保护与自动装置停用，防止保护误动作。

2）一次侧熔断器熔断时，应做好安全措施，依次拉开电压互感器出口隔离开关，取下二次侧熔断器，更换一次侧熔断器，绝缘测试合格后，方可送电；二次侧熔断器熔断，应及时更换，若熔断次数频发，分析故障原因后，方可再次更换。

（2）电流互感器二次回路开路故障的处理：应采取申请降低负荷或停电的方式进行处理。

（三）互感器预防性试验

1. 互感器预防性试验项目

（1）电磁式电压互感器预防性试验项目包括：绝缘电阻；tanδ（20kV及以上）值；

油中溶解气体的色谱分析；交流耐压试验（20kV及以下3年一次）；局部放电测量。

（2）电容式电压互感器预防性试验项目包括：极间绝缘电阻；tanδ及电容量；渗漏油检查；低压端对地绝缘电阻。

（3）电流互感器预防性试验项目包括：绕组及末屏的绝缘电阻；tanδ及电容量；油中溶解气体色谱分析；SF_6互感器含水量测试；交流耐压试验；局部放电测量。

2. 预防性试验项目的意义及技术要求

（1）测量绕组绝缘电阻。

1）意义：测量绕组绝缘电阻的主要目的是检查其绝缘是否有整体受潮或劣化的现象。

2）技术要求：测量时一次绕组用2500V绝缘电阻表，二次绕组用1000V或2500V绝缘电阻表，而且非被测绕组应接地。测量时还应考虑空气湿度、套管表面脏污对绕组绝缘电阻的影响。

（2）测量20kV及以上电压互感器一次绕组连同套管的介质损耗因数正切值tanδ。

1）意义：测量20kV及以上电压互感器一次绕组连同套管的介质损耗因数tanδ能够灵敏地发现绝缘受潮、劣化及套管绝缘损坏等缺陷。

2）技术要求：①绕组绝缘tanδ（%）要求值应不大于表9-3中数值。②支架绝缘tanδ一般不大于6%。

表9-3　20kV及以上电压互感器tanδ要求值　（%）

温度（℃）		5	10	20	30	40
35kV及以下	大修后	1.5	2.5	3.0	5.0	7.0
	运行中	2.0	2.5	3.5	5.5	8.0
35kV以上	大修后	1.0	1.5	2.0	3.5	5.0
	运行中	1.5	2.0	2.5	4.0	5.5

（3）测量电流互感器一次绕组连同套管的介质损耗因数tanδ。

1）意义：任何绝缘材料在电压作用下，总会流过一定的电流，所以都有能量损耗。把在电压作用下电介质中产生的一切损耗称为介质损耗或介质损失，如果电介质损耗很大，会使电介质温度升高，促使材料发生老化（发脆、分解等），如果介质温度不断上升，甚至会把电介质熔化、烧焦，丧失绝缘能力，导致热击穿，因此电介质损耗的大小是衡量绝缘介质电性能的一项重要指标。

2）技术要求：①主绝缘tanδ（%）不应大于表9-4中的数值，且与历年数据比较，不应有显著变化。②电容型电流互感器主绝缘电容量与初始值或出厂值差别超出±5%范围时应查明原因。③当电容型电流互感器末屏对地绝缘电阻小于1000MΩ时，应测量末屏对地tanδ，其值不大于2%。

表 9-4　　电流互感器 tanδ 要求值　　(%)

电压等级（kV）		20～35	66～110	220	330～500
大修后	油纸电容型	—	1.0	0.7	0.6
	充油型	3.0	2.0	—	—
	胶纸电容型	2.5	2.0	—	—
运行中	油纸电容型	—	1.0	0.8	0.7
	充油型	3.5	2.5	—	—
	胶纸电容型	3.0	2.5	—	—

五、避雷器运行维护

（一）避雷器巡视检查

1. 避雷器巡视检查内容

接地引下线无锈蚀、脱焊；一次连线良好，接头牢固、接地可靠；内部无放电声，放电计数器与泄漏电流检测仪指示无异常，并比较前后数据变化；避雷器外绝缘应清洁完整、无裂纹和放电、电晕及闪络放电痕迹，法兰无裂纹、锈蚀进水。

2. 避雷器遇有雷雨、大风等天气巡视检查内容

引线摆动情况；计数器动作情况；计数器内部是否积水；接地线有无烧断或开焊；避雷器、放电间隙覆冰情况。

（二）避雷器检修

1. 避雷器检修项目

清扫避雷器表面；紧固一次引线、均压环及各部位螺栓；检查密封情况。

2. 运行中避雷器瓷套有裂纹处理方法

(1) 若天气正常，可停电将避雷器退出运行，更换合格的避雷器，无备件更换而又不致威胁安全运行时，为了防止受潮可临时采取在裂纹处涂漆或黏接剂，随后再安排更换。

(2) 在雷雨中，避雷器尽可能先不退出运行，待雷雨过后再处理，若造成闪络，但未引起系统永久性接地时，在可能条件下，应将故障相的避雷器停用。

（三）避雷器预防性试验

1. 避雷器预防性试验项目

避雷器预防性试验项目包括：绝缘电阻；直流 1mA 电压（U_{1mA}）及 0.75U_{1mA}下的泄漏电流；运行电压下的交流泄漏电流（110kV 及以上）；底座绝缘电阻；工频参考电流下的工频参考电压；放电计数器动作试验。

2. 避雷器预防性试验项目的意义及技术要求

(1) 测量金属氧化物避雷器的绝缘电阻。

1) 意义：可以初步了解其内部是否受潮，还可以检查低压金属氧化物避雷器内部熔

丝是否断掉、及时发现缺陷。

2）技术要求：测量金属氧化物避雷器绝缘电阻采用2500V及以上的绝缘电阻表。其测量值，对35kV以上者，不低于2500MΩ，对35kV及以下者，不低1000MΩ。

（2）测量金属氧化物避雷器的U_{1mA}及0.75U_{1mA}下的泄漏电流。

1）意义：主要是检查其阀片是否受潮，确定其动作性能是否符合要求。0.75U_{1mA}直流电压值一般比最大工作相电压（峰值）要高一些，在此电压下主要检测长期允许工作电流是否符合规定，因为这一电流与金属氧化物避雷器的寿命有直接关系，一般在同一温度下泄漏电流与寿命成反比。

2）技术要求：U_{1mA}实测值与初始值或制造厂规定值比较，变化不应大于±5%；0.75U_{1mA}下的泄漏电流不应大于50μA。

（3）避雷器放电计数器要求，检查放电计数器的动作情况应测试3～5次，均应正常动作，测试后计数器指示应调到“0”。

六、 防雷及接地装置运行维护

（一）防雷及接地装置巡视检查

1. 防雷及接地装置巡检内容

避雷针有无倾斜、螺栓有无松动；检查接地线的连接线卡及跨接线等的接触是否完好；接地体是否折断、损伤或严重腐蚀；电力设备接地引下线与接地网连接是否牢固。

2. 接地装置巡检注意事项

接地线连接处焊接开裂或连接中断时；接地线与用电设备压接螺栓松动，压接不实和连接不良时；接地线有机械性损伤、断股、断线以及腐蚀严重（截面减小30%时）；地中埋设件被水冲刷或由于挖土而裸露地面时。

（二）防雷及接地装置检修

1. 接地装置出现异常现象的处理

（1）接地体的接地电阻增大，一般是因为接地体严重锈蚀或接地体与接地干线接触不良引起的，更换接地体或紧固连接处的螺栓或重新焊接；

（2）接地线局部电阻增大，因为连接点或跨接过渡线轻度松散，连接点的接触面存在氧化层或污垢，引起电阻增大，重新紧固螺栓或清理氧化层和污垢后再拧紧；

（3）接地体露出地面，把接地体深埋，并填土覆盖、夯实；

（4）遗漏接地或接错位置，在检修后重新安装时，补接好或改正接线错误；

（5）接地线有机械损伤、断股或化学腐蚀现象，更换截面积较大的镀锌或镀铜接地线，或在土壤中加入中和剂；

（6）连接点松散或脱落，发现后及时紧固或重新连接。

2. 降低接地电阻值的方法

在电阻系数较高的砂质、岩盘等土壤中，欲达到所要求的接地电阻值往往会有一定困难。在不能利用自然接地体的情况下，只有采用人工接地体，降低人工接地体电阻值

的常用方法有：

(1) 换土，用电阻率较低的黏土、黑土或砂质黏土替换电阻率较高的土壤，一般换掉接地体上部的 1/3 长度、周围 0.5m 以内的土壤，换新土后应进行夯实；

(2) 深埋，若接地点的深层土壤电阻率较低，可适当增加接地体的埋设深度，最好埋到有地下水的深处；

(3) 外引接地，由金属引线将接地体引至附近电阻率较低的土壤中或常年不冻的河塘水中，或敷设水下接地网，以降低接地电阻；

(4) 化学处理，在接地点的土壤中混入炉渣、废碱液、木炭、炭黑、食盐等化学物质或采用专门的化学降阻剂，均可有效地降低土壤的电阻率；

(5) 保水，将接地极埋在建筑物的背阳面或比较潮湿处；将污水引向埋设接地体的地点，当接地体用钢管时，每隔 200mm 钻一个直径为 5mm 的孔，使水渗入土中；

(6) 延长接地体，增加与土壤的接触面积，以降低接地电阻；

(7) 对冻土处理，在冬天往接地点的土壤中加泥炭，防止土壤冻结，或将接地体埋在建筑物的下面。

(三) 防雷及接地装置预防性试验

1. 防雷及接地装置预防性试验项目

有效接地系统的电力设备的接地电阻；非有效接地系统的电力设备的接地电阻；利用大地作导体的电力设备的接地电阻；1kV 以下电力设备的接地电阻；独立避雷针（线）的接地电阻；有架空地线的线路杆塔的接地电阻；无架空地线的线路杆塔接地电阻。

2. 防雷及接地装置预防性试验技术要求

(1) 有效接地系统的电力设备的接地电阻：$R \leqslant 2000/I$ 或 $R \leqslant 0.5\Omega$（当 $I > 4000$A 时）。

(2) 非有效接地系统的电力设备的接地电阻：当接地网与 1kV 及以下设备共用接地时，接地电阻 $R \leqslant 120/I$；当接地网仅用于 1kV 以上设备时，接地电阻 $R \leqslant 250/I$；在上述任一情况下，接地电阻一般不得大于 10Ω。

(3) 测量 1kV 以下电力设备的接地电阻，当总容量达到或超过 100kVA 时，其接地电阻不宜大于 4Ω。如总容量小于 100kVA 时，则接地电阻允许大于 4Ω，但不超过 10Ω。

(4) 独立避雷针（线）的接地电阻值不宜大于 10Ω。

注：I 为经接地网流入地中的短路电流，单位为 A；R 为季节变化最大接地电阻，单位为 Ω。

七、低压配电设备运行维护

(一) 低压配电设备巡视检查

低压配电设备巡检内容包括：柜内电器元件应干燥、清洁；检查柜中的开断元件及母线等是否有温升过高或过烫、冒烟、异常的音响及放电等现象；检查低压配电装置表计指示正常；检查低压配电装置智能操控装置指示正常。

（二）低压配电设备检修

1. 低压配电设备检修项目

清扫灰尘和污物；检查导体连接处是否松动、接触点是否磨损，必要时予以更换；检查抽屉等部分的接地是否良好；检查各部位接线是否牢靠及所有紧固件有无松动现象，对动作次数较多的断路器，检查其主触点表面的烧损情况；检查接触器、断路器等电器的辅助触点，确保接触良好。

2. 低压配电设备常见故障

（1）低压开关设备短路。应从母线的支持夹板（瓷夹板或胶木夹板）、插入式触头的绝缘底座污染、受潮及机械损坏、电气元件选择等方面检查处理。

（2）配电盘上的电器烧坏处理。应从接线、容量配置、环境污染、防尘、防潮湿及密封等方面检查处理。

（3）电压过低处理。应从线路长度、截面选择、变压器分接开关位置及负荷情况等方面检查处理。

（4）电源指示灯不亮处理。应从电源、灯丝熔断及灯泡底座接触情况等方面检查处理。

（5）低压配电盘发生火灾处理。应从负荷、导线截面选择及消防情况等方面检查处理。

八、 无功补偿装置运行维护

（一）无功补偿装置巡视检查

（1）调压变压器、避雷器巡检项目参照变压器、避雷器巡检项目执行。

（2）电容器巡视检查内容。无变形、渗漏、过热、接头松动，无异常声音和气味等异常现象；瓷绝缘件清洁完整，无破损放电现象；引线、接地及设备标识完好。

（3）电抗器巡视检查内容。无变形、过热、接头松动，无异常声音，异常振动和气味等异常现象；瓷绝缘器件清洁完整，无破损放电现象；表面清洁、无裂纹、脱漆、无爬电痕迹，撑条无错位；引线、接地及设备标识完好。

（二）无功补偿装置检修

1. 无功补偿装置检修项目

（1）油浸式电抗器、调压变压器检修项目参照变压器检修项目执行。

（2）干式电抗器检修项目包括：清扫支持绝缘子表面；检查干式空芯电抗器绕组有无变形、裂纹、破损、绝缘层剥离现象；检查引线的受力情况，紧固连接引线；紧固干式空芯电抗器上、下层之间的固定螺栓；紧固干式空芯电抗器底座地脚螺栓。

（3）电容器检修项目包括：清扫各电力电容器的壳体、电极之间的灰尘、油泥；检查电容器油箱有无膨胀和凹陷之处，有无漏油现象，各电极上的瓷套管有无裂纹或缺口，损坏严重的应更换；检查电容器外壳、瓷套、出线导杆、紧固接地螺栓，对壳体油漆掉落部位进行补漆；紧固放电装置、测量仪表及信号回路的各部位接线。

2. 干式电抗器检修现场要求

（1）检修场地周围应无可燃或爆炸性气体、液体或引燃火种，否则应采用有效的防范措施和组织措施；

（2）在现场进行干式电抗器的检修工作应注意与带电设备保持足够的安全距离，准备充足的施工照明和检修试验电源，安排好拆卸附件的放置地点等；

（3）检修设备应停电，在工作现场布置好遮拦等安全措施。

3. 电容器日常维护

（1）发热：加强检查，停电时旋紧螺栓，防止松动；减少通断电容器的次数，只在线路停用时才切断电力电容器；定期进行红外测温，当电容器外壳温度超过50℃或电容器室温度超过设计值时，应采取措施降温或将电容器组停止运行。

（2）渗油：细心检查，先清除油漆剥落处的锈点并重涂新漆；如有裂缝，则应调换电容器。

（3）短路击穿：调换。

（4）限制过电压运行，长期运行时，一般不允许超过额定电压5%。

（5）瓷绝缘表面闪络：定期进行清扫检查。

（三）无功补偿装置预防性试验

1. 无功补偿装置预防性试验项目

（1）10kV以上油浸式电抗器预防性试验项目。油中溶解气体色谱分析；绕组直流电阻；绕组绝缘电阻、吸收比或（和）极化指数；绕组的 $\tan\delta$ 值；电容型套管的 $\tan\delta$ 值和电容值；绝缘油试验；铁芯（有外引接地线的）绝缘电阻；测温装置及其二次回路试验；气体继电器及其二次回路试验。

（2）10kV及以下油浸式电抗器预防性试验项目。绕组直流电阻；绕组绝缘电阻、吸收比或极化指数；绝缘油试验；交流耐压试验。

（3）电容器预防性试验项目。极对壳绝缘电阻；电容值测量；渗漏油检查。

2. 无功补偿装置预防性试验技术要求

（1）电抗器试验标准及方法与变压器要求一致；

（2）电容器极对壳绝缘电阻值不低2000MΩ；

（3）电容值偏差不超出额定值的－5%～＋10%范围，电容值不应小于出厂值的95%；

（4）并联电阻测量值与出厂值的偏差应在±10%范围内。

九、 母线、 绝缘子及引线运行维护

（一）母线、绝缘子及引线巡视检查

构架、绝缘子等设备接地应完好；硅橡胶复合绝缘子无鸟粪、无脱胶；设备接头无过热、无氧化、无异常；多股导线无松散、无划痕和断股；三相导线驰度适中，管型母

线无异常；设备金具固定牢固，伸缩接头无异常；雨雾天气观察设备放电情况和雪天设备融雪情况；硬母线应平直不弯曲、无变形和其他异常情况；绝缘子、套管无裂纹和破损；设备标志正确、相色正确清晰。

（二）母线及绝缘子检修

1. 母线检修项目

（1）硬母线检修项目。全面清扫母线、母线伸缩节、热缩护套及支持绝缘子，绝缘子表面无裂纹；紧固母线连接处、母线夹板及绝缘子地脚螺栓；对母线的相位标识进行补漆；检查母线伸缩节与母线的连接应牢固，软连接片无断裂现象；检查母线接头平整，弹簧垫圈齐全；母线接头处的示温片应无熔化、缺少部分应补齐；焊接连接的母线，检查焊接处应无裂纹、变形及过热现象。

（2）软母线检修项目。清扫母线，检查无断股、扭曲、松股等现象；清扫绝缘子串上的积灰，检查瓷瓶表面应光滑，无裂纹及放电痕迹；检查绝缘子串的连接应可靠，轴销齐全；检查压接线夹中的母线应无过热、烧伤的痕迹，重新连接时，应清除母线表面氧化膜，使导线表面清洁，并涂一层凡士林；紧固线夹螺栓，检查平垫圈、弹簧垫圈应齐全。

2. 常见防污闪技术措施

（1）调整绝缘子的爬电距离，或更换成抗污闪性能良好的绝缘子。例如防尘绝缘子、硅橡胶合成绝缘子等。

（2）净化绝缘子。例如清扫、水冲洗、气吹等。

（3）采用各种防污闪涂料。如硅油、硅脂地蜡、室温硫化硅橡胶（RTV）涂料等。

（4）采用各种防雨罩及硅胶增爬裙。

（5）采用半导体釉绝缘子。

（三）母线及绝缘子预防性试验

1. 母线及绝缘子预防性试验项目

（1）一般母线预防性试验项目包括：绝缘电阻；交流耐压；

（2）绝缘子预防性试验项目包括：零值绝缘子检测（66kV 及以上）；绝缘电阻；交流耐压试验；绝缘子表面污秽物的等值盐密；

（3）运行中针式支柱绝缘子和悬式绝缘子的试验项目可在检查零值、绝缘电阻及交流耐压试验中任选一项；

（4）玻璃悬式绝缘子只进行绝缘子表面污秽物的等值盐密试验。

2. 母线及绝缘子预防性试验项目标准

（1）一般母线绝缘电阻值不应低于 1MΩ/kV；

（2）针式支柱绝缘子的每一元件和每片悬式绝缘子的绝缘电阻不应低于 300MΩ，500kV 悬式绝缘子不低于 500MΩ，半导体釉绝缘子的绝缘电阻自行规定。

第二节　电气二次设备的运行维护

变电站内电气二次设备一般有继电保护装置、自动化装置、电测仪表装置、远动设备以及风功率预测系统等，这些设备的运行维护质量直接影响其运行寿命，因此，风电场应重视设备的运行维护。通常，运行维护可以分为日常巡检、定期检修以及预防性试验三部分。

一、　继电保护装置运行维护

（一）继电保护巡视检查

1. 日常巡视检查内容

（1）继电保护装置在日常巡检时，应确认其外观完好、整洁、无变形、无严重锈蚀情况，运行时柜门应关好；

（2）核对继电保护设备的压板投退情况及转换开关的位置是否与运行要求一致；

（3）检查继电保护设备的运行监视灯及动作信号指示灯指示正确，即“运行”灯为绿色，熄灭表明装置不处于工作状态，“报警”灯为黄色，“跳闸”灯为红色；

（4）雷雨潮湿天气，应检查空调机、去湿机、防潮加热器等各类仪器的工作情况，并根据实际情况投退；

（5）母线保护应检查液晶显示屏上隔离开关位置及母差电流大小与当时运行方式一致；

（6）线路保护应检查重合闸投退情况与运行要求一致，光纤通信指示灯显示正常，差流显示在正常范围内；

（7）故障录波器除正常需要外，不应操作装置所附的键盘，定期启动故障录波装置；

（8）可根据保护室温度的实际情况，定期开展保护装置红外线测温检测；

（9）检查端子排接线牢固无断线，接线无虚脱或打火现象，无异常声响及过热、异味、冒烟现象。

2. 其他巡视检查内容

（1）定期核对微机继电保护装置的各相交流电流、各相交流电压、零序电流、零序电压、差电流、外部开关量变位和时钟，并做好记录，核对周期不应超过一个月。当检查发现微机继电保护装置使用的交流电压、交流电流、开关量输入、开关量输出回路及装置内部作业和继电保护人员输入定值、合并单元、智能终端及过程层网络作业影响装置运行时，需停用整套微机继电保护装置。

（2）对于继电保护装置投入运行后发生的第一次区内、外故障，应通过分析继电保护装置的实际测量值来确认交流电压、交流电流回路和相关动作逻辑是否正常，既要分析相位，也要分析幅值。

（3）微机继电保护装置出现异常时，当值运行人员应根据该装置的现场运行规程进行处理，并立即向主管调度汇报，及时通知相关人员处理。

（4）微机继电保护装置动作（跳闸或重合闸）后，现场运行人员应按要求做好记录，将动作情况和测距结果立即向主管调度汇报，运行值班人员负责复归信号并打印故障报告。保护装置未导出或未打印出故障报告之前，现场人员不得自行进行装置试验。现场运行人员应对保护装置的打印设备定期检查，使其处于完好运行状态，确保打印报告输出及时、完整。

（5）保护装置退出时，应退出其出口连接片，线路纵联保护还应退出对侧纵联功能，一般不应断开保护装置及其附属二次设备的直流电源。当保护装置中的某种保护功能退出时，应退出该功能独立设置的出口连接片，无独立设置的出口连接片时，退出其功能投入连接片，不具备单独投退该保护功能条件时，应考虑按整个装置进行投退。

3. 授时系统巡检内容

微机保护装置和保护信息管理系统应经站内时钟系统对时，同一变电站的微机保护装置和保护信息管理系统应采用同一时钟源。运行人员定期巡视时应核对微机保护装置和保护信息管理系统的时钟。运行中保护装置和保护信息管理系统电源恢复后，若不能保证时钟准确，运行人员应校对时钟。

4. 保护定值管理

（1）现场保护装置定值的变更，应按照定值通知单的要求执行，并依照规定日前完成，如根据一次系统运行方式的变化，需要变更运行中保护装置的整定值时，应在定值通知单上说明。

（2）对定值通知单的控制字宜给出具体数值。

（3）为了便于运行管理，各风电场对直接管辖范围内的每种微机保护装置中每个控制字的选择应尽量统一、不宜太多。

（4）定值通知单应有计算人、审核人和批准人签字并加盖“继电保护专用章”方能有效。

（5）定值通知单应按年度编号、注明签发日期、限定执行日期和作废的定值通知单号等，在无效的定值通知单上加盖“作废”章。

（6）定值通知单宜通过网络管理系统实行在线闭环管理，网络化管理定值应同时进行纸质存档。非网络化管理定值通知单宜一式 4 份，其中下发定值通知单的部门自存 1 份、调度 1 份、运行单位 2 份。

（7）新安装保护装置投入运行后，施工单位应将定值通知单移交给运行单位。运行单位接到定值通知单后，应在限定日期内执行完毕，并在继电保护记事簿上写出书面交待，并及时填写上报定值回执。

（8）定值变更后，由现场运行人员、监控人员和调度人员按调度运行规程的相关规定核对无误后方可投入运行，调度人员、监控人员和现场运行人员应在各自的定值通知单上签字和注明执行时间。

（二）继电保护检验

1. 检验周期

继电保护装置在一般情况下，定期检验应尽可能配合在一次设备停电检修期间进行。220kV 电压等级及以上保护装置全部检验及部分检验周期见表 9-5 和表 9-6。

表 9-5　　全部检验周期表

<table>
<tr><th>编号</th><th>设备类型</th><th>全部检验周期（年）</th><th>定义范围说明</th></tr>
<tr><td>1</td><td>微机型装置</td><td>6</td><td rowspan="2">包括装置引入端子外的交、直流及操作回路以及涉及的辅助继电器、操作机构的辅助触点、直流控制回路的自动开关等</td></tr>
<tr><td>2</td><td>非微机型装置</td><td>4</td></tr>
<tr><td>3</td><td>保护专用光纤通道，复用光纤或微波连接通道</td><td>6</td><td>指站端保护装置连接用光纤通道及光电转换装置</td></tr>
<tr><td>4</td><td>保护用载波通道的设备（包含与通信复用、电网安全自动装置合用且由其他部门负责维护的设备）</td><td>6</td><td>涉及如下相应的设备：高频电缆、结合滤波器、差接网络、分频器</td></tr>
</table>

表 9-6　　部分检验周期表

<table>
<tr><th>编号</th><th>设备类型</th><th>部分检验周期（年）</th><th>定义范围说明</th></tr>
<tr><td>1</td><td>微机型装置</td><td>2～3</td><td rowspan="2">包括装置引入端子外的交、直流及操作回路以及涉及的辅助继电器、操作机构的辅助触点、直流控制回路的自动开关等</td></tr>
<tr><td>2</td><td>非微机型装置</td><td>1</td></tr>
<tr><td>3</td><td>保护专用光纤通道，复用光纤或微波连接通道</td><td>2～3</td><td>指光头擦拭、收信裕度测试等</td></tr>
<tr><td>4</td><td>保护用载波通道的设备（包含与通信复用、电网安全自动装置合用且由其他部门负责维护的设备）</td><td>2～3</td><td>指传输衰耗、收信裕度测试等</td></tr>
</table>

新安装装置投运一年后必须进行第一次全部检验。在装置第二次全部检验后，若发现装置运行情况较差或已暴露出了需予以监督的缺陷，可考虑适当缩短部分检验周期。

110kV 电压等级的微机型装置宜每 2～4 年进行一次部分检验，每 6 年进行一次全部检验。运行中的继电保护装置的校验，3～10kV 系统每两年一次；供电可靠性要求较高的 10kV 系统及 35kV 及以上的系统，每年进行一次校验。

2. 检验内容

装微机型保护的全部检验、部分检验项目详见表 9-7。

表 9-7　　微机型保护全部检验、部分检验项目表

序号	检验项目	新安装	全部检验	部分检验
1	检验前准备工作	√	√	√
2	电流、电压互感器检验	√		
3	回路检验	√	√	√
4	二次回路绝缘检查	√	√	√
5	外观检查	√	√	√
6	绝缘试验	√		
7	上电检查	√	√	√
8	逆变电源检查	√	√	√
9	开关量输入回路检验	√	√	√
10	输出触点及输出信号检查	√	√	√
11	模数变换系统检验	√	√	√
12	整定值的整定及检验	√	√	√
13	纵联保护通道检验	√	√	√
14	操作箱检验	√		
15	整组试验	√	√	√
16	与厂站自动化系统、继电保护及故障信息管理系统配合检验	√	√	√
17	装置投运	√	√	√

补充检验内容包括：

(1) 因检修或更换一次设备后，根据其性质，确定检验项目；

(2) 运行中的装置经过较大的更改或装置的二次回路变动后，根据其性质，确定检验项目；

(3) 凡装置发生异常或装置不正确动作且原因不明时，应对其进行补充校验；

(4) 变压器的瓦斯保护装置应结合变压器大修进行校验，其中气体继电器每三年进行一次内部检查、轻气体继电器每年进行一次吹气试验；

(5) 对微机保护装置、故障录波装置及事故时钟的时间进行核对；

(6) 端子箱、机构箱的二次接线端子完好，无松动、脱落，照明装置完好，电缆标识清晰、紧固屏柜及装置螺栓、连片等，特别是 TA 回路的螺栓及连片。

3. 现场检验

(1) 电流互感器、电压互感器的检验。

1) 新安装电流互感器、电压互感器及其回路的验收项目应包括：电流互感器、电压互感器的检验包括检查电流互感器、电压互感器的铭牌参数是否完整，出厂合格证及试验资料是否齐全。如缺乏上述数据时，应由有关制造厂或基建、生产单位的试验部门提供下列试验资料：所有绕组的极性、所有绕组及其抽头的变比、电压互感器在各使用容

量下的准确级、电流互感器各绕组的准确级（级别）、容量及内部安装位置、二次绕组的直流电阻（各抽头）、电流互感器各绕组的伏安特性。

2）电流互感器、电压互感器安装竣工后，继电保护检验人员应进行下列检查：

a. 电流互感器、电压互感器的变比、容量、准确级必须符合设计要求。

b. 测试互感器各绕组间的极性关系，核对铭牌上的极性标识是否正确。检查互感器各次绕组的连接方式及其极性关系是否与设计符合，相别标识是否正确。

c. 有条件时，自电流互感器的一次分相通入电流，检查工作抽头的变比及回路是否正确。

d. 自电流互感器的二次端子箱处向负载端通入交流电流，测定回路的压降，计算电流回路每相与中性线及相间的阻抗（二次回路负担）。将所测得的阻抗值按保护的具体工作条件和制造厂家提供的出厂资料来验算是否符合互感器10%误差的要求。

（2）二次回路检验。二次回路检验必须在被保护设备的断路器、电流互感器以及电压回路与其他单元设备的回路完全断开后方可进行。检查项目包括：

1）电流互感器二次回路检查。

a. 检查电流互感器二次绕组所有二次接线的正确性及端子排引线螺钉压接的可靠性；

b. 检查电流二次回路的接地点与接地状况，电流互感器的二次回路必须分别且只能有一点接地，由几组电流互感器组合的二次回路，应在有直接电气连接处一点接地。

2）电压互感器二次回路检查。

a. 检查电压互感器二次、三次绕组的所有二次回路接线的正确性及端子排引线螺钉压接的可靠性。

b. 经控制室中性线小母线（N600）连通的几组电压互感器二次回路，只应在控制室将N600一点接地，各电压互感器二次中性点在开关场的接地点应断开。为保证接地可靠，各电压互感器的中性线不得接有可能断开的熔断器（自动开关）或接触器等。独立的、与其他互感器二次回路没有直接电气联系的二次回路，可以在控制室也可以在开关场实现一点接地。来自电压互感器二次回路的4根开关场引入线和互感器三次回路的2（3）根开关场引入线必须分开，不得共用。

c. 检查电压互感器二次中性点在开关场的金属氧化物避雷器的安装是否符合规定。

d. 检查电压互感器二次回路中所有熔断器（自动开关）的装设地点、熔断（脱扣）电流是否合适（自动开关的脱扣电流需通过试验确定）、质量是否良好，能否保证选择性，自动开关线圈阻抗值是否合适。

e. 检查串联在电压回路中的熔断器（自动开关）、隔离开关及切换设备触点接触的可靠性。

f. 测量电压回路自互感器引出端子到配电屏电压母线的每相直流电阻，并计算电压互感器在额定容量下的压降，其值不应超过额定电压的3%。

3）二次回路绝缘检查。

a. 检查前应注意以下事项：①在对二次回路进行绝缘检查前，必须确认被保护设备的断路器、电流互感器全部停电，交流电压回路已在电压切换把手或分线箱处与其他回路断开，并与其他回路隔离完好后，才允许进行。②在进行绝缘测试时，应注意：试验线连接要紧固、每进行一项绝缘试验后，须将试验回路对地放电、对母线差动保护、断路器失灵保护及电网安全自动装置，如果不可能出现被保护的所有设备都同时停电的机会时，其绝缘电阻的检验只能分段进行，即哪一个被保护单元停电，就测定这个单元所属回路的绝缘电阻。

b. 进行新安装装置验收试验时，从保护屏柜的端子排处将所有外部引入的回路及电缆全部断开，分别将电流、电压、直流控制、信号回路的所有端子各自连接在一起，用1000V 绝缘电阻表测量绝缘电阻，各回路对地和各回路相互间的阻值均应大于 10MΩ。

c. 定期检验时，在保护屏柜的端子排处将所有电流、电压、直流控制回路的端子的外部接线拆开，并将电压、电流回路的接地点拆开，用 1000V 绝缘电阻表测量回路对地的绝缘电阻，其绝缘电阻应大于 1MΩ。

d. 对使用触点输出的信号回路，用 1000V 绝缘电阻表测量电缆每芯对地及对其他各芯间的绝缘电阻，其绝缘电阻应不小于 1MΩ。定期检验测量芯线对地的绝缘电阻。

e. 对采用金属氧化物避雷器接地的电压互感器的二次回路，需检查其接线的正确性及金属氧化物避雷器的工频放电电压。定期检查时可用绝缘电阻表检验金属氧化物避雷器的工作状态是否正常。一般当用 1000V 绝缘电阻表时，金属氧化物避雷器不应击穿，而用 2500V 绝缘电阻表时，则应可靠击穿。

4）新安装二次回路的验收检验。新安装或经更改的电流、电压回路，应直接利用工作电压检查电压二次回路，利用负荷电流检查电流二次回路接线的正确性。新安装二次回路的验收检验项目包括：

a. 对回路的所有部件进行观察、清扫与必要的检修及调整，所述部件包括与保护装置有关的操作把手、按钮、插头、灯座、位置指示继电器、中央信号装置及这些部件回路中的端子排、电缆、熔断器等。

b. 利用导通法依次经过所有中间接线端子，检查由互感器引出端子箱到操作屏柜、保护屏柜、自动装置屏柜或至分线箱的电缆回路及电缆芯的标号，并检查电缆簿的填写是否正确。

c. 当设备新投入或接入新回路时，核对熔断器（和自动开关）的额定电流是否与设计相符或与所接入的负荷相适应，并满足上下级之间的配合。

d. 检查屏柜上的设备及端子排上内部、外部连线的接线应正确，接触应牢靠，标号应完整准确，且应与图纸和运行规程相符合。检查电缆终端和沿电缆敷设路线上的电缆标牌是否正确完整，并应与设计相符。

e. 检验直流回路确实没有寄生回路存在。检验时应根据回路设计的具体情况，用分别断开回路的一些可能在运行中断开（如熔断器、指示灯等）的设备及使回路中某些触点闭合的方法来检验。每一套独立的装置，均应有专用于直接到直流熔断器正负极电源的专用端子对，这一套保护的全部直流回路包括跳闸出口继电器的线圈回路，都必须且

只能从这一对专用端子取得直流的正、负电源。

f. 信号回路及设备可不进行单独的检验。

5）断路器、隔离开关及二次回路的检验。

a. 断路器的跳闸线圈及合闸线圈的电气回路接线方式（包括防止断路器跳跃回路、三相不一致回路等措施）与保护回路有关的辅助触点的开、闭情况，切换时间，构成方式及触点容量、断路器二次操作回路中的气压、液压及弹簧压力等监视回路的工作方式、断路器二次回路接线图、断路器跳闸及合闸线圈的电阻值及在额定电压下的跳、合闸电流。断路器跳闸电压及合闸电压，其值应满足相关规程的规定、断路器的跳闸时间、合闸时间以及合闸时三相触头不同时闭合的最大时间差，应不大于规定值。

b. 断路器及隔离开关中的一切与装置二次回路有关的调整试验工作，均由管辖断路器、隔离开关的有关人员负责进行。继电保护检验人员应了解掌握有关设备的技术性能及其调试结果，并负责检验自保护屏柜引至断路器（包括隔离开关）二次回路端子排处有关电缆线连接的正确性及螺钉压接的可靠性。

（3）屏柜及装置检验。

1）检验时应的注意以下事项：

a. 屏柜及其装置检验时须断开保护装置的电源后才允许插、拔插件，且必须有防止因静电损坏插件的措施。

b. 调试过程中发现有问题要先找原因，不要频繁更换芯片。必须更换芯片时，要用专用起拔器。应注意芯片插入的方向，插入芯片后需经第二人检查无误后，方可通电检验或使用。

c. 检验中尽量不使用烙铁，如元件损坏等必须在现场进行焊接时，要用内热式带接地线烙铁或烙铁断电后再焊接。所替换的元件必须使用制造厂确认的合格产品。

d. 用具有交流电源的电子仪器（如示波器、频率计等）测量电路参数时，电子仪器测量端子与电源侧绝缘必须良好，仪器外壳应与保护装置在同一点接地。

2）装置外部检查内容。

a. 装置的实际构成情况如：装置的配置、装置的型号、额定参数（直流电源额定电压、交流额定电流、电压等）是否与设计相符合。

b. 主要设备、辅助设备的工艺质量，以及导线与端子采用材料的质量。装置内部的所有焊接点、插件接触的牢靠性等属于制造工艺质量的问题，主要依靠制造厂负责保证产品质量。进行新安装装置的检验时，试验人员只作抽查。

c. 屏柜上的标志应正确完整清晰，并与图纸和运行规程相符。

d. 检查安装在装置输入回路和电源回路的减缓电磁干扰器件和措施应符合相关标准和制造厂的技术要求。在装置检验的全过程应保持这些减缓电磁干扰器件和措施处于良好状态。

e. 应将保护屏柜上不参与正常运行的连接片取下，或采取其他防止误投的措施。

f. 装置定期检验的主要检查项目：检查装置内、外部是否清洁无积尘；清扫电路板及屏柜内端子排上的灰尘、检查装置的小开关、拨轮及按钮是否良好；显示屏是否清晰，文字清楚；检查各插件印刷电路板是否有损伤或变形，连线是否连接好；检查各插件上元件是否焊接良好，芯片是否插紧；检查各插件上变换器、继电器是否固定好，有无松动；检查装置横端子排螺栓是否拧紧，后板配线连接是否良好；按照装置技术说明书描述的方法，根据实际需要，检查、设定并记录装置插件内的选择跳线和拨动开关的位置。

3）绝缘试验。

a. 屏柜及其装置仅在新安装装置的验收检验时进行绝缘试验。

b. 试验时按照装置技术说明书的要求拔出插件。

c. 在保护屏柜端子排内侧分别短接交流电压回路端子、交流电流回路端子、直流电源回路端子、跳闸和合闸回路端子、开关量输入回路端子、厂站自动化系统接口回路端子及信号回路端子。

d. 断开与其他保护的弱电联系回路。

e. 将打印机与装置连接断开。

f. 装置内所有互感器的屏蔽层应可靠接地。在测量某一组回路对地绝缘电阻时，应将其他各组回路都接地。

g. 用500V绝缘电阻表测量绝缘电阻值，要求阻值均大于20MΩ，测试后，应将各回路对地放电。

4）通电检查的要求。

a. 屏柜及其装置上电检查包括打开装置电源，装置应能正常工作。

b. 按照装置技术说明书描述的方法，检查并记录装置的硬件和软件版本号、校验码等信息。

c. 校对时钟。

5）逆变电源检查。

a. 对于微机型装置，要求插入全部插件。

b. 有检测条件时，应测量逆变电源的各级输出电压值，其电源模块输出要求额定值+5V时基本误差为－0.5%～+2.5%，额定值±12(±15)V时基本误差为－5%～+5%，额定值+24V时基本误差为－2.5%～+7.5%。定期检验时只测量额定电压下的各级输出电压的数值，必要时测量外部直流电源在最高和最低电压下的保护电源各级输出电压的数值。

c. 直流电源缓慢上升时的自启动性能检验建议采用以下方法：合上装置逆变电源插件上的电源开关，试验直流电源由零缓慢上升至80%额定电压值，此时逆变电源插件面板上的电源指示灯应亮。固定试验直流电源为80%额定电压值，拉合直流开关，逆变电源应可靠启动。

d. 定期检验时还应检查逆变电源是否达到的使用年限，即平均无故障工作时间应大于53 000h。

6）开关量输入回路检验。

a. 新安装装置的开关量输入回路检验时应在保护屏柜端子排处，按照装置技术说明书规定的试验方法，对所有引入端子排的开关量输入回路依次加入激励量，观察装置的行为。按照装置技术说明书所规定的试验方法，分别接通、断开连接片及转动把手，观察装置的行为。

b. 全部检验时，仅对已投入使用的开关量输入回路依次加入激励量，观察装置的行为。

c. 部分检验时，可随装置的整租试验一并进行。

7）开关量输出触点及输出信号检查。

a. 新安装装置的输出触点及输出信号检查时，在装置屏柜端子排处，按照装置技术说明书规定的试验方法，依次观察装置所有输出触点及输出信号的通断状态。

b. 全部检验时，在装置屏柜端子排处，按照装置技术说明书规定的试验方法，依次观察装置已投入使用的输出触点及输出信号的通断状态。

c. 部分检验时，可随装置的整组试验一并进行。

8）模数变换系统检验要求。

a. 检验零点漂移，要求装置不输入交流电流、电压量，观察装置在一段时间内的零漂值满足装置技术条件的规定。

b. 各电流、电压输入的幅值和相位精度检验时：新安装装置，应按照装置技术说明书规定的试验方法，分别输入不同幅值和相位的电流、电压量，观察装置采样值满足装置技术条件的规定。全部检验，可仅分别输入不同幅值的电流、电压量。部分检验时，可仅分别输入额定电流、电压量。

（4）整定值的整定及检验。

1）整定值的整定及检验时指将装置各有关元件的动作值及动作时间按照定制通知单进行整定后的试验。该项试验在屏柜上每一元件检验完毕后方可进行。具体的试验项目、方法、要求视构成原理而异，一般须遵守如下原则：

a. 每一套保护应单独进行整定检验。试验接线回路中的交、直流电源及时间测量连线均应直接接到被试保护屏柜的端子排上。交流电压、电流试验接线的相对极性关系应与实际运行接线中电压、电流互感器接到屏柜上的相对相位关系即折算到一次侧的相位关系完全一致。

b. 在整定检验时，除所通入的交流电流、电压为模拟故障值并断开断路器的跳、合闸回路外，整套装置应处于与实际运行情况完全一致的条件下，而不得在试验过程中人为地予以改变。

c. 装置整定的动作时间为自向保护屏柜通入模拟故障分量（电流、电压或电流及电压）至保护动作向断路器发出跳闸脉冲的全部时间。

d. 电气特性的检验项目和内容应根据检验的性质，装置的具体构成方式和动作原理拟订。

2）在定期检验及新安装装置的验收检验时，整定检验要求如下：

a. 新安装装置的验收检验时，应按照定值通知单上的整定项目，依据装置技术说明书或制造厂推荐的试验方法，对保护的每一功能元件进行逐一检验。

b. 全部检验时，对于由不同原理构成的保护元件只需任选一种进行检查。建议对主保护的整定项目进行检查，后备保护如相间Ⅰ、Ⅱ、Ⅲ段阻抗保护只需选取任一整定项目进行检查。

c. 部分检验时，可结合装置的整组试验一并进行。

（5）纵联保护通道检验。

1）对于载波通道的检查项目如下：

a. 继电保护专用载波通道中的阻波器、结合滤波器、高频电缆等设备的试验项目与电力线载波通信规定的相一致。与通信合用通道的试验工作由通信部门负责，其通道的整组试验特性除满足通信本身要求外，也应满足继电保护安全运行的有关要求。在全部检验时，只进行结合滤波器、高频电缆的相关试验。

b. 投入结合设备的接地刀闸，将结合设备的一次（高压）侧断开，并将接地点拆除之后，用1000V绝缘电阻表分别测量结合滤波器二次侧（包括高频电缆）及一次侧对地的绝缘电阻及一、二次间的绝缘电阻。

c. 测定载波通道传输衰耗。部分检验时，可以简单地以测量接收电平的方法代替（对侧发信机发出满功率的连续高频信号），将接收电平与最近一次通道传输衰耗试验中所测量到的接收电平相比较，其差若大于3dB时，则须进一步检查通道传输衰耗值变化的原因。

d. 对于专用收发信机，在新投入运行及在通道中更换了（增加或减少）个别设备后，所进行的传输衰耗试验的结果，应保证收信机接收对端信号时的通道裕量不低于8.686dB，否则保护不允许投入运行。

2）对于光纤及微波通道的检查项目如下：

a. 对于光纤及微波通道可以采用自环的方式检查光纤通道是否完好。

b. 检查与光纤及微波通道相连的保护用附属接口设备应对其继电器输出触点、电源和接口设备的接地情况。

c. 通信专业应对光纤及微波通道的误码率和传输时间进行检查。

d. 对于利用专用光纤及微波通道传输保护信息的远方传输设备，应对其发信电平、收信灵敏电平进行测试，并保证通道的裕度满足运行要求。

3）传输远方跳闸信号的通道，在新安装或更换设备后应测试其通道传输时间。采用允许式信号的纵联保护，除了测试通道传输时间，还应测试“允许跳闸”信号的返回时间。

4）继电保护利用通信设备传送保护信息的通道（包括复用载波机及其通道），还应检查各端子排接线的正确性、可靠性。继电保护装置与通信设备之间的连接（继电保护利用通信设备传送保护信息的通道）应有电气隔离，并检查各端子排接线的正确性和可靠性。

（6）操作箱检验。

1）操作箱应符合以下要求：检验时要求进行每一项试验时，试验人员须准备详细的试验方案，尽量减少断路器的操作次数。对分相操作断路器，应逐相传动防止断路器跳跃回路。对于操作箱中的出口继电器，还应进行动作电压范围的检验，其值应在55%～70%额定电压之间。对于其他逻辑回路的继电器，应满足80%额定电压下可靠动作。

2）新建及重大改造设备需利用操作箱对断路器进行下列传动试验：断路器就地分闸、合闸传动；断路器远方分闸、合闸传动；防止断路器跳跃回路传动；断路器三相不一致回路传动的传动试验；断路器操作闭锁功能检查；断路器操作油压或空气压力继电器、SF_6密度继电器及弹簧压力等触点的检查，检查各级压力继电器触点输出是否正确，检查压力低闭锁合闸、闭锁重合闸、闭锁跳闸等功能是否正确；断路器辅助触点检查，远方、就地方式功能检查；在使用操作箱的防止断路器跳跃回路时，应检验串联接入跳合闸回路的自保持线圈，其动作电流不应大于额定跳合闸电流的50%，线圈压降小于额定值的5%；所有断路器信号检查。

3）操作箱定期检验时可结合装置的整组试验一并进行。

（7）整组试验。

1）装置在做完每一套单独保护（元件）的整定检验后，需要将同一被保护设备的所有保护装置连在一起进行整组的检查试验，以校验各装置在故障及重合闸过程中的动作情况和保护回路设计正确性及其调试质量。

2）若同一被保护设备的各套保护装置皆接于同一电流互感器二次回路，则按回路的实际接线，自电流互感器引进的第一套保护屏柜的端子排上接入试验电流、电压，以检验各套保护相互间的动作关系是否正确；如果同一被保护设备的各套保护装置分别接于不同的电流回路时，则应临时将各套保护的电流回路串联后进行整组试验。

3）新安装装置的验收检验或全部检验时，需要先进行每一套保护（指几种保护共用一组出口的保护总称）带模拟断路器（或带实际断路器或采用其他手段）的整组试验。每一套保护传动完成后，还需模拟各种故障，用所有保护带实际断路器进行整组试验。新安装装置或回路经更改后的整组试验由基建单位负责时，生产部门继电保护验收人员应参加试验，了解掌握试验情况。

4）部分检验时，只需用保护带实际断路器进行整组试验。

5）整组试验包括如下内容：

a. 应检查各保护之间的配合、装置动作行为、断路器动作行为、保护启动故障录波信号、调度自动化系统信号、中央信号、监控信息等正确无误。

b. 借助于传输通道实现的纵联保护、远方跳闸等的整组试验，应与传输通道的检验一同进行。必要时，可与线路对侧的相应保护配合一起进行模拟区内、区外故障时保护动作行为的试验。

c. 对装设有综合重合闸装置的线路，应检查各保护及重合闸装置间的相互动作情况与设计相符合。为减少断路器的跳合次数，试验时，应以模拟断路器代替实际的断路器。

使用模拟断路器时宜从操作箱出口接入，并与装置、试验器构成闭环。

d. 将装置及重合闸装置接到实际的断路器回路中，进行必要的跳、合闸试验，以检验各有关跳、合闸回路、防止断路器跳跃回路、重合闸停用回路及气（液）压闭锁等相关回路动作的正确性。检查每一相的电流、电压及断路器跳合闸回路的相别是否一致。

e. 在进行整组试验时，还应检验断路器、合闸线圈的压降不小于额定值的90%。

6）对母线差动保护、失灵保护及电网安全自动装置的整组试验，可只在新建变电所投产时进行。定期检验时允许用导通的方法证实到每一断路器接线的正确性。一般情况下，母线差动保护、失灵保护及电网安全自动装置回路设计及接线的正确性，要根据每一项检验结果（尤其是电流互感器的极性关系）及保护本身的相互动作检验结果来判断。变电站扩建变压器、线路或回路发生变动，有条件时应利用母线差动保护、失灵保护及电网安全自动装置传动到断路器。

7）对设有可靠稳压装置的厂站直流系统，经确认稳压性能可靠后，进行整组试验时，应按额定电压进行。

8）在整组试验中着重检查：

a. 各套保护间的电压、电流回路的相别及极性是否一致。

b. 在同一类型的故障下，应该同时动作并发出跳闸脉冲的保护，在模拟短路故障中是否均能动作，其信号指示是否正确。

c. 有两个线圈以上的直流继电器的极性连接是否正确，对于用电流启动（或保持）的回路，其动作（或保持）性能是否可靠。

d. 所有相互间存在闭锁关系的回路，其性能是否与设计符合。

e. 所有在运行中需要由运行值班员操作的把手及连接片的连线、名称、位置标号是否正确，在运行过程中与这些设备有关的名称、使用条件是否一致。

f. 中央信号装置的动作及有关光字、音响信号指示是否正确。

g. 各套保护在直流电源正常及异常状态下（自端子排处断开其中一套保护的负电源等）是否存在寄生回路。

h. 断路器跳、合闸的可靠性，其中装设单相重合闸的线路，验证电压、电流、断路器回路相别的一致性及与断路器跳合闸回路相连的所有信号指示回路的正确性。对于有双跳闸线圈的断路器，应检查两跳闸接线的极性是否一致。

i. 自动重合闸是否能确实保证按规定的方式动作并保证不发生多次重合情况。

9）整组试验结束后应在恢复接线前测量交流回路的直流电阻。继电保护试验负责人应在继电保护记录中注明哪些保护可以投入运行，哪些保护需要利用负荷电流及工作电压进行检验以后才能正式投入运行。

二、 自动化装置运行维护

（一）故障录波器的运行维护

故障录波器可根据故障录波信息分析电网故障，分析电力系统动态过程参数量的变

化规律。主要用于输电线路及主设备在运行过程中故障元件诊断、事故后数据分析、保护动作行为的评价等。

1. 日常巡视检查内容

显示面板无异常，指示灯显示正确；电源的交流开关、直流开关在合闸位置；录波器的显示时钟是否与GPS时间一致；检查装置通信是否正常；定期对故障录波器进行手动录波。

2. 定期检验项目

(1) 输入量的基本误差检验，包括电流、电压基本误差检验，有功功率、无功功率基本误差检验，频率基本误差检验，相位基本误差检验等。

将试验装置的电流信号及电压信号连接到故障录波器的电流回路及电压回路的输入端子，设置试验装置输出频率为50Hz的交流信号，交流电流、电压可以分别从0开始均匀升至额定值的2.0倍，取若干点进行误差计算。

电流、电压基本误差计算公式为：

$$\Delta U=\frac{U_i-U_i}{U_i}\times 100\% \tag{9-1}$$

$$\Delta I=\frac{I_x-I_i}{I_i}\times 100\% \tag{9-2}$$

式中　U_x、I_x——故障录波器显示值；

U_i、I_i——试验装置输出值。

将试验装置的交流电流、电压信号分别接入到故障录波器的电流、电压回路的输入端子，设置试验装置输出的电压幅值为额定电压（$U_A=U_B=U_C=U_n$），输出电流信号的幅值为额定电流（$I_A=I_B=I_C=I_n$），频率为50Hz。输出电流与电压信号的相位角分别为0°、45°、90°。

$$\Delta P=\frac{P_x P_i}{P_i}\times 100\% \tag{9-3}$$

$$\Delta Q=\frac{Q_x-Q_i}{Q_i}\times 100\% \tag{9-4}$$

$$S=U_n\times I_n \tag{9-5}$$

式中　P_x、Q_x——故障录波器显示值；

P_i、Q_i——试验装置输出值。

一般情况，S基本误差不超过±1.5%。

将试验装置输出的交流电压信号连接到故障录波器的电压回路的输入端子，设置试验装置输出的交流电压幅值为额定电压，交流电压信号的频率分别为45、47、49、50、51、53、55Hz。

$$\Delta f=f_x-f_i \tag{9-6}$$

式中　f_x——故障录波器显示值；

f_i——试验装置输出值。

一般情况，频率基本误差不超过±0.5Hz。

将试验装置输出的交流电压信号连接到故障录波器的电压回路的输入端子，设置试验装置输出的交流电压幅值为额定电压，输入交流电流幅值为额定电流，频率为50Hz。改变交流电流、电压信号间的相位角 φ 分别为0°、±30°、±45°、±60°、±90°。

$$\Delta\varphi = \varphi_x - \varphi_i \tag{9-7}$$

式中 φ_x——故障录波器显示值；

φ_i——试验装置输出值。

一般情况，相角基本误差不超过±5°。

(2) 基本性能检验，包括录制交流电流、交流电压波形检验，交流电压、交流电流相位一致性检验，录制非周期分量性能检验，录制谐波性能检验，开关量的分辨率检验，记录频率性能检验等。可在基本误差检验过程中，同时进行。

(3) 录波启动性能及启动定值检验，包括相电压突变量、零序电压突变量、正序电压越限、负序电压越限、零序电压越限、频率越限、频率的变化率、相电流突变、零序电流突变、相电流越限、负序电流越限、零序电流越限、三次谐波电压、开关量变位、手动启动和远方启动等方式。

启动定值检验必须依据有效的定值单进行定值校核，试验接线方法以及误差计算与基本误差检验部分相同，具体的误差要求可根据故障录波器生产厂家技术要求执行。

(4) 长期低电压、长期低频率记录能力检验；

1) 输入故障录波器的交流电压值低于 $90U_n$，持续时间为30min，故障录波器应只记录电压值，其记录周期时间为每秒一点。

2) 输入故障录波器的交流电压频率值低于49.5Hz，持续时间为30min，故障录波器应只记录频率值，频率值精度应不超过0.05Hz（或0.02Hz），其记录周期时间为每秒一点。

(5) 记录数据的功能检验。故障录波器录波方式一般有：暂态数据记录、稳态数据记录。两种记录方式应可分别命名存储。记录数据经过暂态数据缓存区、录波单(ARM)、录波管理区（EMU）。

(6) 时钟同步功能检验。故障录波器一般可接入外部时间信号包括卫星信号（需要GPS接收模块）、脉冲信号（分脉冲或秒脉冲）、非调制IRIGB码信号、串口（时间信息）。检验时用时钟源以某一方式对装置授时，用时间间隔比对器接收时钟源与装置输出的PPS，测量时钟同步的误差。

（二）自动功率控制装置运行维护

自动功率控制装置主要功能是接收电网下发的有功、无功功率调整指令（包括指令方式和功率计划曲线方式），根据最优策向风电场不同机群或单个风机进行控制。同时向电网或风电公司上传风电场及公用系统运行状态、参数等信息。

1. 巡视检查内容

检查装置“运行”指示灯、显示的参数、状态正常，有无异常报警；检查装置通信

是否正常。一般情况下，运行灯应为绿色、通信灯为绿色、异常报警灯为黄色。

2. 定期检验的主要项目

（1）交流工频输入量基本误差检验。检验项目主要包括：电流、电压基本误差检验；有功功率、无功功率基本误差检验；频率基本误差检验；功率因数基本误差检验。

将交流电流、电压信号输入到自动功率控制装置的交流工频电量输入回路中，通过调整电流、电压幅值，检验电流、电压基本误差；固定电流、电压幅值至额定值、频率50Hz，调整电压与电流信号的夹角，检验有功功率、无功功率、功率因数基本误差；固定电压幅值至额定值，调整频率大小，检验频率基本误差。

（2）交流工频输入量的影响量检验。交流输入工频量的影响量检验，应检验每一个影响量在其规定的改变范围内变化，其他的影响量应保持为参比条件中的规定值时，检验其交流输入工频量基本误差。

影响量包括：输入量的频率变化、电源电压变化、输入量的波形畸变、功率因数的变化、不平衡电流的影响、输入量超量限的影响、环境温度影响、输入电压变化、输入电流变化、三相功率测量元件之间相互作用的影响、自热影响和各种干扰的影响等。

（3）遥控检验。在主站计算机系统键盘上进行遥控操作时，遥控执行指示器应有正确指示。

（4）脉冲输入检验。启动脉冲量输出模拟器，在显示设备的屏幕上应显示其计数值，连续计数5min，该数值应与脉冲量输出模拟器的计数相一致。

（5）信号响应时间检验。

（6）通信功能检验。一般包含：与主站通信正确性试验、适合多种规约的数据远传试验。

与主站通信正确性试验要求：进行交流工频输入量、状态量（开关量）输入、遥控、直流输入模数转换总误差、脉冲输入、数字量输入、事件顺序记录站内分辨率等项测试时，在主站的图形终端上看到数据的变化及事件记录的告警显示。主站的事件顺序记录应与远方终端的事件顺序记录一致。

（三）同步向量测量装置运行维护

1. 巡视检查内容

检查装置运行灯是否正常闪烁；检查装置告警灯是否异常点亮；检查装置同步指示灯是否点亮；检查数据采集模块显示数据是否正常；检查GPS卫星是否有遮挡、显示个数是否满足要求；检查通信指示灯是否正常闪烁，通信光纤/以太网连接是否牢固。一般情况，装置正常运行状态下：运行灯、同步灯亮，告警灯、录波灯灭；当同步信号丢失时，运行灯、告警灯亮，同步灯、录波灯灭；当有装置告警或其他异常时，运行灯、告警灯亮；当采集单元启动录波时，录波灯点亮；当硬件出错或其他严重故障时，运行灯熄灭，闭锁、告警触点闭合。

2. 定期检验的主要项目

（1）零漂检查。

1）装置各交流回路不加任何激励量（交流电压回路短路、交流电流回路开路），人工启动采样录波；

2）交流二次电压回路的零漂值应小于 0.05V，交流二次电流回路的零漂值应小于 0.05A。

（2）交流电压幅值测量误差测试。将装置各三相电压回路加入频率 50Hz、无谐波分量、对称三相测试信号，检查装置输出的三相电压和正序电压幅值。测试电压范围 $0.1U_n$～$2.0U_n$（U_n指 TV 二次额定电压，下同），电压幅值测量误差应不大于 0.2%。

（3）交流电流幅值测量误差测试。将装置各三相电流回路加入频率 50Hz、无谐波分量、对称三相测试信号，检查装置输出的三相电流和正序电流幅值。测试电压范围 $0.1I_n$～$2.0I_n$（I_n指 TA 二次额定电压，下同），电压幅值测量误差应不大于 0.2%。

（4）交流电压、电流相角误差测试。将装置各三相电流和电压回路加入 50Hz、无谐波分量、对称三相测试信号，检查装置输出的三相电压、电流相角和正序电压、电流相角。装置的电压相位误差应满足表 9-8 的要求；电流相位误差测试应在额定电压测试条件下进行，电流相位误差应满足表 9-9 的要求。

表 9-8　　基波电压相量的误差要求

输入电压	$0.1U_n \leqslant U < 0.5U_n$	$0.5U_n \leqslant U < 1.2U_n$	$1.2U_n \leqslant U < 2.0U_n$
相角测量误差极限	0.5°	0.2°	0.5°

注　U 为电压相量幅值。

表 9-9　　基波电波相量的误差要求

输入电流	$0.1I_n \leqslant I < 0.2I_n$	$0.2I_n \leqslant I < 0.5I_n$	$0.5I_n \leqslant I < 2.0I_n$
相角测量误差极限	1.0°	0.5°	0.5°

注　I 为电流相量幅值。

（5）频率误差测试。将装置各三相电压回路加入 $1.0U_n$，无谐波分量、对称三相测试信号。在 45～55Hz 范围内，频率测量误差应不大于 0.002Hz。

（6）交流电压电流幅值随频率变化的误差测试。将装置各三相电流和电压回路加入 $1.0I_n$和 $1.0U_n$、无谐波分量、对称三相测试信号。频率范围为 45～55Hz。检查装置输出的三相电压、电流和正序电压、电流的幅值。基波频率偏离额定值 1Hz 时，电压、电流测量误差改变量应小于额定频率时测量误差极限值的 50%；基波频率偏离额定值 5Hz 时，电压、电流测量误差改变量应小于额定频率时测量误差极限值的 100%。

（7）交流电压电流相角随频率变化的误差测试。将装置各三相电压和电流回路端子加入 $1.0I_n$和 $1.0U_n$、无谐波分量、对称三相测试信号。信号频率的变化范围为 45～55Hz。检查装置输出的三相电压、电流及正序电压和正序电流的相位。

基波频率偏离额定值 1Hz 时，相角测量误差改变量应不大于 0.5°；基波频率偏离额定值 5Hz 时，相角测量误差改变量应不大于 1°。

（8）电压幅值不平衡的测试。将装置各三相电压回路加入 $1.0U_n$、50Hz，无谐波分量、相位对称三相测试信号。C 相电压幅值变化范围为 $0.8U_n \sim 1.2U_n$，检查装置输出的三相电压和正序电压的幅值和相位。电压幅值测量误差应不大于 0.2%，相角误差应不大于 0.2°。

(9) 电压相位不平衡的测试。将装置各三相电压回路加入 $1.0U_n$、50Hz，无谐波分量、相位对称三相测试信号。保持 A 相电压相位 0°、B 相电压相位−120°，检查装置输出的三相电压和正序电压的幅值和相位。电压幅值测量误差应不大于 0.2%，相角误差应不大于 0.2°。

(10) 电流幅值不平衡的测试。将装置各三相电压、电流回路加入 $1.0U_n$、$1.0I_n$、50Hz、无谐波分量、相位对称三相测试信号。A 相电流幅值变化范围为 $0.8I_n \sim 1.2I_n$，检查装置输出的三相电流和正序电流的幅值和相位。电流幅值测量误差应不大于 0.2%，相角误差应不大于 0.5°。

(11) 电流相位不平衡的测试。将装置各三相电压、电流回路加入 $1.0U_n$、$1.0I_n$、50Hz、无谐波分量、相位对称三相测试信号。保持 A 相电压相位 0°、B 相电压相位−120°，C 相电流相角变化范围为 120°～300°，检查装置输出的三相电流和正序电流的幅值和相位。电流幅值测量误差应不大于 0.2%，相角误差应不大于 0.5°。

(12) 谐波影响测试。输入装置额定三相电压，信号基波频率分别为 49.5Hz、50Hz 和 50.5Hz，在基波电压上叠加幅值为 20%的 2 次谐波至 13 次谐波。测量误差为实际测量值与基波（无失真）之差，幅值和角度的测量误差的改变量应不大于 100%。

(13) 幅值调制。输入装置额定三相对称电压，基波频率分别为 49.5Hz、50Hz 和 50.5Hz，幅值调制量为 $10\%U_n$，调制频率范围为 0.1～4.5Hz。波谷、波峰时刻的基波幅值测量值误差应不大于 0.2%，相角误差应不大于 0.5°。

(14) 频率调制。输入装置额定三相对称电压，基波频率分别为 49.5Hz、50Hz 和 50.5Hz，调制周期分别为：10s、5s、2.5s、1.0s、0.5s，调制信号的幅度为 0.5Hz，频率的测量误差应不大于 0.002Hz。

(15) 有功及无功功率误差测试。将装置三相电压和电流回路加入 $1.0U_n$、$1.0I_n$，改变功率因数角分别为 0°、30°、60°、90°，装置在 49～51Hz 频率范围内，有功功率和无功功率的测量误差应不大于 0.5%。

(16) 实时记录功能检查。动态数据应能准确可靠地进行本地储存。装置运行 1min 后应能正确记录动态数据。时间同步异常、装置异常等情况下应能够正确建立事件标识。

(17) 采样数据记录功能检查。

(18) 双通道双频率误差测试。将装置一组三相电压回路端子加入 $1.0U_n$、49Hz 电压信号，另一组三相电压回路端子加入 $1.0U_n$、51Hz 电压信号，测试幅值误差、相角误差和频率误差。电压幅值测量值误差应不大于 0.3%，相角误差应不大于 0.5°，频率的测量误差应不大于 0.002Hz。

(19) 10%幅值阶跃响应测试。将装置三相电压或电流回路加入 $1.0U_n$或 $1.0I_n$、无谐波分量、对称三相测试信号。以额定幅值的 10%阶跃变化，装置输出相量幅值的跃变时刻（达到阶跃量的90%）的延时应不超过30ms。

（20）90°相位角阶跃响应测试。将装置三相电压或电流回路加入1.0U_n或1.0I_n、无谐波分量、对称三相测试信号。任意起始相位角，先保持恒定，然后突变90°。装置输出相角的跃变时刻（达到突变量的90%）的延时应不超过30ms。

（21）频率阶跃响应测试。输入额定频率，先保持恒定，然后突变0.5Hz。装置输出频率的跃变时刻（达到突变量的90%）的延时应不超过60ms。

（四）保护信息子站运行维护

保护信息管理系统中负责变电站内保护装置信息采集以及数据上送保信主站。负责显示保信子站采集的相关数据包括保护事件、子站与保护通信情况、开关量、软压板值等。同时还可调取定值、定值区号、保护测量值、录波列表。

1. 巡视检查内容

检查装置运行灯是否正常闪烁；通信灯是否正常闪烁；检查GPS灯正常闪烁；检查装置内存储系统状态；检查对各保护装置的网口灯是否正常闪烁；报警灯是否常亮。一般运行灯、GPS灯为绿色；通信灯为绿色，无通信时熄灭；存储状态为本地存储；网口灯为绿色闪烁；报警灯正常熄灭，为黄色时装置有故障。

2. 定期检验的主要项目

（1）装置参数采集：在主站端向子站发送读取保护装置定值命令（读取定值命令包括读保护装置参数），并将读取结果导出，与保护装置木地打印的装置参数进行比对，检查装置参数信息的正确性。

（2）定值采集：在主站端向子站发送读取保护装置当前区和非当前区定值命令，并将读取结果导出，与保护装置本地打印的当前区和非当前区定值进行比对，检查定值信息的正确性。

（3）模拟量、开关量采集：在主站端向子站发送读取模拟量和开关量命令。检查子站上送的模拟量值和开关量状态是否与实际一致。

（4）保护动作信息采集：在主站端查看子站上送的保护动作信息，与保护装置本地保护动作信息比较，检查信息是否一致。

（5）开入变位及异常告警信息采集：在保护装置上施加开入变位和告警信号，分别在子站端和主站端查看保护装置的开入变位事件和异常告警信息，并与保护装置本地记录对比。

（6）录波列表采集：在主站端召唤子站上送的所有录波列表，并与保护装置本地记录对比。

（7）中间节点信息采集：在主站端召唤子站上送的中间节点信息文件，并与保护装置本地记录对比。

（8）定值校对：测试周期为48h，每24h对保护装置的定值修改一次。检查子站是否能够正确监测定值改变，并向主站上送定值改变告警。

（9）通信状态监视：中断并恢复子站与保护装置的通信状态，检查子站是否能够向

主站正确上送与保护装置的通信状态。不影响子站与其他正常连接设备的通信。

（10）子站系统与主站系统的连接及通信检验方法如下：

1）至少8台主站与子站进行通信，检查子站是否支持与8台主站同时进行通信；

2）在主站上检查子站上送的信息原始时标和报文语义是否正确。

（11）子站系统与故障录波器的连接及通信检验。

1）数据采集。故障录波器定值：在主站端向子站发送读取故障录波器定值命令，录波器当地定值进行比对；录波列表：被测子站与所有故障录波器和主站通信正常，检查子站录波器本地信息是否一致；录波文件：被测子站与所有故障录波器和主站通信正常，检查子站故障录波器本地信息是否一致。

2）通信状态监视。中断并恢复被测子站与故障录波器的通信状态，检查被测子站是否能够向主站正确上送与故障录波器的通信状态。不影响子站与其他正常连接设备的通信。

（12）信息分类与存储检验检验方法如下：

1）检查保护信息分类是否支持保护运行信息、自检及告警信息、保护动作信息、定值信息、开关量变位信息、保护动作报告、录波及中间节点信息；

2）是否支持保护信息的分类存储和检索；

3）是否支持历史数据的查询。

（13）压力测试。通过对保护装置或故障录波器的每个功能进行频繁动作触发，使其在短时间内产生大批量的数据信息，考验子站系统对大批量数据的处理以及承受能力。

（五）变电站中央监控系统运行维护

1. 巡视检查内容

（1）检查监控系统运行正常，遥测、遥信、遥调、遥控功能正常，通信正常；打印机工作正常；

（2）检查一次系统画面各运行参数正常，有无过负荷现象；母线电压三相是否平衡、是否符合调度下发的无功、电压曲线；系统频率是否在规定范围内；是否定期刷新，有无越限报警；

（3）检查断路器、隔离开关、接地刀闸位置正确，有载调压变压器分接头位置正确，与实际状态相符，无异常变位；

（4）检查光字牌信号有无异常信号，检查告警音响和事故音响是否正常；

（5）检查有关报表数据是否正常，检查遥测一览表的实时数据能否刷新；

（6）检查监控系统与五防主机之间闭锁关系正确。

2. 定期检验项目

（1）保护功能检验。

1）保护动作信息测试：依据单体保护逻辑策略，施加模拟故障条件，检验记录保护动作信息的正确性和实时性实现情况。

2）保护元件定值检验：依据保护具体定值，施加模拟故障条件，检验记录保护定值的现场检测值。

3）保护逻辑功能检验：依据单体保护逻辑策略，施加模拟故障条件，检验记录保护动作的逻辑性和正确性实现情况。

4）保护整组功能检验：依据全站保护逻辑策略，施加模拟故障条件，检验记录保护动作的逻辑性和正确性实现情况。

（2）数据量与状态量是否与实际运行情况相符。

（3）检测遥控命令及调取保护定值。

1）一次设备控制功能检验：针对变电站一次设备，实施正常控制功能测试，检验记录设备层一次设备控制功能的正确性和实时性。

2）全站防误闭锁功能检验：依据全站防误闭锁策略，施加特定状态变化和模拟量变化信号，检验记录设备层全站防误闭锁功能的正确性、完整性和实时性。

3）同期控制检验：在设有同期点的电气间隔内，模拟各类同期参数条件，检验记录设备层同期各项子功能实现情况和同期定值的实测数值。

4）遥调控制检验：在设有遥调控制点的电气间隔内，模拟输入遥调参数，检验记录设备层遥调控制功能实现情况。

（4）检查计算机是否有病毒侵入，系统软件运行是否良好；有网络集线器的，还要检查所连接线是否完好，通信指示是否正常。

（5）计量功能测试。

1）与计量功能相关的通信状况检验。

2）计量数值采集功能检验：选择一个或多个计量采集数值点，模拟产生相应计量数值信息，检验记录设备层计量数值的采集功能实现情况。

3）计量数值统计功能检验：选择一个或多个计量统计数值点，模拟相应计量采集数值信息，检验记录设备层计量数值的统计功能实现情况。

（6）远动通信系统检验。

1）与设备层的通信功能检验：选择一路或者多路状态量和模拟量输入点，施加状态量和模拟量变化信号，检验记录远动通信设备中状态量和模拟量变化情况。

2）与主站的通信功能检验：选择一路或者多路状态量和模拟量输入点，施加状态量和模拟量变化信号，检验记录远动通信主站设备中状态量和模拟量变化情况。

3）主从切换功能检验：依据主从切换机制，实施远动通信设备主从切换操作，检验记录主从切换功能的实现情况以及在切换过程中的系统运行情况。

（六）变电站五防系统运行维护

变电站五防系统是一种采用计算机钥匙、编码锁技术、计算机技术，引入操作规则，通过软、硬件结合，实现对高压电气设备进行防止电气误操作的装置。主要由主机、计算机钥匙、机械编码锁和电气编码锁等元件组成。

1. 巡视检查内容

（1）检查五防系统监控画面，核对断路器、隔离开关、接地刀闸位置；

（2）检查五防编码锁状态正常。

2. 定期检验项目

（1）防误装置功能测试。

1）模拟操作检验。在模拟屏上按正常操作和五种误操作方式进行测试。主要要求如下：

a. 防止电气误操作装置应具有防止误分、合断路器；防止带负荷分、合隔离开关；防止带电挂（合）接地线（接地开关）；防止带接地线（接地开关）合断路器（隔离开关）；防止误入带电间隔等防误功能。

b. 防止电气误操作应可以预先编制防止电气误操作规则、并能存储操作规则。

c. 模拟操作时，在模拟屏上模拟动作元件（或图形显示）应分、合到位，在合位时动作元件的触点应可靠闭合。

2）信息传递。将计算机钥匙插入接口，实现主机、模拟屏和计算机钥匙互联。检验时，按模拟屏—主机—计算机钥匙，计算机钥匙—主机—模拟屏两个方向，传递含有完整操作程序的信息；

3）高压开关设备分、合位置显示。正确显示高压开关设备被操作前后的实际分、合位置。计算机钥匙完成操作或操作至任意项时，经返校，模拟屏的面板上位置显示应与计算机钥匙操作步骤一致；

4）开锁检验。按计算机钥匙示屏显示的当前操作项，核实编码锁的编号，用计算机钥匙逐一开启；

5）闭锁检验。检验误操作、检验跳项操作、检验计算机钥匙失电（断开电源或取出电池）；

（2）防误系统测试。

1）按预先布置的操作任务（操作步骤）在主机上正确填写操作票；

2）经审票后，并预演正确；

3）将允许操作信息下发到计算机钥匙或编码锁控制对象；

4）操作员通过计算机钥匙和编码锁模拟实际操作任务；

5）确认操作过程中计算机钥匙和编码锁是否按要求可靠开锁或闭锁；

6）检验结束后，计算机钥匙或编码锁应能将实际操作情况反馈给主机，主机能记录完整的操作信息，同时主机系统模拟图与设备状态应能及时更新，与实际系统保持一致。

三、 电测仪表设备运行维护

电测仪表设备在运行过程中，时刻保持仪表周围环境清洁干燥、温度适当，无振动、无强烈磁场存在，且不能受阳光直接照射。

（一）电流表、电压表、功率表及电阻表的检定

1. 检验周期

准确度等级小于或等于 0.5 的电流表、电压表、功率表及电阻表检定周期一般为 1

年，其余准确度等级检定周期一般不超过 2 年。

2. 检验项目

电流表、电压表、功率表及电阻表的检定项目包括外观检查、基本误差、升降变差、偏离零位等。修理后的仪表除做检定项目外，还应根据修理后的部位做位置影响、功率因数影响、阻尼、绝缘电阻、介电强度试验等项目。

3. 检定注意事项

(1) 电流表、电压表等指示仪表的检定前，应熟知带电部位和安全注意事项。确保短接 TA 二次绕组必须可靠，严禁在 TA 与短路端子之间的回路上进行任何工作，不得将回路的永久接地点断开，工作时必须有专人监护，使用绝缘工具并站在绝缘垫上。拆下的电压回路引线用绝缘胶布分开包好，防止其接地或短路。

(2) 检定前选择合适的电流表、电压表检定装置的量程，并将检定装置接通电源后预热 30min。仪表置于检定环境条件下通常为 2h 再进行检定，以消除温度梯度的影响。除制造厂另有规定外，不需要预热。

(3) 凡共用一个标度尺的多量程仪表，只对其中某个量程（称全检量程）的测量范围内带数字的分度线进行检定，而对其余量程（称非全检量程）只检量程上限和可以判定最大误差的分度线。

(4) 规定用定值导线或具有一定电阻值的专用导线进行检定的仪表，采用定值导线或专用导线一起进行检定。

(5) 检定带有外附专用分流器及附加电阻的仪表可按多量程仪表的检定方法检定。

(6) 检定带“定值分流器”和“定值附加电阻”的仪表，将仪表和附件分别检定，仪表不应超过最大允许误差。

(7) 检验过程中发现误差不合格，应先确认误差性质，方可进行误差调整。回装时，接线应正确无误。

(8) 对准确度等级小于和等于 0.5 的仪表，每个检定点应读数两次，其余仪表也可读数一次。

(9) 对于额定频率为 50Hz 的交直流两用仪表，除要在直流下对测量范围内带数字的分度线进行检定之外，还应在额定频率 50Hz 下检定量程上限和可以判定最大误差的分度线。对于有额定频率范围及扩展频率范围的交直流两用仪表，还应在额定频率范围内上限频率、扩展频率的上限分别检定量程上限和可以判定最大误差的分度线。对于有一个额定频率的交流仪表，应在额定频率下检定。对于有额定频率范围及扩展频率范围的交流仪表，不仅在频率为 50Hz 下对仪表测量范围带数字的分度线进行检定，而对扩展频率范围上限频率及下限频率（仅对内装互感器的）还要分别检定量程上限和可以判定最大误差的分度线。

(10) 读数时应避免视差，即带有刀型指针的仪表，应使视线经指示器尖端与仪表度盘垂直；带有镜面标度尺的仪表，使视线经指示器尖端与镜面反射像重合。

(11) 检定电阻表时，在读数前用机械零位调节器和电气零位调节器将指示器调在零

分度线上。

（二）电子式电能表的检定

1. 检验周期

0.2S级、0.5S级有功电能表，其检定周期一般不超过6年；1级、2级有功电能表和2级、3级无功电能表，其检定周期一般不超过8年。

2. 检验项目

变电站内安装式电能表的后续检定项目包括外观检查、潜动试验、启动试验、基本误差、仪表常数试验和时钟日计时误差。首次检定还需增加交流电压试验项目。

3. 检验注意事项

(1) 外观检查包括检查电能表是否有名称和型号、制造厂名、制造计量器具许可证标志和编号、产品所依据的标准、顺序号和制造年份、参比频率、参比电压、参比电流和最大电流、仪表常数、准确度等级、仪表适用的相数和线数、计量单位（显示单元为液晶元件时，计量单位可在液晶元件中显示）、Ⅱ类防护绝缘包封仪表应有双方框符号“回”等标志。铭牌字迹应清楚，经过日照后已无法辨别，影响到日后的读数或计量检定的仪表应判定为外观不合格。内部无杂物。计度器显示应清晰，字轮式计度器上的数字不能有1/5高度以上被字窗遮盖。液晶或数码显示器不允许缺少笔画、断码。指示灯应正确无误。表壳无损坏，不存在视窗模糊和固定不牢或破裂等现象。电能表基本功能正常。封印未破坏。

(2) 对首次检定的电能表进行50Hz或60Hz的交流电压试验。即所有的电流线路和电压线路以及参比电压超过40V的辅助线路连接在一起为一点，另一点是地，试验电压施加于该两点间。对于互感器接入式的电能表，应增加不相连接的电压线路与电流线路间的试验。试验电压应在5～10s内由零升到试验电压值，保持1min，随后以同样速度将试验电压降到零。试验中，电能表不应出现闪络、破坏性放电或击穿；试验后，电能表无机械损坏，电能表应能正确工作。

(3) 潜动试验时，电流线路不加电流，电压线路施加电压为参比电压的115%，$\cos\varphi(\sin\varphi)=1$，测试输出单元所发脉冲不应多于1个。

(4) 启动试验在电压线路加参比电压U_n和$\cos\varphi(\sin\varphi)=1$的条件下，电流线路的电流升到规定的启动电流后，电能表在启动时限内应能启动并连续记录。启动试验过程中，字轮式计度器同时转动的字轮不多于两个。

(5) 检定试验时与电流回路所连接的一次设备退出运行，在需要校验电能表设备开关的操作把手上悬挂“禁止合闸，有人工作”的标示牌。电压回路有控制铅丝，在不影响其他设备运行情况下将铅丝拔出；电压回路无控制铅丝，可带电作业。

（三）变送器的检定

1. 检验周期

使用中的变送器每年至少检验一次，也可根据需要适当缩短检验周期。

2. 检验项目

变送器的检定项目包括外观检查、基本误差测定、绝缘电阻检定及不平衡电流对功率变送器的影响引起的该变量。

3. 检验注意事项

(1) 新安装和修理后的变送器，除做周期检定项目外，还应根据需要选作工频耐压试验、由自热引起的该变量的测定和输出波纹含量的测定等。

(2) 变送器基本误差检定推荐使用标准装置法进行检定。标准装置法是输入变送器一次被测量的量值（交流：频率、电压、电流、功率、相位）为定值，测量变送器二次输出端直流值的大小来计算基本误差。

第十章 集电线路的运行及维护

线路巡视一般包括对线路设备（本体、附属设施）及通道环境的检查，可以按全线路或区段进行。巡视周期相对固定，并可动态调整，线路设备与通道环境的巡视可按不同的周期分别进行。线路巡视以地面巡视为基本手段，并辅以带电登杆（塔）检查、空中巡视等。

一、 架空线路的巡检及维护

架空线路的巡视应包括巡视周期、巡视注意事项、检修及试验项目。

（一）架空线路巡视周期

1. 定期巡视

经常掌握线路各部件运行情况及沿线情况，及时发现设备缺陷和威胁线路安全运行的情况。定期巡视一般一月一次，也可根据具体情况适当调整，巡视区段为全线。

2. 特殊巡视

在气候剧烈变化、自然灾害、外力影响、异常运行和其他特殊情况时及时发现线路的异常现象及部件的变形损坏情况。特殊巡视根据需要及时进行，一般巡视全线、某线段或某部件。

3. 故障巡视

查找线路的故障点，查明故障原因及故障情况，故障巡视应在发生故障后及时进行，巡视发生故障的区段或全线。

4. 夜间、交叉和诊断性巡视

根据运行季节特点、线路的健康情况和环境特点确定重点。巡视根据运行情况及时进行，一般巡视全线、某线段或某部件。

5. 监察巡视

工区（所）及以上单位的领导干部和技术人员了解线路运行情况，检查指导巡线人员的工作。监察巡视每年至少一次，一般巡视全线或某线段。

（二）架空线路巡视的主要内容

1. 检查沿线环境有无影响线路安全的情况

（1）向线路设施射击、抛掷物体；

（2）擅自在线路导线上接用电气设备；

（3）攀登杆塔或在杆塔上架设电力线、通信线、广播线，以及安装广播喇叭；

（4）利用杆塔拉线作起重牵引地锚，在杆塔拉线上拴牲畜，悬挂物件；

（5）在杆塔内（不含杆塔与杆塔之间）或杆塔与拉线之间修建车道；

（6）在杆塔拉线基础周围取土、打桩、钻探、开挖或倾倒酸、碱、盐及其他有害化学物品；

（7）在线路保护区内兴建建筑物、烧窑、烧荒或堆放谷物、草料、垃圾、矿渣、易燃物、易爆物及其他影响供电安全的物品；

（8）在杆塔上筑有危及供电安全的巢以及有蔓藤类植物附生；

（9）在线路保护区种植树木、竹子；

（10）在线路保护区内进行农田水利基本建设及打桩、钻探、开挖、地下采掘等作业；

（11）在线路保护区内有进入或穿越保护区的超高机械；

（12）在线路附近有危及线路安全及线路导线风偏摆动时，可能引起放电的树木或其他设施；

（13）在线路附近（约 300m 区域内）施工爆破、开山采石、放风筝；

（14）在线路附近河道、冲沟的变化，巡视、维修时使用道路、桥梁是否损坏。

2. 检查杆塔、拉线和基础有无缺陷和运行情况的变化

（1）塔倾斜、横担歪扭及杆塔部件锈蚀变形、缺损；

（2）杆塔部件固定螺栓松动、缺螺栓或螺母，螺栓丝扣长度不够，铆焊处裂纹、开焊、绑线断裂或松动；

（3）混凝土杆出现裂纹或裂纹扩展，混凝土脱落、钢筋外露，脚钉缺损；

（4）拉线及部件锈蚀、松弛、断股抽筋、张力分配不均，缺螺栓、螺母等，部件丢失和被破坏等现象；

（5）杆塔及拉线的基础变异，周围土壤凸起或沉陷，基础裂纹、损坏、下沉或上拔，护基沉塌或被冲刷；

（6）基础保护帽上部塔材被埋入土或废弃物堆中，塔材锈蚀；

（7）防洪设施坍塌或损坏。

3. 检查导线、地线（包括耦合地线、屏蔽线）有无缺陷和运行情况的变化

（1）导线、地线锈蚀、断股、损伤或闪络烧伤；

（2）导线、地线弧垂变化、相分裂导线间距变化；

（3）导线、地线上扬、振动、舞动、脱冰跳跃，相分裂导线鞭击、扭绞、粘连；

（4）导线、地线接续金具过热、变色、变形、滑移；

（5）导线在线夹内滑动，释放线夹船体部分自挂架中脱出；

（6）跳线断股、歪扭变形，跳线与杆塔空气间隙变化，跳线间扭绞；跳线舞动、摆动过大；

（7）导线对地、对交叉跨越设施及对其他物体距离变化；

（8）导线、地线上悬挂有异物。

4. 检查绝缘子、绝缘横担及金具有无缺陷和运行情况的变化

（1）绝缘子与瓷横担脏污，瓷质裂纹、破碎，钢化玻璃绝缘子爆裂，绝缘子铁帽及钢脚锈蚀，钢脚弯曲；

（2）合成绝缘子伞裙破裂、烧伤，金具、均压环变形、扭曲、锈蚀等异常情况；

（3）绝缘子与绝缘横担有闪络痕迹和局部火花放电留下的痕迹；

（4）绝缘子串、绝缘横担偏斜；

（5）绝缘横担绑线松动、断股、烧伤；

（6）金属锈蚀、变形、磨损、裂纹，开口销及弹簧销缺损或脱出，特别要注意检查金具经常活动、转动的部位和绝缘子串悬挂点的金具；

（7）绝缘子槽口、钢脚、锁紧销不配合，锁紧销子退出等。

5. 检查防雷设施和接地装置有无缺陷和运行情况的变化

（1）放电间隙变动、烧损；

（2）避雷器、避雷针等防雷装置和其他设备的连接、固定情况；

（3）管型避雷器动作情况；

（4）绝缘避雷线间隙变化情况；

（5）地线、接地引下线、接地装置、连续接地线间的连接、固定以及锈蚀情况。

6. 检查附件及其他设施有无缺陷和运行情况的变化

（1）预绞丝滑动、断股或烧伤；

（2）防震锤移位、脱落、偏斜、钢丝断股，阻尼线变形、烧伤，绑线松动；

（3）相分裂导线的间隔棒松动、位移、折断、线夹脱落、连接处磨损和放电烧伤；

（4）均压环、屏蔽环锈蚀及螺栓松动、偏斜；

（5）防鸟设施损坏、变形或缺损；

（6）附属通信设施损坏；

（7）各种检测装置缺损；

（8）相位、警告、指示及防护等标志缺损、丢失，线路名称、杆塔编号字迹不清。

（三）架空线路巡视注意事项

（1）查看沿线情况。查明异常现象和正在进行的工程。如：在线路周围正在进行开土方、建筑、开山、爆炸岩石等；可能搭落至导线的天线、旗杆、树木、风筝、金属线等，被洪水河流冲刷的杆基以及其他不正常现象。

（2）检查杆塔及部件。查看杆塔基座周围培土变化情况；杆身、横担歪斜、变形、铁塔生锈、裂缝；混凝土杆裂缝、剥落、钢筋外露杆塔部件固定情况，线路标示牌、安全警示牌是否清晰完整。

（3）查看导线、避雷线有无断股、损伤或闪络烧伤的痕迹；驰度不平，对地、交叉设施及其物体距离不够；导线腐蚀等。

（4）检查导线的固定和连接。有无线夹和连接器锈蚀、损坏；连接器过热变色。

（5）检查防震锤是否有缺失、移位现象。

（6）检查绝缘子。有无绝缘子裂纹，脏污、闪络烧伤。绝缘子的金属紧固件有无锈蚀、缺少、脱出或变形。

（7）检查绝缘横担。不应有严重结垢、裂纹，不应出现瓷釉烧坏、瓷质损坏、伞裙破坏。

（8）检查拉线。是否有拉线锈蚀、断股、松弛、张力分配不均；拉线桩腐蚀损坏。

（9）检查防雷装置。避雷器是否脏污、裂缝及损坏；防雷设备引线、接地引下线的连接是否牢固可靠。

（10）检查杆上断路器、隔离开关。检查瓷套管是否破裂，合、断指示位置是否正确，断路器接地是否良好，导线有无过热变色；跌落式熔断器瓷件是否碎裂、烧伤，熔丝管是否烧焦、丢失，熔丝配置是否正确。

（11）检查变压器。检查套管有无脏污、裂纹、损坏及闪络痕迹；台架是否倾斜、腐蚀；变压器是否渗油、缺油，温度是否正常；是否缺少警告牌以及接地装置等。

（四）架空线路检修及试验项目

（1）架空线路的一般性检修项目包括：线路名称及杆号的标志清晰；钢筋混凝土电杆有露筋或混凝土脱落者，应将钢筋上的铁锈清除掉后补抹混凝土；矫正倾斜角度偏大的杆身；紧固拉线；修复接地引下线；线路走廊内的树木与导线之间的距离小于规定者，应进行处理。

（2）架空线路的停电检查项目包括：处理巡视中发现的缺陷；清除绝缘子上的尘污，检查有无裂痕、损伤、闪络痕迹，瓶脚弯曲变形、松动者、绝缘电阻低于规定值者需更换；检查绝缘子在横担上的固定是否牢固、金具零件是否完好；检查绝缘子与导线之间的固定是否牢固；检查导线连接处接触是否良好；检查电杆有无破损歪斜；检查拉线有无松弛、断股。

（3）变压器检查项目：检查安放变压器的底座是否倾斜，根部有无腐蚀现象；高压跌落式熔断器是否在正常工作位置，触头接触是否良好，引线接头有无过热变色；高压避雷器的引线是否良好，接线是否牢固，接地线是否完好；各种绝缘子有无断裂现象。

二、 电力电缆线路的运行及维护

电缆线路的运行和维护，主要是线路巡视、维护，负荷及温度的监视，预防性试验及缺陷故障处理等。

（一）电力电缆线路巡视周期

巡视检查分为定期巡视和非定期巡视，其中定期巡视包括故障巡视、特殊巡视等。

1. 定期巡视周期

（1）电缆通道路面及户外终端巡视：66kV 及以下电缆线路每半个月巡视一次，35kV 及以下电缆线路每月巡视一次，变电站内电缆线路每 3 个月巡视一次；

（2）除第一条以外，对整个电缆线路每 3 个月巡视一次；

（3）35kV 及以下开关柜、分接箱、环网柜内的电缆终端每 2～3 年结合停电巡视检

查一次；

(4) 对于城市给排水系统泵站电缆线路，在每年汛期前进行巡视；

(5) 水底电缆线路应至少每年巡视一次；

(6) 电缆线路巡视应结合运行状态评价结果，适当调整巡视周期。

2. 非定期巡视周期

(1) 电缆线路发生故障后应立即进行故障巡视，具有交叉互联的电缆线路跳闸后，应同时对线路上的交叉互联箱、接地箱进行巡视，还应对给同一用户供电的其他电缆线路开展巡视工作以保证用户供电安全。

(2) 因恶劣天气、自然灾害、外力破坏等因素影响及电网安全稳定有特殊运行要求时，应组织运行人员开展特殊巡视。对电缆线路周边的施工行为应加强巡视；对已开挖暴露的电缆线路，应缩短巡视周期，必要时安装临时视频监控装置进行实时监控或安排人员看护。

(二) 电力电缆线路巡视要求

运行单位应结合电缆线路所处环境、巡视检查历史记录及状态评价结果编制巡视检查工作计划。运行人员应根据巡视检查计划开展巡视检查工作，收集记录巡视检查中发现的缺陷和隐患并及时登记。运行单位对巡视检查中发现的缺陷和隐患进行分析，及时安排处理并上报上级生产管理部门。

(三) 电力电缆巡视项目

1. 直埋电缆线路

(1) 沿线路地面上有无堆放的瓦砾、矿渣、建筑材料、笨重物体及其他临时建筑物等，附近地面有无挖掘取土，进行土建施工；

(2) 沿线路面是否正常，路线标桩是否完整；

(3) 线路附近有无酸、碱等腐蚀性排泄物及堆放石灰等；

(4) 室外露天地面电缆的保护钢管支架有无锈蚀移位现象、是否牢固可靠；

(5) 电缆穿管处是否封堵严密，电缆屏蔽层、保护钢管接地良好。

2. 敷设在沟道内的电缆线路

(1) 沟道的盖板是否完整；

(2) 沟内有无积水、渗水现象，是否堆有易燃易爆物品；

(3) 电缆标志牌有无脱落；

(4) 电缆铠装有无锈蚀，涂料是否脱落；

(5) 支架是否牢固，有无腐蚀现象；

(6) 接地是否良好，必要时测量接地电阻；

(7) 电缆防火封堵是否严密。

3. 电缆终端头和中间接头

(1) 终端头的绝缘套管有无破损及放电现象，对填充有电缆胶（油）的终端头有无漏油溢胶现象；

(2) 引线与接线端子的接触是否良好，有无发热现象；

(3) 接地线是否良好，有无松动、断股现象；

(4) 电缆中间接头有无变形，温度是否正常。

(四) 电力电缆线路检修及试验项目

运行单位应积极开展状态检修工作。依据电缆线路的状态检测和试验结果、状态评价结果，考虑设备风险因素，动态制定设备的维护检修计划，合理安排状态检修的计划和内容。电缆线路新投运 1 年后，应对电缆线路进行全面检查，收集各种状态量，并据此进行状态评价，评价结果作为状态检修的依据。对于运行达到一定年限，故障或发生故障概率明显增加的设备，宜根据设备运行及评价结果，对检修计划及内容进行调整。对电缆线路状态检修应进行适当分类，检修分类和检修项目见表 10-1。

表 10-1　电缆线路的检修分类和检修项目

检修分类	检修项目
A 类检修	(1) 电缆更换； (2) 电缆附件更换
B 类检修	(1) 主要部件更换及加装： 1) 更换少量电缆； 2) 更换部分电缆附件。 (2) 其他部件批量更换及加装： 1) 交叉互联箱更换； 2) 更换回流线。 (3) 主要部件处理： 1) 更换或修复电缆线路附属设备； 2) 修复电缆线路附属设备。 (4) 诊断性试验； (5) 交直流耐压试验
C 类检修	(1) 绝缘子表面清扫； (2) 电缆主绝缘电阻测量； (3) 电缆线路过电压保护器检查及试验； (4) 金具紧固检查； (5) 护套及内衬层绝缘电阻测量； (6) 其他
D 类检修	(1) 修复基础、护坡、防洪、防碰撞设施； (2) 带电处理线夹发热； (3) 更换接地装置； (4) 安装和修补附属设备； (5) 回流线修补； (6) 电缆附属设施接地联通性测量； (7) 红外线测量； (8) 环流测量； (9) 在线或带电测量； (10) 其他不需要停电试验项目

(五) 电缆线路的缺陷管理

根据对运行安全的影响程度和处理方式进行分类并记入生产管理系统。电缆线路缺陷分为一般缺陷、严重缺陷、危急缺陷三类。危急缺陷消除时间不得超过 24h，严重缺陷应在 7 天内消除，一般缺陷可结合检修计划尽早消除，但必须处于可控状态。电缆线路带缺陷运行期间，运行单位应加强监视，必要时制定应急措施。运行单位定期开展缺陷统计分析工作，及时掌握缺陷消除情况和缺陷产生的原因，采取有针对性的措施。

(1) 一般缺陷。设备本身及周围环境出现不正常情况，一般不威胁设备的安全运行，可列入小修计划进行处理的缺陷。

(2) 严重缺陷。设备处于异常状态，可能发展为事故，但设备仍可在一定时间内继续运行，须加强监视并进行大修处理的缺陷。

(3) 危急缺陷。严重威胁设备的安全运行，若不及时处理，随时有可能导致事故的发生，必须尽快消除或采取必要的安全技术措施进行处理的缺陷。

三、 技术管理

(一) 线路设计、施工技术资料

(1) 批准的设计文件和图纸；

(2) 路径批准文件和沿线征用土地协议；

(3) 与沿线有关单位订立的协议、合同（包括青苗、树木、竹林赔偿，交叉跨越，房屋拆迁等协议）；

(4) 施工单位移交的资料和施工记录；

(5) 符合实际的竣工图（包括杆塔明细表及施工图）；

(6) 设计变更通知单；

(7) 原材料和器材出厂质量的合格证明或检验记录；

(8) 代用材料清单；

(9) 工程试验报告或记录；

(10) 未按原设计施工的各项明细表及附图；

(11) 施工缺陷处理明细表及附图；

(12) 隐蔽工程检查验收记录；

(13) 杆塔偏移及挠度记录；

(14) 架线弧垂记录；

(15) 导线、避雷线的连接器和补修管位置及数量记录；

(16) 跳线弧垂及对杆塔各部的电气间隙记录；

(17) 线路对跨越物的距离及对建筑物的接近距离记录；

(18) 接地电阻测量记录。

(二) 设备台账

(1) 预防性检查测试记录；

(2) 维修记录；

(3) 线路维修技术记录；

(4) 线路跳闸、事故及异常运行记录；

(5) 事故备品清册；

(6) 对外联系记录及协议文件；

(7) 工作日志；

(8) 线路运行工作分析总结资料。

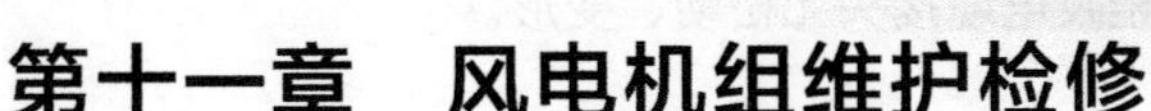

第十一章　风电机组维护检修

风电机组维护检修是风电机组维护检修人员根据机组的相关技术标准、操作手册或运维手册要求，进行定期维护和缺陷处理工作，及时发现机组运行中的故障和隐患，采取有效的防范和处理措施，防止因设备故障而导致停机事件发生，提高机组的可利用率，保证电网及风电机组的安全稳定运行。

第一节　风电机组定期维护

风电机组的定期维护周期一般分为半年、全年，而特殊项目的维护周期，应结合设备运行工况及技术要求制定。

一、 塔架及基础

(1) 混凝土基础应无裂缝、漏筋、局部疏松起灰、凸起、下沉等；对发现的问题及时处理，损伤严重的应按照设计要求进行修复。

(2) 基础散水应无裂纹、渗漏，密封圈无脱落损坏等；对发现的问题及时处理，渗漏严重部位按照设计要求修复。

(3) 塔筒外观防腐涂层应完好，无开裂、脱落、油渍，焊缝无异常，发现问题按技术要求及时处理。

(4) 门锁转动灵活，无卡滞，按照维护要求进行润滑。

(5) 塔基螺栓连接紧固、无松动、锈蚀，防松标识齐全有效。

(6) 百叶窗无锈蚀、破损、堵塞；按照要求更换塔筒门通风孔上的滤芯。

(7) 密封条密封良好，如有损坏进行更换。

(8) 活动平台及休息平台涂装完好无锈蚀，发现问题及时补涂，如大面积锈蚀，则更换平台板、梁或柱；平台上无遗留物，若有，则清理遗留在平台的物品；螺栓应紧固无松动、脱落。

(9) 塔筒爬梯和安全导轨：爬梯支架完好、无锈蚀，钢丝绳应拉紧、U形卡子固定良好，所有紧固件无松动。

(10) 灭火器材压力正常、胶管无破损，在有效期内。

(11) 引雷线塔筒连接处防雷线连接紧固、无松动，无开裂。

(12) 电缆绝缘表面无磨损、无下坠，护套紧固无脱落。

（13）照明正常、紧固件无松动、缺失，满足工作要求、应急照明功能正常。

（14）塔筒法兰及基础环连接螺栓无松动、断裂、锈蚀，力矩应满足设计要求；如力矩值不合格，应按照相关标准及厂家技术要求，重新紧固并做好防松标识。

（15）电缆接线柜及电缆接头无松动、变形。

二、叶轮

（1）通过望远镜检查叶片，主要内容包括：叶片表面应无裂纹、鼓包、破损、凹坑等；叶尖或边缘无开裂；如发现损坏，应进行详细拍照并存档，执行汇报及处理程序，并加强对故障叶片的运行监视。

（2）叶片内部防雷，主要包括：雷电接闪器是否腐蚀或发黑；引雷线连接是否牢固，叶片内部是否有积水，排水孔是否通畅，主梁、纤维层是否有脱落、损坏等现象。

（3）叶片盖板固定螺栓应无松动，无脱落。

（4）叶片和轮毂、变桨轴承和轮毂的连接螺栓有无松动、断裂，是否达到设计力矩要求，如力矩值不合格，则重新紧固。

（5）变桨轴承密封情况，目测检查是否有裂纹、气孔和泄漏，清理溢出的油脂，更换集油袋。

（6）变桨齿圈润滑不良时应补加润滑油脂，齿面磨损应测量磨损厚度，并根据损伤程度进行相应的处理。

（7）导流罩无裂纹，支架焊接良好，螺栓无松动。

（8）防雨裙无松动、脱落。

（9）轮毂内变桨电动机、变桨减速器、控制柜及编码器等附件应固定牢固，如果松动以规定力矩紧固连接螺栓。

（10）轮毂内照明是否满足工作要求，对损坏的照明灯及时进行更换。

（11）变桨充电机本体是否损坏、变形、锈蚀，风扇口及散热孔是否有堵塞；充电机各接线端子是否有松动、接触不良、绝缘破损，充电机输出电压测试值是否满足设计要求。

（12）变桨电池（电容）外观是否有鼓包、漏液等现象，进行电池内阻检测，更换不合格电池组。

（13）轮毂内接线应标识清晰、无松动，固定规范。

（14）变桨齿轮箱油位、油温、油色应正常，油脂性能符合运行要求。

（15）自动注脂机运行应正常，管路、分配器无堵塞、无渗漏。

三、主轴

（1）主轴表面有无锈蚀、磨损现象，运行时无异音。

（2）主轴轴承润滑良好，及时清理处溢的油脂；注油器内油脂油位正常；润滑油泵安全阀上的红色指针是否弹出，若弹出则证明润滑系统被堵塞，必须查明堵塞点并进行处理。

（3）主轴螺栓应无松动断裂，力矩值符合设计要求，防松标识齐全有效；如抽检力矩值不合格，则重新紧固。螺栓的检查紧固应参照相关标准及厂家技术要求。

（4）防雷碳刷无油污，长度符合标准，接触良好，固定牢靠。使用无水乙醇清除接触面油污，更换不满足要求的防雷碳刷。

四、齿轮箱

（1）润滑油油位如低于下限，应检查齿轮箱本体有无渗漏，对渗漏部位进行处理，并添加齿轮油至规定位置。

（2）通过齿轮箱观察孔检查齿面运行工况，如果铁屑过多，应进一步检查内部齿轮部件有无胶合、点蚀，如发现异常进行标记、拍照并查明原因，必要时应停机处理。

（3）支撑臂固定螺栓应紧固、可靠，橡胶弹性支撑应无老化、龟裂现象。

（4）使用规定的油样瓶，按规定要求提取油样，在油样上粘贴标签并标明采样机组号，取样过程中及取样后保持油样清洁。

（5）齿轮箱空气过滤器干燥剂若失效则及时更换，更换后需要松开底部粘胶。干燥剂失效判断方法如下：PALL 干燥剂颜色由蓝色变为粉红色，表明干燥剂失效；Stauff 干燥剂由红色变为橙色，表明干燥剂失效；Hydac 干燥剂由灰白色变为红色，表明干燥剂失效；Internormen 干燥剂变为浅粉色，表明干燥剂失效。

（6）齿轮油滤芯应无渗漏、堵塞，按照规定周期更换滤芯。

（7）齿轮箱各管路接头、端盖、冷却器等密封良好、无破损、无渗漏。

（8）收缩盘连接螺栓紧固、无松动、无断裂、防松标识齐全。

（9）通信滑环外表面应无杂质、油污等，通信滑环航空插头是否松动，检查拉杆紧力、安装螺栓应紧固无松动。

五、机械制动

（1）高速制动盘表面应无磨损、无变形，无窜动、无后移等现象。发现制动盘上有颗粒状突出的金属点，应及时清除。测量并记录制动片表面情况及制动片厚度，如小于规定厚度应及时更换。

（2）制动卡钳应无渗漏油，活塞移动正常，如果漏油或橡皮套疲劳，则更换制动卡钳。每年对制动系统进行一次放气，放气时慢慢旋开放气螺塞让油气混合物流出，直到纯净的油流出为止。

按照相关规定及厂家技术要求，调整制动片与制动盘之间的间隙。

（3）使用合适的力矩扳手按规定要求紧固齿轮箱与制动器连接螺栓。

六、联轴器

（1）联轴器连接螺栓应无松动。

（2）中间轴、轴毂、弹性元件无变形、裂纹，如有裂痕则更换。

（3）复合盘应无放射性裂纹，裂纹长度不允许超过10mm，如有裂纹应进行标记、拍照，严重时应更换。

（4）转矩限制器应无动作，防松标记无错位。

七、发电机

（1）端子箱电缆绝缘表面无损坏，螺栓连接紧固，端子箱的端子排接线紧固、无松动、无放电痕迹。

（2）轴承润滑正常，注油孔加注适量油脂。

（3）集电环室内螺栓应紧固；集电环表面无污染、无擦伤等情况，氧化膜形成良好，颜色均匀呈浅色或深色。

（4）电刷长度不小于规定值。

（5）定期更换通风滤芯。

（6）外部风扇、排风管道应无损坏、无异物、无折叠、无堵塞等。启动风扇检查风扇内部是否存在异物，旋转方向是否正确，转动声音是否正常。

（7）做同轴度测试，检查发电机对中情况，并紧固地脚螺栓。

（8）测量绝缘电阻，发电机绝缘电阻应符合相关标准，否则进行干燥或其他技术处理。

（9）检测发电机与弹性支撑连接螺栓力矩应符合设计要求。

（10）发电机编码器安装应牢固，插件及拉杆无松动，屏蔽线可靠接地。

（11）油脂器功能应正常，按规定添加油脂。

（12）直驱机组发电机人孔上盖板及下舱门螺栓应无锈蚀、松动、断裂，转子锁定销功能应完好、动作灵活、润滑充分。

八、液压系统

（1）液压站外观应无锈蚀、磨损等现象。

（2）温度传感器、压力传感器、压差传感器、机械压力表、阀体等部件，外观完好、固定牢固、接线紧固、无渗漏。

（3）取油样（取油样时应注意防止油样二次污染）送至专业机构化验，油质符合标准，无乳化、变质等现象。

（4）液压站本体及管路连接螺栓应无锈蚀、松动、断裂，各阀门、接头连接应牢固、无渗漏。

（5）油泵电动机运行时无异音，风扇运行正常、表面防腐涂层无脱落。

（6）测量蓄能器氮气压力，不足时及时补压。

（7）定期更换液压站油滤芯、空气滤芯。

（8）手动泵功能测试完好。

九、偏航系统

(1) 偏航制动盘表面无油污、无裂纹等，如有油污，则使用清洗剂清洗，同时找出污染原因并处理，对有裂纹的制动盘进行补焊打磨处理。

(2) 偏航制动片厚度符合标准，更换时先将液压站泄压，再拆除制动挡板，取下制动片进行更换。

(3) 齿轮表面润滑应良好，齿面无磨损、裂纹、点蚀、断裂、腐蚀等现象。定期手动注油。

(4) 制动器无渗漏，如有，则清洁油污，同时查明原因并处理漏油点。

(5) 检查并清理集油瓶或集油袋中的油，如果集有大量液压油，则应解体检查或更换制动器。

(6) 偏航轴承与主机架、偏航减速机与主机架、偏航电动机与减速机、偏航制动器与主机架连接螺栓力矩符合设计要求。

(7) 定期按要求对偏航轴承注油。

(8) 偏航齿轮箱油位是否正常，必要时补油。

(9) 扭缆开关、接近开关、编码器等外观完好，安装牢固，接线紧固。

(10) 测量偏航驱动小齿轮与偏航轴承齿盘的啮合间隙，间隙应符合设备技术标准。

(11) 定期对减速机内齿轮油进行化验。

十、防雷系统

(1) 避雷针安装是否牢固，无发黑、腐蚀、雷击现象，引下线安装牢固，橡胶套无腐蚀或断裂。

(2) 轮毂至机舱导电电刷接触良好，长度满足要求。

(3) 发电机、齿轮箱、主轴、控制柜等设备与主机架等电位连接牢固、可靠。

(4) 涌保护器接线牢固，状态指示正常。

(5) 测量机组的接地电阻，电阻值不应大于4Ω。

(6) 轮毂至塔架底部的引雷通道进行检测，电阻值不应大于0.5Ω。

十一、变流系统

(1) 柜体无破损、开裂、灼烧痕迹，支架固定完好，弹性支撑无老化、裂纹现象；柜门操作方便、灵活、可靠，零部件牢固无松动。

(2) Crowbar、Chopper、预充电组件螺栓无松动，电缆连接可靠，无变色等异常现象。

(3) 直流母排充电电容无鼓包、漏液现象；检查电抗器、电阻器组件螺栓无松动，电缆连接可靠，无变色等异常现象。

(4) IGBT模块螺栓无松动，电缆连接可靠，无变色等异常现象；IGBT散热片、空气过滤网无堵塞；IGBT 直流母排表面无腐蚀、灼烧、凝露等现象。

（5）转子进线、PE 接线螺栓无松动，连接可靠，无变色等异常现象。

（6）主接触器螺栓应无松动，电缆连接可靠，无变色等异常现象。

（7）控制板、码盘板、电源板、I/O 板、配电板等接线螺栓无松动，电缆连接可靠，无变色等异常现象。

（8）电源模块、温度传感器、湿度传感器参数设定正确。

（9）主断路器、并网接触器、滤波电容回路螺栓无松动，电缆连接可靠，无变色等异常现象。

（10）核对主断路器和并网开关保护定值应正确。

（11）冷却装置表面无锈蚀、磨损、无堵塞；所有水管、风管、阀门、接头连接紧固、密封良好。

十二、 主控制系统

（1）主控柜无破损、开裂、灼烧痕迹，支架固定完好，弹性支撑无老化、裂纹现象；柜体内外电缆绝缘层无老化破损；元器件及端子排接线连接紧固、功能正常、参数设定正确。

（2）核对面板时钟与 PLC 时钟及中央监控时钟一致。

（3）散热系统所有水管、阀门、接头连接紧固、密封良好；散热电动机运行时无异音，风扇运行正常、表面防腐涂层无脱落、防尘网无堵塞。

（4）对保护定值进行核对，所有保护定值正确无误。

（5）加热器外观完好、固定牢固、位置正确、接线紧固。

（6）UPS 状态正常，电池电压无报警。

（7）启停、复位、偏航、登录等基本操作功能正常；温度、压力、电网等状态参数显示正常；状态码无屏蔽，无报警故障；电网、温度、实时功率、转速、风速等参数显示正常。

十三、 机舱及附属设施

（1）机舱罩外观完好、无裂纹、密封良好；天窗无裂纹、固定牢固；逃生口盖板无裂痕和变形、固定牢固。

（2）主机架外观完好，焊缝无脱落、生锈。

（3）服务吊车锁链无磨损、拉伸、裂痕、变形、卡死等情况，运行时无异声；手柄外观完好、无油污；悬挂、锁紧、挡块、支架螺栓无锈蚀、松动、断裂；电缆无破裂、损坏。

（4）导电轨接头接触良好，外观无变形、锈蚀、灼烧痕迹。

（5）电缆夹固定良好，螺栓无锈蚀、松动、断裂；电缆接头外观完好，连接紧固；电缆桥架固定牢固，无损坏；外护套无破损，金属护套接地良好；电缆清洁无破损、无过热。

(6) 灭火器材外观完好、无损坏、在检定周期内。

(7) 踏板无裂纹、损伤现象。

(8) 逃生装置专用挂点及机构连接牢固，逃生装置真空包装无损坏。

(9) 安全标识齐全、位置正确、清晰、清洁。

(10) 航空灯固定良好、功能正常。

(11) 加热器外观完好、固定可靠、位置正确、接线紧固。

(12) 散热电动机运行时无异音，风扇运行正常、防尘网无堵塞。

(13) 照明系统工作正常，满足工作要求，接线无松动；支架无损伤，螺栓无锈蚀、松动、断裂。

(14) 机舱及附属设施清洁、无污渍。

(15) 视频监视及安全保卫系统无灰尘；摄像头机械转动设备润滑良好、转动灵活；摄像头焦距调整合理，视频图像清晰；门禁系统外观良好、供电正常、接线紧固，可正常触发。

(16) 自动灭火装置外观完好、防腐层无脱落；支架安装位置正确，螺栓无锈蚀、松动、断裂；元器件完整、无损坏；配套连接线、航空插头连接紧固。

十四、 通信系统

(1) 光电转换器、交换机等工作正常，通信模块指示灯闪烁正常；光纤、电缆等通信线路无压折、磨损，捆扎整齐，接口无松动。

(2) 在线振动检测系统通信设备、视频监视系统、自动消防系统、无线对讲系统等通信模块指示灯正常，通信线路无压折、破损，捆扎整齐，接口无松动；主控与变桨系统通信、偏航系统、变流器等通信模块指示灯正常，通信线路无压折、破损，捆扎整齐，接口无松动。

第二节　风电机组常见缺陷

一、 塔筒缺陷原因分析及处理方法

风电机组塔筒常见缺陷类型有塔筒变形、塔筒漆膜脱落、塔筒裂纹及塔筒振动。

(一) 塔筒变形

造成塔筒变形的主要原因有：运输中未采取防止塔筒变形的有效支撑或固定措施；运输时采用支撑件强度不够或方式不正确；吊装或运行过程中叶片脱落、外力撞击等。

处理方法：在安装使用前应对塔筒法兰孔距、整体形变进行检测，如发现塔筒变形应更换及返厂维修。

(二) 塔筒漆膜脱落

造成塔筒漆膜脱落的主要原因有：使用寿命超限产生涂层粉化、脱落、起泡、松动

等；在塔筒制造过程中，存在塔筒防腐材料质量不合格，塔筒表面处理不彻底，漆膜厚度涂抹不均匀等情况；风沙、盐雾等恶劣环境及不可抗力；塔筒运输、吊装过程中没有得到很好的保护。

处理方法：在制造过程中应加强监造，保证塔筒制造技术符合《风电机组筒形塔制造技术条件》（NB/T 31001）要求。运行中发现塔筒漆膜脱落及时补漆，必要时进行返厂处理。

（三）塔筒裂纹

造成塔筒裂纹的主要原因有：塔筒焊接工艺不合格；塔筒运输过程造成损坏。

处理方法：塔筒焊接要严格按照《风电机组筒形塔制造技术条件》（NB/T 31001）进行；塔筒安装前进行外观和超声波检测，发现焊缝裂纹应及时进行补焊，必要时返厂处理。

（四）塔筒振动

造成塔筒振动的主要原因有：湍流作用；风轮整体重心偏移；塔筒、主轴、叶片等部位连接螺栓松动或断裂；齿轮箱、发电机、偏航机构、变桨机构发生故障等。另外，风电机组因紧急停机、电网掉电等运行状态发生突变时，也会造成塔筒振动。

处理方法：避免将风电机组安装在湍流强度过大的地形位置上；对风轮进行动平衡试验，保证风轮重心正确；加强螺栓检查，发现松动及损坏的螺栓应及时进行紧固和更换；加强风电机组日常检查及定期维护，发现齿轮箱、发电机等部件缺陷及时进行处理；对风电机组控制程序进行优化。

二、 轮毂缺陷原因分析及处理方法

风电机组轮毂常见缺陷类型有轮毂螺栓断裂、支架开裂及防雨裙脱落故障。

（一）轮毂螺栓断裂

造成轮毂螺栓断裂的主要原因有：螺栓质量、螺栓紧固工艺不合格。

处理方法：在安装前使用符合强度要求的螺栓，保证轮毂螺栓安装工艺符合设备技术要求；加强巡视检查，严格按规定定检周期进行紧固，同时确保力矩值准确。

（二）轮毂支架开裂

造成轮毂支架开裂的主要原因有：轮毂支架螺栓松动，支架焊接工艺不合格。

处理方法：定期对支架螺栓进行维护，对于容易松动的螺栓，可以采用防松螺母，防止其松动造成轮毂支架断裂。在制造过程中应加强监造，保证支架焊接工艺满足设备要求。

（三）防雨裙脱落

造成防雨裙脱落的主要原因有：人员踩踏，固定抱箍松动。

处理方法：使叶尖向上与地面垂直90°锁定轮毂，使用橡胶锤将防雨裙向下敲击使其落至原位，紧固抱箍注胶固定。

三、 桨叶缺陷原因分析及处理方法

风电机组桨叶常见的缺陷有面漆损伤、胶衣损伤、外层纤维损伤、PVC 损伤、穿透性损伤、迎风前缘开裂、薄边开裂及断裂。

（一）面漆损伤

造成面漆损伤的主要原因有：材料老化、风沙磨损、飞鸟撞击等，图 11-1 所示为面漆损伤图（见文后插页）。

处理方法：

（1）将脱落面漆区域打磨平整，如图 11-2 所示（见文后插页），保证打磨后损伤区域无残留面漆，尽量使打磨区域呈矩形。

（2）打磨后将打磨残留的粉尘清理干净。

（3）FILLER 修补。

1）计算 FILLER 用量并称量，按比例在塑料碗里均匀搅拌。

2）将搅拌好的 FILLER 填充在打磨后出现的气孔内。

3）常温固化后将填充 FILLER 的部位打磨平整。

4）清理打磨后残留在打磨区域的粉尘。

（4）面漆修复。

1）标记维修区域。

2）喷漆厚度最少为 150μm，最大不超过 225μm，以此标准计算出所需喷漆的质量。

3）对喷漆所用材料做精确称量并均匀搅拌。

4）将搅拌好的喷漆材料均匀涂抹在修复区域表面，如图 11-3 所示（见文后插页），并用海绵滚刷使其厚度滚匀，取下固定修复区域的纸胶带。

5）将维修工具及化学品废料整理完成后，面漆修复工作完成，如图 11-4 所示（见文后插页）。

（二）胶衣损伤

造成胶衣损伤的主要原因有：材料老化、风沙磨损、飞鸟撞击等，如图 11-5 所示（见文后插页）。

处理方法：

（1）首先用角磨机对损伤区域的胶衣进行粗略打磨，打磨时应防止对内部纤维层造成人为伤害。

（2）用电动细磨机将残留胶衣彻底打磨，保证打磨表面的平整度，尽量使打磨区域呈矩形，如图 11-6 所示（见文后插页）。

（3）清理打磨后残留粉尘。

（4）胶衣修复：

1）损伤面积在 0.01m²以下，可用 SPATTLE VACU（腻子）代替胶衣做修补材料。

a）按损伤面积混合适量的 SPATTLE VACU（腻子）；

b）将 SPATTLE VACU（腻子）基料与固化剂混合均匀；

c）将材料用塑料刮板均匀刮在胶衣破损区域；

d）为使材料快速固化，用热风枪使 SPATTLE VACU（腻子）均匀加热，加热时热风枪出风口与涂抹的材料表面保持 10cm，防止局部温度过高使材料内部受热不均；

e）固化后用电动细磨机将 SPATTLE VACU（腻子）表面打磨平整；

f）清理打磨后粉尘；

g）面漆修复参见面漆损伤修复方法。

2）损伤面积在 0.01m²以上必须用胶衣材料修复。

a）标记维修区域；

b）以损伤面积为标准计算修补所需胶衣质量；

c）对材料基料和固化剂做精确称量并均匀搅拌；

d）搅拌均匀后将材料均匀涂抹在修补区域，用刮板塑造一个光滑平整的表面，叶片胶衣的厚度为 0.2～0.8mm，在修补时要严格控制在此范围内；

e）常温下胶衣材料的表层反应时间为 7min，维修时必须在此时间之内完成操作；

f）自然固化后用加热毯将修复区域包裹使其二次固化，切勿使加热毯重复包裹维修区域，如图 11-7 所示（见文后插页）；

g）二次固化后将加热毯拆下；

h）将已固化好的胶衣表面打磨，为喷漆创造一个有附着力的表面；

i）清理残留的粉尘；

j）面漆修复参见面漆损伤。

（三）外层纤维损伤

造成外层纤维损伤的主要原因有：雷击、运输划伤等，如图 11-8（见文后插页）所示。

处理方法：

（1）先用角磨机对损伤区域的胶衣进行粗略打磨，打磨时应防止对内部纤维层造成人为伤害。

（2）用电动细磨机将残留纤维及胶衣彻底打磨，保证打磨表面的平整度，尽量使打磨区域呈矩形。

（3）清理残留的粉尘。

（4）积层修复：

1）标记维修区域；

2）以损伤面积为标准计算修补所需环氧树脂及玻璃纤维质量；

3）裁剪适合修复损伤区域面积的双向纤维布、三向纤维布、PEEL-PLY 布；

4）精确称量环氧树脂基料和固化剂并均匀搅拌；

5）用毛刷将搅拌好的环氧树脂材料均匀涂抹在修补区域，把裁剪好的三向纤维布粘在修补区域，三向纤维布的使用应注意其 UD 方向，还要避免纤维布出现褶皱、S 型纤

维现象。在三向纤维布外再均匀刷一层环氧树脂材料，用硬滚刷在其表面用力往返滚动使三向纤维布完全浸透，接着将裁剪好的双向纤维布铺在损伤区域，在双向纤维布外表面均匀刷一层环氧树脂，用硬滚刷在其表面用力往返滚动使环氧树脂材料对双向纤维布完全浸透；

6）常温下环氧树脂的表面反应时间一般为 19min，必须在该段时间内完成纤维层铺设；

7）将维修区域用 PEEL-PLY 布覆盖并用纸胶带封严，防止雨水、雾气风沙、昆虫等自然条件影响环氧树脂自然固化；

8）自然固化后用加热毯包裹维修区域并用螺纹固定架固定加热毯，使其二次固化，切勿对维修区域重合包裹；

9）二次固化后将加热毯拆下，将已固化好的积层表面打磨，使其与原来积层气动外形保持一致；

10）清理残留的粉尘。

（5）胶衣修复参见胶衣损伤修复。

（6）面漆修复参见面漆损伤修复。

（四）PVC 损伤

造成 PVC 损伤的主要原因有：雷击、运输划伤等，如图 11-9 所示（见文后插页）。

处理方法：

（1）首先用角磨机对损伤区域的胶衣进行粗略打磨，打磨时应防止对内部纤维层造成人为伤害。打磨时注意积层纤维层叠加面积适合，如图 11-10 所示（见文后插页）。打磨破损 PVC 层时，先用螺钉旋具将大部分损伤的 PVC 材料挖出，并用针式打磨机打磨内层纤维层表面。

（2）用电动细磨机将残留 PVC 及纤维彻底打磨，保证打磨表面的平整度，尽量使打磨区域呈矩形。

（3）清理残留的粉尘。

（4）PVC 层修复：

1）以缺损 PVC 区域的面积、形状裁切合适 PVC 填充材料；

2）按比例精确称量 GLUE 胶基料和固化剂并均匀搅拌；

3）将 GLUE 胶均匀涂抹在内层纤维层表面，把 PVC 材料嵌入已涂抹 GLUE 胶的纤维层表面，填充 PVC 材料后的缝隙用 GLUE 胶填充；

4）常温下固化；

5）GLUE 胶固化后，用电动细磨机将填充的 PVC 材料表面打磨，并确保打磨后的表面与原 PVC 层外形一致；

6）清理残留的粉尘；

7）外层纤维层修复参见外层纤维损伤修复；

8）胶衣修复参见胶衣损伤修复；

9）面漆修复参见面漆损伤修复。

（五）穿透性损伤

造成穿透性损伤的主要原因有：雷击、叶片内部异物等，如图 11-11 所示（见文后插页）。

处理方法：

（1）首先用角磨机对损伤区域的破损纤维层及 PVC 粗略打磨，切勿完全打磨对内部纤维层造成人为伤害。打磨时注意积层纤维层叠加面积。打磨破损 PVC 层时，先用螺钉旋具将大部分损伤的 PVC 材料挖出，并用针式打磨机打磨内层纤维层表面，在穿透损伤区域打磨出一个孔洞。

（2）用电动细磨机将残留 PVC 及纤维彻底打磨，保证打磨表面的平整度，尽量使打磨区域呈矩形，如图 11-12 所示（见文后插页）。

（3）清理残留的粉尘。

（4）内层纤维层修复：

1）裁剪稍大于漏洞区域面积的预制纤维板，用针式打磨机打两个孔，用橡胶带栓牢后将其塞入漏洞处，用 2021 胶将其粘合在纤维层内侧，作为铺设内层纤维层的衬托，如图 11-13 所示（见文后插页）；

2）固化后将胶粘边缘用电动细磨机打磨平整并清理干净；

3）标记维修区域；

4）根据损伤面积计算修补所需环氧树脂及玻璃纤维质量，裁剪适合修复损伤区域面积的双向纤维布、三向纤维布、PEEL-PLY 布，加入纤维叠加面积；

5）精确称量环氧树脂基料和固化剂，在塑料碗内均匀搅拌；

6）用毛刷将环氧树脂材料均匀涂抹在修补区域，将裁剪好的双向纤维布铺在修补区域，在双向纤维布外表面均匀刷一层环氧树脂，用硬滚刷在其表面用力往返滚动使环氧树脂材料对双向纤维布完全浸透，在贴合好的双向纤维布上铺设裁剪好的三向纤维布，三向纤维布的使用应注意其 UD 方向，避免纤维褶皱、S 型纤维出现。在修补的三向纤维层表面用毛刷再均匀刷一层环氧树脂材料，并用硬滚刷在其表面用力往返滚动，使环氧树脂材料对三向纤维布完全浸透；

7）常温下环氧树脂的表面反应时间是 19min，所以必须在 19min 内完成纤维层铺设工作；

8）环氧树脂固化过程参见外层纤维损伤修复；

9）PVC 层修复参见 PVC 损伤修复。

（5）外层纤维层修复参见外层纤维损伤修复。

（6）胶衣修复参见胶衣损伤修复。

（7）面漆修复参见面漆损伤修复。

（六）迎风前缘开裂

造成迎风前缘开裂的主要原因有：材料老化、雷击等，如图 11-14 所示（见后文插页）。

处理方法：

（1）用针式打磨机延前缘开裂处打磨，将残留在缝隙内的胶块全部打磨干净，如图11-15 所示（见文后插页）。

（2）将打磨后缝隙内及边缘残留的粉尘清理干净。

（3）胶粘：

1）精确称量 GLUE 胶基料和固化剂，在塑料碗内均匀搅拌；

2）把搅拌好的 GLUE 胶装进三角袋内，并用剪刀在三角袋前端剪一个小口，用力挤压三角袋将打磨后的缝隙完全填充，如图 11-16 所示（见文后插页）；

3）固化后用电动细磨机将填充 GLUE 胶的表面和缝隙边缘损伤的胶衣打磨干净；

4）清理残留的粉尘。

（4）胶衣修复参见胶衣损伤修复。

（5）面漆修复参见面漆损伤修复。

（七）薄边开裂

造成薄边开裂的主要原因有：材料老化、雷击等，如图 11-17 所示（见文后插页）。

处理方法：

（1）薄边开裂 25cm 以下：

1）用针式打磨机将薄边开裂处内侧的胶块、杂质打磨干净；

2）清理残留的粉尘；

3）把 2021 胶充分填充在开裂缝隙内，如图 11-18 所示（见文后插页）；

4）在开裂处边缘两侧用夹具夹紧，如图 11-19 所示（见文后插页），为防止夹具损伤叶片边缘，应垫入木板；

5）2021 胶固化后将夹具和木板取下；

6）用电动细磨机将粘合处外部的多余 2021 胶打磨掉，打磨后的薄边边缘应与叶片薄边边缘保持外形完全一致。

（2）薄边开裂 25cm 以上：

1）用针式打磨机将薄边开裂处内侧的胶块、杂质打磨干净；

2）清理残留的粉尘；

3）按比例精确称量 GLUE 胶基料和固化剂，在塑料碗内均匀搅拌，把 GLUE 胶装进三角塑料袋里，并在三角袋前端用剪刀剪一个小口，用力挤压三角袋使 GLUE 胶将薄边开裂处完全填充，在开裂处边缘两侧用夹具夹紧，为防止夹具损伤叶片边缘，应垫入木板；

4）GLUE 胶固化后将木板和夹具拆下；

5）用电动细磨机将粘合处外部多余的 GLUE 胶打磨掉，打磨后的薄边边缘应与叶片薄边边缘保持外形完全一致。

（3）薄边开裂并破损，破损长度为 10cm 以下：

1）用针式打磨机将薄边开裂处内侧的胶块、杂质打磨干净；

2）打磨破损区域，如图 11-20 所示（见文后插页），注意纤维布叠加面积；

3）清理残留的粉尘；

4）裁切合适面积的预制纤维板，用 2021 胶将预制纤维板粘在破损的纤维层边缘内侧，如图 11-21 所示（见文后插页），并用木板垫在预制纤维板后方使其与未破损纤维层粘合更紧密；

5）2021 胶固化后将木板拆下；

6）按比例精确称量 GLUE 胶基料和固化剂，在塑料碗内均匀搅拌，把 GLUE 胶装进三角塑料袋里，并在三角袋前端用剪刀剪一个小口，用力挤压三角袋使 GLUE 胶将薄边开裂处完全填充，在开裂处边缘两侧用夹具夹紧，为防止夹具损伤叶片边缘，应垫入木板；

7）GLUE 胶固化后将木板和夹具拆下；

8）用电动细磨机把预制纤维板粘合边缘打磨平整并将粘合处外部多余的 GLUE 胶打磨掉，打磨后的薄边边缘应与叶片薄边边缘保持外形完全一致；

9）胶衣修复参见胶衣损伤修复；

10）面漆修复参见面漆损伤修复。

（4）薄边开裂并破损，破损长度为 10cm 以上：

1）薄边粘合参见“薄边开裂并破损，破损长度为 10cm 以下”标准修复；

2）纤维层修复参见纤维层损伤修复；

3）胶衣修复参见胶衣损伤修复；

4）面漆修复参见面漆损伤修复。

（八）断裂

造成断裂的主要原因有：雷击、工艺质量等，如图 11-22 所示（见文后插页）。

处理方法：拆除叶片就地修复或叶片返厂修复。

四、 主轴缺陷原因分析及处理方法

主轴常见缺陷有主轴漏油，主轴轴承损坏，主轴轴承温度异常。

（一）主轴漏油

造成主轴漏油的主要原因有：主轴密封圈松动或损坏，注油过多，如图 11-23 所示（见文后插页）。

处理方法：

（1）调节主轴密封圈弹簧的张紧度，张紧度不宜过大，避免液化的油液不能排出，影响轴承使用寿命；

（2）如果密封圈损坏更换新密封圈；

（3）严格按厂家规定标准注油。

（二）主轴轴承损坏

造成主轴轴承损坏的主要原因有：主轴轴承受力不均或安装不到位，轴电流灼伤，主轴润滑油缺失或过多，润滑油混用。

处理方法：

（1）按厂家要求对传动轴系进行对中，在更换轴承时严格遵守安装工艺；

（2）保证主轴接地系统完好，接地电阻合格；

（3）严格按照厂家规定标准使用合格的润滑油进行润滑。

（三）主轴轴承温度异常

造成主轴轴承温度异常的主要原因有：轴承润滑不良，轴承损坏，温度检测回路故障。

处理方法：

（1）在控制面板查看轴承温度参数，确定参数状态；

（2）如果控制面板参数为负极限值，则代表温度传感器接线回路发生短路，可用万用表欧姆挡查找短路点；

（3）如果参数为正极限值，则代表传感器接线回路或传感器损坏，可用万用表欧姆挡测量传感器阻值，若阻值正常，则检查接线回路；

（4）如果控制面板参数值在正负极限值以内，使用红外线测温仪测量轴承温度，如果测量仪数值与参数值一致，检查主轴轴承密封及润滑情况，同时，检查轴承是否有异常噪声，如有异常噪声，则更换轴承。

五、联轴器损坏原因分析及处理方法

造成联轴器损坏的主要原因有：联轴器连接螺栓松动，齿轮箱与发电机不对中。

处理方法：加强定检管理，及时对联轴器螺栓进行紧固；对损坏的联轴器更换并重新对中。

［例 11-1］ 某风电场一台双馈型风电机组报不能并网故障，张某驱车到风电机组底部，检测控制面板发现风轮转速正常，发电机转速为零，初步判断为发电机转速传感器或联轴器损坏，登机进行检查，发现联轴器损坏，直接更换新联轴器，两天后联轴器又损坏，使用对中仪检查发现发电机与齿轮箱不对中，重新对中后，更换新联轴器风电机组正常运行。

六、齿轮箱缺陷原因分析及处理方法

齿轮箱常见缺陷有齿轮箱本体损坏，齿轮油位低，齿轮油温度高，齿轮油压差故障，齿轮油压力低故障。

（一）齿轮箱本体损坏

造成齿轮箱本体损坏的主要原因有：突然过载或严重冲击载荷引起齿轮、轴承、支架、轴损坏，润滑不良，轴电流腐蚀。

处理方法：齿轮箱高速轴轴承损坏可以在机组上直接更换处理；齿轮箱本体齿轮损坏时需返厂维修；加强定检管理，定期检测润滑系统功能；定期进行油品检测，不合格的油品及时进行更换；定期检测齿轮箱接地电阻，避免电流腐蚀。

（二）齿轮油位低

造成齿轮油位低的主要原因有：运行损耗，齿轮箱漏油，油位检测回路故障。

处理方法：

（1）检查齿轮箱油位指示是否正常；

（2）如果油位指示正常，应先使用万用表欧姆挡测量油位传感器阻值，如果阻值为0Ω，则传感器正常，需进一步检查接线控制回路；

（3）如果油位指示确实低，需要检查齿轮箱壳体、齿轮油冷却系统有无漏油，发现漏油及时处理。如未发现漏油点，需要加强日常巡视检查，按厂家标准及时进行补油。

（三）齿轮油温度高

造成齿轮油温度高的主要原因有：齿轮油泵、油泵电动机、散热电动机、温控阀及油泵与电动机之间联轴器损坏，散热器或散热通道堵塞，电动机、温度控制回路故障。

处理方法：

（1）在控制面板查看齿轮箱温度参数，同时使用红外线测温仪测量齿轮箱温度；

（2）如果数值不一致，需要检查温度控制回路，紧固回路接线，对损坏元件或线缆及时更换；

（3）如果数值一致，启动齿轮箱通风电动机测试，检查散热电动机运行是否正常，同时检查齿轮箱顶部散热片、散热通道是否堵塞。如果正常，则需启动齿轮油泵电动机测试，检查齿轮油泵、油泵电动机、油泵与电动机之间联轴器、温控阀是否损坏，损坏的部件及时更换。

（四）齿轮油压差故障

造成齿轮油压差故障的主要原因有：滤芯堵塞，压力传感器回路故障。

处理方法：

（1）启动齿轮油泵电动机测试，查看压力传感器压力值；

（2）检查压力传感器回路接线是否松动，并对接线端子紧固；

（3）检查压力传感器控制回路是否正常，紧固接线，对损坏的压力传感器、控制器模块进行更换；

（4）检查滤芯是否阻塞，对阻塞滤芯进行更换；

（5）检查滤芯有无铁屑，如有大量铁屑需进一步检查齿轮箱本体是否损坏；

（6）齿轮油取样化验，不合格的进行更换。

（五）齿轮油压力低故障

造成齿轮油压力低故障的主要原因有：电动机、油泵及油泵与电动机之间联轴器损坏，油路接头松动，齿轮油泵电动机控制回路故障，压力传感器回路故障。

处理方法：

(1) 启动齿轮油泵电动机测试，观察电动机运行状态；

(2) 如果电动机不能正常运转，检查齿轮油泵电动机控制回路是否正常，紧固接线，对损坏的电动机、接触器、控制器模块进行更换；

(3) 查看齿轮油压力值，使用压力表在齿轮油压力测点处测量压力值；

(4) 如果使用压力表测量的数值与控制面板数值一致，检查油泵是否损坏，油路接头是否松动，发现问题及时处理；

(5) 如果使用压力表测量的数值与控制面板参数值不一致，表明压力传感器回路不正常，检查压力传感器回路元器件是否损坏，紧固回路接线端子，对损坏的压力传感器、控制器模块进行更换。

［例 11-2］ 某风电场 2MW 双馈型风电动机组，报齿轮油工作压力低故障。

处理过程：

(1) 使用压力表测量压力回路压力正常；

(2) 观察控制器压力信号正常；

(3) 检查其他的风电机组发现其工作温度都在 50°左右，故障机组温度在 70°左右，登机检查发现齿轮箱散热器片，散热器片堵塞，清理后风电机组正常运行。

原因分析：齿轮油温度高，齿轮油密度低，齿轮旋转的过程中容易产生气泡，气泡运动到压力传感器部位，导致压力传感器瞬间压力过低，齿轮油报工作压力低故障，清理散热器后风电机组正常运行。

七、 发电机缺陷原因分析及处理方法

发电机常见缺陷有发电机异声，发电机绕组故障，发电机温度故障，发电机电刷故障，发电机超速故障。

(一) 发电机异声

造成发电机异声的主要原因有：润滑不良，地脚螺栓松动，传动轴系不对中，轴承损坏，转子扫膛。

处理方法：

(1) 检查发电机润滑是否正常，严格按照厂家标准进行正确润滑；

(2) 检查地脚螺栓是否松动，如有松动，按力矩值要求紧固螺栓；

(3) 对发电机传动轴系进行校验，如有问题重新对中；

(4) 检查轴承是否损坏，如有损坏及时更换；

(5) 检查发电机端盖是否松动，对松动的端盖重新定位紧固，检查转子轴是否正常，如有损坏进行更换。

(二) 发电机绕组故障

造成发电机绕组故障的主要原因有：绕组匝间短路、断路、开路，绕组相间短路，接地。

处理方法：

（1）拆除发电机的定子、转子接线；

（2）使用绝缘电阻表选择合适的电压等级对发电机定子、转子摇绝缘，定子测量相间及对地绝缘电阻、转子测量绕组对地绝缘电阻，电阻值符合发电机技术要求；

（3）使用直阻仪测量发电机定子、转子阻值，电阻值符合发电机技术要求，或者使用电感表测量发电机定、转子相间电感是否平衡；

（4）更换损坏的发电机，损坏的发电机返厂修理。

（三）发电机温度故障

造成发电机温度故障的主要原因有：通风扇、电动机、循环水泵损坏，电动机控制回路故障，温度传感器控制回路故障。

处理方法：

（1）在控制面板查看电动机温度参数，确定参数状态；

（2）如果控制面板参数为负极限值，则代表温度传感器接线回路发生短路，使用万用表欧姆挡查找短路点；

（3）如果参数为正极限值，则代表传感器损坏或传感器接线回路开路，使用万用表欧姆挡测量传感器阻值，阻值正常则检查接线回路；

（4）如果控制面板参数值在正负极限值范围内，使用红外线测温仪测量发电机温度，如果温度确实异常，检查发电机冷却回路；

（5）启动发电机冷却回路测试功能：对于风冷方式机组，检查散热电动机运行是否正常，通风管道连接是否正常；对于水冷方式机组，检查水泵、电动机、温控阀是否正常，检查散热片是否堵塞；

（6）如果发电机轴承温度高，检查轴承是否损坏，轴承润滑是否正常。

（四）发电机电刷故障

造成发电机电刷故障的主要原因有：电刷与滑道之间接触不良，电刷过度磨损，集电环室积炭过多，刷握压力不正常，电刷检测回路故障。

处理方法：

（1）检查电刷与滑道的接触面是否正常；

（2）检查电刷长度是否正常，对磨损严重的电刷进行更换，更换前进行预磨；

（3）检查集电环室内炭粉，定期进行清理；

（4）用弹簧秤检查刷握压力是否符合设备要求；

（5）检查电刷检测回路，对回路接线端子紧固，对损坏的控制器模块、继电器、限位开关进行更换。

（五）发电机超速故障

造成发电机超速故障的主要原因有：变桨机构故障，超速控制回路故障。

处理方法：

（1）定期进行后备电源及变桨功能测试；

（2）检查超速模块、发电机转速传感器、控制器模块是否正常，紧固接线，对损坏的模块及传感器进行更换。

八、液压系统缺陷原因分析及处理方法

液压系统常见的缺陷有液压站漏油，储能器气囊损坏，制动卡钳损坏，打压超时，油温故障，油位低。

（一）液压站漏油

造成液压站漏油的主要原因有：液压站箱体漏油，液压站连接管路松动漏油。

处理方法：紧固箱体螺栓，更换箱体密封圈；加强定期巡视，发现漏油及时处理。

（二）储能器气囊损坏

造成储能器气囊损坏的主要原因有：冲压压力过高。

处理方法：更换储能器，并按照储能器标准压力进行冲压。

（三）制动卡钳损坏

造成制动卡钳损坏的主要原因有：制动片磨损严重，机械卡滞。

处理方法：制动片磨砂盘厚度低于 2mm 及时更换，损坏的制动卡钳返厂修复或直接更换。

（四）打压超时

造成打压超时的主要原因有：油泵、电动机及电磁阀损坏，油管漏油，储能器压力不足，电动机控制回路故障，压力传感器控制回路故障。

处理方法：

（1）检查液压站油位是否正常，管路是否有泄漏；

（2）使用压力表测量储能器压力值是否正常，必要时充压；

（3）启动打压测试，观察电动机运行状态，确定电动机是否损坏；

（4）检查液压电动机控制回路，紧固接线端子，更换损坏的断路器、接触器、控制器模块；

（5）使用压力表在压力测点处测量压力值；

（6）如果使用压力表测量的数值与控制面板参数不一致，表明压力传感器回路不正常，需使用万用表检查传感器或传感器控制回路，紧固回路接线端子，更换损坏的传感器、控制器模块；

（7）如果使用压力表测量的数值与控制面板数值一致，表明压力传感器回路正常，检查泄压阀是否紧固，检查溢流阀是否正常，油泵是否损坏。

（五）油温故障

造成油温故障的主要原因有：加热器控制回路故障，温度传感器控制回路故障。

处理方法：

（1）在控制面板查看温度参数，同时使用红外线测温仪测量油温；

（2）如果数值一致，表明温度传感器控制回路正常，检查加热器加热是否正常；

（3）如果数值不一致，表明温度传感器控制回路不正常，使用万用表检查温度传感

器控制回路，紧固回路接线，对损坏元件或接线及时更换。

（六）油位低

造成油位低故障的主要原因有：正常损耗，液压站、油管、管接头漏油，油位传感器控制回路故障。

处理方法：

(1) 检查液压站油位指示是否正常；

(2) 如果油位指示确实低，需要检查液压站壳体、油管、管接头有无漏油，发现漏油及时处理；

(3) 油位过低及时补油；

(4) 如果油位指示正常，应先使用万用表欧姆挡测量油位传感器阻值，如果阻值为0Ω，则传感器正常，需进一步检查接线控制回路，紧固接线，对损坏元件及时更换。

九、 偏航系统缺陷原因分析及处理方法

偏航系统常见缺陷有偏航减速器损坏，偏航异常噪声，偏航计数器故障，偏航定位不准确。

（一）偏航减速器损坏

造成偏航减速器损坏的主要原因有：偏航减速器载荷大，偏航启动冲击力较大，减速器漏，油偏航控制策略问题。

处理方法：

(1) 检查偏航制动回路压力是否过大，通过调节偏航制动回路压力值来调节偏航阻尼力矩值大小；

(2) 检查偏航制动盘是否卡滞或损坏；

(3) 在偏航电动机控制回路加装偏航软启；

(4) 加强日常巡视检查，及时进行补油；

(5) 优化偏航控制策略。

（二）偏航异常噪声

造成偏航异常噪声的主要原因有：偏航制动片、制动盘磨损严重，粉末淤积，制动卡钳卡滞，偏航阻尼过大，偏航滑板损坏，偏航润滑不良。

处理方法：

(1) 磨砂盘厚度低于2mm更换制动片，制动片要成套更换，对损坏的制动盘进行修复或更换；

(2) 定期清理制动片淤积粉末；

(3) 检查液压回路是否正常，制动卡钳是否损坏，如有损坏进行更换；

(4) 按照厂家标准调节制动卡钳制动压力；

(5) 采用滑动轴承的偏航系统，检查偏航滑板是否损坏；

(6) 风电机组偏航使用正确的润滑油脂，按厂家要求定期对偏航系统进行润滑。

（三）偏航计数器故障

造成偏航计数器故障的主要原因有：连接螺栓松动，异物卡滞，连接电缆损坏，雷击损坏。

处理方法：

(1) 检查偏航计数器支架固定是否牢固，齿间是否有异物；

(2) 检查电缆连接是否良好，控制器模块是否正常；

(3) 检查偏航计数器是否损坏或凸轮位置是否错误；

(4) 按照厂家标准调节凸轮位置，调节完毕后，进行偏航验证。

（四）偏航定位不准确

造成偏航定位不准确的主要原因有：风向传感器故障，偏航阻尼力矩过大或过小，偏航齿圈与偏航驱动齿间间隙过大。

处理方法：

(1) 按照厂家规定标准安装风向传感器，并根据基准点对风向传感器进行调整；

(2) 检查风向传感器支架及接线是否松动；

(3) 检查风向传感器是否有异物，信号是否被阻塞；

(4) 检查风向传感器、控制器模块是否损坏，控制策略是否正确；

(5) 按厂家标准紧固偏航锁紧螺栓力矩或调节制动卡钳压力值；

(6) 测量齿间间隙，如有异常进行调整。

十、 变流器缺陷原因分析及处理方法

变流器常见缺陷有预充电回路故障，主回路故障，滤波回路故障，功率单元故障，电压、电流检测回路故障，DC Chopper 故障，Crowbar 故障，冷却回路故障。

（一）预充电回路故障

造成预充电回路故障的主要原因有：预充电回路元器件损坏，变流器控制回路故障。

处理方法：

(1) 测量预充电回路电源是否正常；

(2) 检查预充电回路断路器状态是否正常；

(3) 检查控制器控制信号状态是否正常；

(4) 检查预充电回路接触器工作状态是否正常；

(5) 使用电感表检查网侧电抗器三相绕组是否平衡；

(6) 检查网侧变频器是否正常；

(7) 检查直流母排电容是否损坏。

（二）主回路故障

造成主回路故障的主要原因有：励磁接触器、变流器控制回路故障。

处理方法：

(1) 检查直流母排电压是否正常；

（2）检查控制器控制信号状态是否正常，模块是否损坏；

（3）检查主回路励磁接触器工作状态是否正常；

（4）使用电感表检查网侧电抗器三相绕组是否平衡。

（三）滤波回路故障

造成滤波回路故障的主要原因有：滤波回路元器件故障，变流器控制回路故障。

处理方法：

（1）检查控制器控制信号状态是否正常；

（2）检查滤波回路接触器工作状态是否正常；

（3）检测滤波电容是否损坏；

（4）检测滤波电阻阻值是否正常。

（四）功率单元故障

造成功率单元损坏故障的主要原因有：功率单元元件损坏，变流器控制回路故障。

处理方法：

（1）检查功率单元外观有无异常；

（2）检查控制器控制信号状态是否正常；

（3）使用万用表测量 IGBT 是否损坏；

（4）检查控制板、驱动板是否损坏。

（五）电压、电流检测回路故障

造成电压、电流检测回路故障的主要原因有：检测回路元件损坏，变流器检测模块故障。

处理方法：

（1）检查电压、电流互感器是否损坏；

（2）检查电压、电流变送单元输出信号是否正常；

（3）检查控制器模块是否损坏。

（六）DC Chopper 故障

造成 DC Chopper 故障的主要原因有：DC Chopper 元件损坏，变流器控制回路故障。

处理方法：

（1）观察控制器故障指示灯是否正常；

（2）使用万用表测量 IGBT 是否正常；

（3）检查放电电阻阻值是否异常；

（4）检查控制器控制信号是否正常。

（七）Crowbar 故障

造成 Crowbar 故障的主要原因有：Crowbar 元件损坏，变流器控制回路故障。

处理方法：

（1）检查 Crowbar 控制器故障指示灯是否正常；

（2）检查 Crowbar 整流管管压降是否正常；

(3) 使用万用表测量 IGBT 是否正常；

(4) 检查放电电阻阻值是否异常；

(5) 检查控制器控制信号是否正常。

(八) 冷却回路故障

造成冷却回路故障的主要原因有：通风窗阻塞，风冷或电动机损坏，泵损坏，水压低。

处理方法：

(1) 检查变流器通风窗、散热器是否阻塞，如有阻塞及时清理；

(2) 启动变流器通风风扇，观察风扇电动机工作状态是否正常；

(3) 检查风扇控制回路状态是否正常；

(4) 检查水冷泵工作状态是否正常；

(5) 检查水冷系统水管有无漏水，管接头是否松动；

(6) 检查气囊工作压力是否在正常范围内，必要时补压，气囊损坏进行更换。

十一、 液压变桨系统缺陷原因分析及处理方法

液压变桨系统常见缺陷有变桨轴承漏油，变桨不同步，变桨无通信。

(一) 变桨轴承漏油

造成变桨轴承漏油的主要原因有：轴承密封圈损坏，注油工艺不合格。

处理方法：检查是否有泄漏点，如有泄漏点进行密封处理，对损坏的密封圈及时更换。严格按照定检标准注油。

(二) 变桨不同步

造成变桨不同步的主要原因有：变桨位置传感器、比例阀损坏，传感器控制回路故障，比例阀控制回路故障。

处理方法：

(1) 风速条件允许情况下，锁定轮毂手动进行变桨测试，观察 3 只叶片是否能够变桨；

(2) 如果 3 只叶片都不能变桨，检查变桨控制回路是否正常，紧固接线，更换损坏控制器模块；

(3) 如果 3 只叶片变桨位置不一致，检查或调节变桨位置传感器。检查比例阀是否损坏，检查比例阀控制回路是否正常。

(三) 变桨无通信

造成变桨无通信故障的主要原因有：轮毂无电源，集电环、轮毂通信模块及主控通信模块损坏。

处理方法：

(1) 检查轮毂控制器电源、断路器是否正常；

(2) 检查集电环是否损坏，对污染的集电环进行清理，对损坏的集电环进行更换；

(3) 检查轮毂通信模块是否损坏；

(4) 检查通信接头是否松动，线缆是否损坏；

(5) 检查主控通信模块是否损坏。

十二、电变桨系统缺陷原因分析及处理方法

电变桨系统常见缺陷有变桨轴承漏油，变桨减速器损坏，后备电源故障，编码器故障，变桨不同步，变桨电动机温度高。

(一) 变桨轴承漏油

造成变桨轴承漏油的主要原因有：轴承密封圈损坏，注油工艺不合格。

处理方法：检查是否有泄漏点，如有泄漏点进行密封处理，对损坏的密封圈及时更换。严格按照定检标准注油。

(二) 变桨减速器损坏

造成变桨减速器故障的主要原因有：变桨载荷大，减速器缺油或漏油。

处理方法：

(1) 检查变桨机构是否卡滞，变桨减速器内部及变桨齿圈是否有异物并进行清理；

(2) 使用塞尺检测啮合间隙并按要求进行调整；

(3) 检查变桨减速器密封情况如有漏油点及时处理；

(4) 检查变桨减速器内部油位并及时进行补油。

(三) 后备电源故障

造成后备电源故障的主要原因有：变桨蓄电池或超级电容损坏，充电器及其回路故障，加热器及其回路故障。

处理方法：

(1) 检查蓄电池或超级电容固定是否牢固，接线是否松动，蓄电池是否变形、漏液；

(2) 通过控制面板检查蓄电池或超级电容电压是否正常，蓄电池可通过内阻检测，如有异常整组进行更换；

(3) 测量充电器输入、输出端电压是否正常，确定充电器是否损坏；

(4) 检查充电回路接线是否松动，控制器模块信号是否正常；

(5) 对加热器进行手动测试，确定加热器及其控制回路是否正常，对损坏的加热器及回路元件进行更换。

(四) 编码器故障

造成编码器故障的主要原因有：编码器本体损坏，编码器信号回路故障。

处理方法：

(1) 检查编码器安装是否到位或松动；

(2) 检查编码器屏蔽线是否完好接地；

(3) 检查变桨编码器是否振动过大，造成编码器本体损坏，无法正常采集信号；

(4) 检测编码器信号回路是否正常，紧固回路接线，对损坏的编码器、控制器模块

进行更换。

（五）变桨不同步

造成变桨不同步的主要原因有：变桨电动机及控制回路故障、减速器损坏，编码器及控制回路故障，变桨中央控制器及回路故障。

处理方法：

（1）风速条件允许情况下，锁定轮毂手动进行变桨测试，观察3只叶片变桨状态；

（2）3只叶片都不能变桨，检查变桨中央控制器及回路是否有故障，紧固接线，更换损坏的元件；

（3）3只叶片变桨角度不一致，对变桨角度错误的变桨电动机、编码器及其控制回路进行检查，紧固端子排，对损坏的变桨电动机、驱动器、编码器、控制器模块进行更换；

（4）某一只叶片不变桨，检查变桨电动机是否损坏，紧固端子接线，对损坏的电动机、驱动器、控制器模块进行更换。

（六）变桨电动机温度高

造成变桨电动机温度高的主要原因有：变桨电动机、减速器损坏，齿间异物，通风电动机及其控制回路故障，温度传感器及其控制回路故障。

处理方法：

（1）在控制面板查看变桨电动机温度参数，同时使用红外线测温仪测量变桨电动机温度值；

（2）如果数值一致，检查变桨轴承是否损坏，变桨电动机、减速器运行声音是否正常，检查通风电动机是否损坏，紧固接线，对损坏的通风电动机、接触器、控制器模块进行更换；

（3）如果数值不一致，检查温度传感器是否损坏，紧固接线，对损坏的传感器、控制器模块进行更换。

第三节　风电机组大部件更换

通过规范大部件更换作业标准，使更换大部件工作做到标准化、规范化，保障作业有序进行，实现文明施工。同时，保障作业安全进行，防止发生人身设备事故，确保风机在今后能够更加稳定的运行。

一、叶片的更换

（一）前期拆除工作

（1）拆除前将风电机组切换至维护状态，并将风电机组监控系统打到就地位置；

（2）将风电机组偏航至合适吊装位置，锁定风轮并激活机械制动；

（3）拆除风轮锁定盘安全挡板；

(4) 根据需要使用叶片机械锁将叶片变桨轴承锁定；

(5) 断开轮毂控制电源，拆除轮毂内阻碍更换叶片的连接附件，对于拆除的电气接线进行记录并做好绝缘措施；

(6) 液压变桨系统风机应拆除与变桨系统连接的液压部件。

(二) 吊卸风轮

(1) 合理安排主吊车、副吊车、风轮支架 3 点站位，避开线路或其他障碍物，防止撞击损伤叶片；

(2) 吊卸前应先将 3 只叶片角度调整至－90°位置，便于风轮落地时的安装施工；

(3) 安装叶片导向绳，便于吊装过程中对风轮整体位置把控；

(4) 打开导流罩的吊装窗口，在上方 2 只叶片根部安装风轮吊装专用吊具（安装方法根据不同机型具体要求执行）；

(5) 拆卸主轴法兰盘的螺栓，先从下半圈开始拆卸，并逐渐对称向两边扩至最上方的螺栓；

(6) 在风轮与主轴法兰分离前做好防止风轮和主轴吊装分离时互相撞击或风轮晃动的安全防护措施；

(7) 拆除主轴法兰连接的剩余螺栓，确保吊卸工序安全可靠的情况下吊卸风轮；

(8) 当最下方叶片叶尖距离地面较近时，用副吊车吊起竖直向下的叶片，主、副吊车配合，将风轮调整至水平状态，放到地面风轮支架上。

(9) 风轮整体落地后如果叶片不能及时更换需要搁置较长时间时，应将 3 只叶片调整至 0°与地面保持水平状态并固定，防止大风造成风轮整体位移。

(三) 拆卸更换叶片

(1) 对于定桨距叶片，不允许将叶尖旋转机构作为吊点，避免对叶尖旋转机构和分切面处的壳体造成严重损伤，对于变桨距风机按照技术要求选择合适的吊点；

(2) 根据叶片质量及实际情况微调吊车的起重力；

(3) 从叶片轴承底部对称拆卸叶片连接螺栓，拆除全部螺栓后，吊车缓慢将叶片水平偏移，使叶片与轮毂完全脱开并放置在预先准备的叶片运输工装上；

(4) 主、辅吊车配合将新叶片放置在适合的安装位置备用，注意新叶片的放置位置需利于叶片安装工作开展；

(5) 将新叶片和轮毂进行组装，必须采用同型号新螺栓并在螺栓尖到根部的 2/3 处涂抹二硫化钼进行润滑；

(6) 按照技术要求对螺栓力矩进行紧固，螺栓力矩紧固顺序如图 11-24 所示（见文后插页）。

(四) 吊装风轮

(1) 调整合适的叶片吊装位置进行起吊，其中 2 只叶片安装保护套，系适合长度的导向绳，控制导向绳防止叶片转动并调整好风轮的方向和位置；

(2) 主吊车起吊风轮，同时副吊车提起垂直向下的叶片；

(3) 风轮离地后，清除轮毂法兰上的锈迹及毛刺并安装导向销；

(4) 副吊配合主吊车，将风轮由水平状态旋转为垂直状态，注意防止叶尖着地，图11-25所示（见文后插图）为调整风轮垂直起吊角度；

(5) 当风轮处于垂直位置时，去除叶尖的保护夹具以及其他辅助装置，辅助吊车脱钩，起吊至机舱轮毂高度；

(6) 风轮与主轴法兰对接时，根据需要随时调整风轮位置及起吊质量；

(7) 通过调节导向绳、升降吊车来调节风轮角度，以便和主轴法兰完全对接；

(8) 恢复轮毂主轴螺栓并紧固力矩，主吊车松钩；

(9) 螺栓力矩应以对角施加的原则进行，按照技术要求逐圈紧固，最终以100%力矩紧固全部螺栓；

(10) 拆除吊具，安装轮毂罩的吊装口，并用密封胶封堵四周缝隙。

(五) 恢复至可运行状态

(1) 校验叶片与轮毂、轮毂与主轴等连接螺栓力矩值；

(2) 恢复拆除的电气接线及液压连接，对控制器进行送电；

(3) 恢复风轮锁定盘安全挡板；

(4) 对风电机组进行变桨测试，检查风轮旋转时是否平稳，应无异声和振动；

(5) 清理工器具及现场遗留的垃圾等废弃物；

(6) 运行风电机组，观察机组并网情况。

(六) 主要施工机具清单

更换叶片主要施工机具清单见表11-1。

表11-1　主要施工机具清单

序号	名称	单位	数量	备注
1	主吊车	台	1	根据专业机型选择合适规格型号的工器具
2	辅吊车	台	1	
3	拖板车	台	1	
4	对讲机	部	6	
5	电动扳手	套	2	
6	液压扳手	台	2	
7	吊带	条	适当数量	
8	棕绳	根	2	
9	叶片护具	套	2	
10	叶片支架	套	1	
11	常用工具	套	适当数量	
12	卸扣	个	适当数量	
13	倒链	个	2	

二、 轮毂的更换

（一）前期拆除工作

更换轮毂的前期拆除工作内容与更换叶片的前期拆除工作内容相同，此处不再详细说明。

（二）吊卸风轮

更换轮毂的吊卸风轮内容与更换叶片的吊卸风轮内容相同，此处不再详细说明。

（三）拆除叶片

（1）主、副吊车分别在叶片的两侧挂上吊带，对于定桨距叶片，不允许将叶尖旋转机构作为吊点，避免对叶尖旋转机构和分切面处的壳体造成严重损伤，对于变桨距风机按照技术要求选择合适的吊点；

（2）根据叶片质量及实际情况微调吊车的起重力；

（3）从叶片轴承底部对称拆卸叶片连接螺栓，拆除全部螺栓后，吊车缓慢将叶片水平偏移，使叶片与轮毂完全脱开并放置在预先准备的叶片运输工装上；

（4）根据以上方法分别拆卸另 2 只叶片。

（四）新轮毂安装叶片

（1）恢复新轮毂内部组件；

（2）清洗、润滑新轮毂法兰盘螺纹孔；

（3）主、辅吊车配合将新轮毂放置在合适的安装位置备用，注意新轮毂的放置位置需利于叶片安装工作开展；

（4）将叶片和新轮毂进行组装，必须采用同型号新螺栓并在螺栓尖到根部的 2/3 处涂抹二硫化钼进行润滑；

（5）按照技术要求对螺栓力矩进行紧固。

（五）吊装风轮

更换轮毂的吊装风轮与更换叶片的吊装风轮内容相同，此处不再详细说明。

（六）恢复至可运行状态

更换轮毂的恢复运行与更换叶片的恢复运行内容相同，此处不再详细说明。

（七）主要施工机具清单

更换轮毂主要施工机具清单见表 11-2。

表 11-2　　主要施工机具清单

序号	名称	单位	数量	备注
1	主吊车	台	1	根据专业机型选择合适规格型号的工器具
2	辅吊车	台	1	
3	拖板车	台	1	
4	对讲机	部	6	

续表

序号	名称	单位	数量	备注
5	电动扳手	套	2	根据专业机型选择合适规格型号的工器具
6	液压扳手	台	2	
7	吊带	条	适当数量	
8	棕绳	根	2	
9	叶片护具	套	2	
10	叶片支架	套	1	
11	常用工具	套	适当数量	
12	卸扣	个	适当数量	
13	倒链	个	2	

三、主轴的更换

（一）前期拆除工作

（1）拆除前，将风电机组切换至维护状态；

（2）将风电机组偏航至合适吊装位置，激活高速轴制动；

（3）拆除机舱盖螺栓、接地线螺栓；

（4）拆除主轴安全盖板；

（5）断开系统电源，拆除各传感器、加热器等接线，拆除与轮毂内相关附件，对于拆除电气接线进行记录并做好绝缘措施，断开电源开关如图 11-26 所示（见文后插页），拆除的接线如图 11-27 所示（见文后插页）；

（6）液压变桨系统风机应拆除变桨缸等液压连接，电变桨系统风电机组应拆除轮毂变桨集电环；

（7）拆除风速仪接线并将风速仪接线固定在机舱罩上，排出冷却系统冷却液并拆除与机舱罩相连的冷却系统管路接头；

（8）齿轮箱—主轴连接使用液压锁紧盘的应按照技术要求排出油室内液压油并拆卸锁紧盘，齿轮箱—主轴连接使用机械锁紧盘的应按照技术要求均匀对锁紧螺栓进行拆卸；

（9）拆除齿轮箱两侧支臂固定螺栓，拆除联轴器等连接附件；

（10）拆除齿轮箱电气接线，记录并做好绝缘措施；

（11）拆除影响吊装的齿轮油管路等附件的连接。

（二）吊卸风轮

更换主轴吊卸风轮内容与更换叶片的吊卸风轮内容相同，此处不再详细说明。

（三）吊卸传动链

（1）安装机舱罩吊具，固定好机舱罩晃绳，吊卸机舱罩；

（2）拆卸主轴及齿轮箱两侧支撑臂固定螺栓；

（3）将吊具安装到传动链吊装孔内，确保安装牢固；

(4) 调整吊车受力中心点及传动链角度，将传动链吊卸；

(5) 传动链放到地面时，用枕木或其他物品垫好，确保底部油管和接头不受挤压损坏。

(四) 更换主轴

(1) 松开锁紧盘：机械锁紧盘在松开的时候，必须要循序渐进逐圈对锁定螺栓进行松动，防止收缩盘内环与外环出现卡死，液压锁紧盘泄压的时候应做好费油回收，防止泄漏；

(2) 利用吊车适当调整起重力并缓慢移动将主轴与锁紧盘脱离开并安放妥当；

(3) 安装新主轴，清理新主轴及锁紧盘装配面杂物，保持清洁度；

(4) 利用吊车适当调整起重力并缓慢移动将新主轴与锁紧盘恢复安装；

(5) 检查主轴安装是否到位，安装间隙是否正常，测量安装间隙如图 11-28 所示(见文后插页)；

(6) 恢复锁紧盘：机械锁紧盘按照技术要求紧固收缩盘螺栓至规定力矩值；液压锁紧盘按照技术要求恢复到规定压力。

(五) 吊装传动链

(1) 安装调整好传动链吊具；

(2) 调整好传动链吊点并将卡扣与齿轮箱吊点可靠连接；

(3) 调整传动链吊装角度至合适位置；

(4) 利用吊车适当调整起重力将传动链吊装至机舱内，应随时调整角度，防止与其他设备发生碰撞；

(5) 将传动链缓慢放置到安装位置，调整好安装位置后，恢复安装传动链与主机架固定螺栓；

(6) 恢复机舱罩的吊装安装工作，起吊后根据机舱罩摆动情况适当调整风绳拉力，确保平稳安装，恢复机舱罩连接螺栓；

(7) 按照技术要求将固定螺栓恢复至规定力矩值。

(六) 吊装风轮

更换主轴吊装风轮内容与更换叶片的吊装风轮内容相同，此处不再详细说明。

(七) 恢复至可运行状态

(1) 电变桨系统连接变桨集电环，恢复接线，液压变桨系统恢复变桨缸、油管等附件；

(2) 恢复齿轮箱、主轴连接附件并紧固安装；

(3) 恢复拆除的电气接线，对控制器进行送电；

(4) 对发电机—齿轮箱进行轴对中，记录对中数据；

(5) 对风电机组进行变桨测试，检查风轮、传动链旋转时是否平稳，应无异声和振动；

(6) 清理工器具及现场遗留的垃圾等废弃物；

(7) 将风电机组退出服务模式并运行风机，观察机组并网情况。

（八）主要施工机具清单

更换主轴主要施工机具清单可参照表 11-2。

四、齿轮箱的更换

（一）前期拆除工作

(1) 拆除前将风电机组切换至维护状态，并将风电机组监控系统打到就地位置；

(2) 拆除机舱盖螺栓、接地线螺栓；

(3) 将风电机组偏航至合适吊装位置，锁定风轮锁；

(4) 将液压站泄压，拆除高速轴制动器影响吊装的连接油管。

（二）吊卸齿轮箱

(1) 在吊车性能范围内，安排主吊车站位，避开线路或其他障碍物；

(2) 根据风电机组设计情况，能够单独更换齿轮箱的，只需拆卸齿轮箱两侧支撑臂固定螺栓；对于需要将齿轮箱与主轴同时吊卸的，应同时拆卸主轴支座螺栓，这种情况下应先吊卸风轮；

(3) 安装机舱罩吊具，固定好机舱罩晃绳，吊卸机舱罩；

(4) 将吊具通过卡扣连在齿轮箱吊点上，确保吊点受力均匀平稳吊卸齿轮箱；

(5) 当锁紧盘与主轴分离后，必须将锁紧盘与齿轮箱固定牢固，注意随时调节吊车的起重力；

(6) 齿轮箱起吊后，应控制与机舱内其他设备保持一定距离，将齿轮箱调整至水平状态；

(7) 齿轮箱完全起吊至机舱以外后匀速下落，安放到地面齿轮箱运输工装并固定。

（三）吊装新齿轮箱

(1) 安装齿轮箱吊具；

(2) 调整好齿轮箱吊点并将卡扣与齿轮箱吊点可靠连接；

(3) 新齿轮箱起吊时，检查齿轮箱吊起是否在正确的倾斜角度并适当调整；

(4) 控制起吊速度平稳起吊齿轮箱；

(5) 齿轮箱与主轴安装前，检查主轴损伤情况并对主轴装配面圆滑度修复，对污物进行清理；

(6) 利用吊车适当调整起重力并缓慢移动将新齿轮箱锁紧盘与主轴恢复安装；

(7) 检查主轴安装是否到位，安装间隙是否合格；

(8) 调整齿轮箱安装角度，平稳地安装到主轴上；

(9) 齿轮箱吊装到机舱后，恢复安装齿轮箱两侧支臂，并按照技术要求紧固支臂固定螺栓；

(10) 恢复锁紧盘：机械锁紧盘按照技术要求紧固收缩盘螺栓至规定力矩值，液压锁紧盘按照技术要求恢复到规定压力；

（11）对于需要将齿轮箱与主轴同时吊装的，应先在地面完成新齿轮箱与主轴的装配工作；

（12）恢复机舱罩的吊装安装工作，起吊后根据机舱罩摆动情况适当调整风绳拉力，确保平稳安装，恢复机舱罩连接螺栓。

（四）恢复至可运行状态

（1）恢复机舱盖相连接的照明接线、传感器线、接地线、散热管路等；

（2）恢复拆除的各传感器、加热器等接线，恢复拆除的轮毂内相关附件，恢复拆除的电气接线；

（3）恢复齿轮箱其他连接附件；

（4）电变桨系统连接变桨集电环，恢复接线，液压变桨系统恢复变桨缸等附件；

（5）恢复拆除的电气接线，对控制器进行送电；

（6）恢复联轴器安装，对发电机—齿轮箱进行轴对中，记录对中数据；

（7）对风电机组进行转动测试，检查齿轮箱旋转时是否平稳，应无异声和振动，检查联轴器转动情况，应没有异声并不得有跟其他部件摩擦声；

（8）检查齿轮油位是否正常；

（9）检查齿轮箱各传感器、压力开关工作是否正常；

（10）对齿轮箱油泵电动机、散热风扇电动机进行试验，检查转动情况；

（11）清理工器具及现场遗留的垃圾等废弃物；

（12）将风电机组退出服务模式并运行风机，观察机组并网情况。

（五）主要施工机具清单

主要施工机具清单见表11-3。

表11-3　　主要施工机具清单

序号	名称	单位	数量	备注
1	主吊车	台	1	根据专业机型选择合适规格型号的工器具
2	拖板车	台	1	
3	对讲机	部	6	
4	电动扳手	套	1	
5	液压扳手	台	1	
6	吊带	条	适当数量	
7	棕绳	根	适当数量	
8	低压油泵	套	1	
9	高压油泵	套	1	
10	常用工具	套	适当数量	
11	卸扣	个	适当数量	
12	倒链	个	适当数量	

五、发电机的更换

（一）前期拆除工作

（1）将风电机组停机，并切换到就地位置；

（2）将风电机组偏航至合适吊装位置，激活高速轴制动；

（3）拆除机舱盖螺栓、接地线螺栓；

（4）断开系统电源，拆除定、转子接线，拆除辅助接线盒内温度传感器、加热元件、编码器和通风电机的接线并做好标记，对拆除的电气接线进行记录并做好绝缘措施；

（5）拆除风速仪接线并将风速仪接线固定在机舱罩上；

（6）排出冷却系统冷却液并拆除与机舱罩相连的冷却系统管路接头；

（7）风冷发电机：拆除发电机排风筒的软管连接。水冷发电机：应关闭发电机进水阀，并排尽发电机内部冷却水，拆除冷却水管连接。

（8）应拆卸联轴器及联轴器附件，并拆除发电机地脚螺栓；直驱风电机组应拆除轮毂内变桨集电环等附件连接。

（二）吊卸发电机

（1）在吊车性能范围内，安排主吊车站位，避开线路或其他障碍物；

（2）连接机舱罩吊点并调整起吊水平度，起吊后根据机舱罩摆动情况适当调整两侧风绳拉力，确保机舱罩平稳吊下；

（3）将吊具通过卡扣连在发电机吊点上，确保安装牢固；

（4）直驱风电机组应先吊卸风轮后再进行发电机吊装；

（5）起吊前调整好吊车重心垂直度，避免起吊后发电机横向偏移；

（6）发电机起吊后，应控制与机舱内其他设备保持一定距离，将发电机调整至水平状态；

（7）发电机完全起吊至机舱以外后匀速下落，安放到地面发电机支架上并固定。

（三）吊装新发电机

（1）安装发电机吊具；

（2）调整好发电机吊点并将卡扣与发电机吊点可靠连接；

（3）新发电机起吊时，适当调整发电机水平角度；

（4）控制起吊速度平稳起吊发电机；

（5）发电机安放到基座前，对基座的污物进行清理干净；

（6）调整发电机摆放位置，平稳地安装到机架上；

（7）发电机吊装后应恢复安装发电机地脚螺栓，并按照技术要求紧固地脚螺栓；直驱风电机组发电机吊装后应恢复发电机与机舱连接螺栓；

（8）直驱风电机组吊装完新的发电机后应恢复风轮的吊装工作；

（9）恢复机舱罩的吊装安装工作，起吊后根据机舱罩摆动情况适当调整风绳拉力，确保平稳安装，恢复机舱罩连接螺栓。

（四）恢复至可运行状态

（1）恢复与机舱盖相连接的照明接线、传感器线、接地线、散热管路等；

（2）恢复拆除的各传感器、加热器等接线，恢复定、转子接线；

（3）风冷发电机：恢复发电机排风筒的软管连接。水冷发电机：应恢复冷却水管连接，打开发电机进水阀。

（4）恢复拆除的电气接线，对控制器进行送电；

（5）恢复联轴器安装，对发电机—齿轮箱进行轴对中，记录对中数据；

（6）直驱风电机组需恢复变桨集电环等附件连接；

（7）对发电机轴承进行润滑，检查自动润滑系统是否正常工作；

（8）对风电机组进行转动测试，检查发电机旋转时是否平稳，应无异声和振动，检查联轴器转动情况，应没有异声并不得有跟其他部件摩擦声；

（9）检查发电机集电环加热器、温度传感器、通风电动机、编码器等信号是否正常；

（10）对发电机排风筒电动机、散热片冷却电动机、冷却水泵进行试验，检查转动情况、冷却水无泄漏、冷却水压力在范围内；

（11）清理工器具及现场遗留的垃圾等废弃物；

（12）将风电机组退出服务模式并运行风机，观察机组并网情况。

（五）主要施工机具清单

主要施工机具清单见表 11-4。

表 11-4　　主要施工机具清单

序号	名称	单位	数量	备注
1	主吊车	台	1	根据专业机型选择合适规格型号的工器具
2	拖板车	台	1	
3	对讲机	部	6	
4	力矩扳手	套	1	
5	吊带	条	适当数量	
6	棕绳	根	适当数量	
7	棘轮扳手	套	适当数量	
8	套筒组合	套	1	
9	常用工具	套	适当数量	
10	卸扣	个	适当数量	
11	倒链	个	适当数量	

六、风机变压器的更换

（一）前期拆除工作

（1）得到工作许可人停电通知，确定线路已停电，取下变压器高压侧跌落式熔断器；

(2) 挂接地线，并设专人监护，挂接地线时，应先挂接地端、后挂导线端，接地线应接触良好，连接要可靠，不准缠绕；

(3) 拆除变压器台上变压器的一、二次引线；

(4) 拆除变压器外壳接地线和零线辅助接地线；

(5) 拆除变压器底座固定螺栓。

(二) 吊卸变压器

(1) 在吊车性能范围内，安排主吊车站位，避开线路或其他障碍物；

(2) 连接变压器吊点并调整起吊水平度，确保变压器平稳吊下；

(3) 将吊具通过卡扣连在变压器吊点上，确保吊点受力均匀平稳吊卸变压器；

(4) 变压器起吊后，应控制与周围其他设备保持一定距离，将变压器调整至水平状态；

(5) 变压器完全起吊至围栏以外后匀速下落，安放到变压器支架上并固定。

(三) 吊装变压器

(1) 调整好变压器吊点并将卡扣与变压器吊点可靠连接；

(2) 新变压器起吊时，适当调整变压器水平；

(3) 控制起吊速度，平稳起吊变压器；

(4) 变压器安放到基座前，对基座的杂物清理干净；

(5) 调整变压器安放角度，平稳地安放到变压器台上；

(6) 恢复安装变压器地脚螺栓，并按照技术要求紧固地脚螺栓。

(四) 恢复至可运行状态

(1) 恢复变压器的一二次引线安装；

(2) 恢复变压器外壳接地线和零线辅助接地线安装；

(3) 拆除临时接地线；

(4) 送电工作负责人向工作许可人汇报，工作已结束，所做安全措施已拆除，工作人员已全部撤离；

(5) 变压器具备带电条件，检查送电后，测量低压侧电压是否合格；

(6) 变压器运行声响应无异常和放电现象，变压器无渗油现象；

(7) 新变压器投入运行后，应加强巡视。

(五) 主要施工机具清单

主要施工机具清单见表 11-5。

表 11-5　主要施工机具清单

序号	名称	单位	数量	备注
1	绝缘电阻表	台	1	根据专业机型选择合适规格型号的工器具
2	电焊机	台	1	
3	钢丝绳	根	适当数量	

续表

序号	名称	单位	数量	备注
4	角向磨光机	台	1	根据专业机型选择合适规格型号的工器具
5	接地线	组	适当数量	
6	倒丝	个	1	
7	千斤顶	套	1	
8	绝缘操作杆	副	适当数量	
9	验电器	把	适当数量	
10	常用工具	套	适当数量	

第四节　风电机组安全事故及预防

从近年的风电机组安全事故中可以看出，发生风电机组安全事故的主要表现为风电机组着火、飞车、倒塔、叶片及轮毂脱落、人员触电、高空坠落、机械伤害等。为提升风电机组的安全性能，机组设计时考虑到了这些情况，在安全方面进行了冗余设计。但在已经投运的机组中，由于设计理念落后、运行环境复杂、部件可靠性降低等情况，出现了一系列机组着火、倒塔、飞车等恶性事故。本节将从防止发生风电机组恶性事故的技术角度着手，介绍当前为防止这些恶性事故发生的前沿技术和应对措施，为防止发生风电机组恶性事故提供技术参考。

一、 防止风电机组着火

随着风电机组装机容量的增加和风电机组服役年龄的增长，火灾风险越来越引起运营商的关注。国能安全（〔2014〕161 号）《防止电力生产事故的二十五项重点要求》中的 2.11.11 条款明确要求，风电机组机舱、塔筒内应装设火灾报警装置和灭火装置。

（一）着火的原因

风电机组着火的原因主要有以下几个方面：

1. 常见着火点引起着火

（1）风电机组因长期运行，电气连接部位会产生过热现象；

（2）风电机组因长期运行，各个部件反复性的承受着机械摩擦；

（3）风电机组暴露在自然环境下，加上风电机组和叶片本身的高度，极易遭受雷击；

（4）风电机组的电气连接部件、线路连接短路，产生短路电弧。

2. 风电机组本身存在的易燃材料

（1）被油污染的保温隔声泡沫及保温材料；

（2）液压系统的油污，如制动系统，当该系统有任何损坏或温度偏高，液压管的高压能导致液压油以雾状的形式被挤出，这可能会导致火灾的快速蔓延；

（3）炭粉以及易燃杂物也会因局部环境的急剧变化而着火；

(4) 轴承润滑脂溢出或轴承室内阻塞造成润滑脂高温汽化。

(二) 防火措施及灭火剂的选择

1. 防火措施

(1) 使用不可燃或不易燃的材料，如使用分段阻燃式电缆，防火涂料；

(2) 定期进行专业维护；

(3) 一旦确定火灾隐患，立即关闭风电机组并完全断开线路电源；

(4) 进行定期的岗位消防培训，以应对防火情况；

(5) 正确选择及熟练使用防火、灭火器材。

2. 灭火剂的选择

目前，市场主流的灭火剂有液体灭火剂（主要是水）、固体灭火剂（主要有干粉和超细干粉）、气体灭火剂（主要有二氧化碳、七氟丙烷、气溶胶等）等，灭火剂灭火特性各异，适用于不同的应用环境。

(三) 防火系统保护范围

风电机组防火系统可以分为局部保护和全范围保护。局部保护是重点保护控制柜等封闭空间系统，但由于齿轮箱和制动器处于半开放式空间中，局部保护不能保护这些危险点，所以推荐机舱防火系统采用全范围淹没式的灭火系统。塔筒底部处于地平面，可以采用常规的灭火装置。

机舱防火系统主要由三部分组成：火灾探测传感器、灭火控制装置、灭火剂。以气溶胶为灭火剂风电机组机舱灭火系统，可扑灭机舱内各类火灾，灭火后对设备无污染。

1. 火灾探测传感器

火灾探测传感器一般包括感温探测器、感烟探测器。

感烟探测器一般布置两只，分别布置在主轴制动器上方和顶部排风口附近。

感温探测器为定温探测器，根据不同的机型布置多只，一般应布置的位置为：制动系统、液压系统、高速轴承等。

2. 灭火控制装置

灭火控制装置对感温探测器和感烟探测器的信号进行实时分析判断，根据不同的信号组合做出判断。当做出最终起火判断时，发出信号通知风电机组主控系统进行停机，经过一段时间的延时，灭火控制装置发出灭火剂启动信号，灭火剂开始喷放。

灭火控制装置上可设置一对触点与后台通信远传接点联动，当有人上机舱前，将维保开关旋转到维保位置，此时灭火控制装置将不再启动，直到维护人员退出机舱，将维保开关旋转到工作位置。

3. 灭火剂

灭火剂应以成本低、适应性广、易于维护，对人伤害小、误喷后人可逃生、对精密电气仪表设备无损害、灭火后恢复成本低等原则进行选择。

二、 防止风电机组倒塔

塔筒作为风电机组的主要支撑结构，其结构的安全可靠是确保风电机组正常运转的关键因素。塔基沉降和塔筒过大的倾斜变形都会影响风电机组的正常运行，严重时会导致整机的倾倒，从而造成重大的经济损失，对行业造成不良影响。

（一）倒塔事故的主要原因

结合目前风电现场所发生的风电机组倒塔事故原因进行分析，造成风电机组设备倒塔事故的主要原因有以下三种。

1. 设计原因

由于地形复杂造成的湍流较大，对机组的振动影响超过了设计范围，甚至引起塔筒共振，从而造成倒塔。在台风、地震地区未进行特殊的强度设计。控制系统参数设定不当导致机组的振动过大。基础设计不当或地勘不准确，导致基础不能满足整机承载能力。

2. 质量原因

风电机组在制造过程中塔筒及法兰材质质量不合格，塔筒连接螺栓强度、焊缝工艺不达标。

3. 管理原因

首先，设备监造不严、出厂监测项目不全、施工管理缺失、验收把关不严，造成设备制造质量、施工质量不满足要求。其次，对塔筒的日常维护和巡检不到位。尤其是塔筒的法兰、焊缝、螺栓力矩检查不到位，对于振动故障不做深入分析，往往造成小故障引发大事故的发生。

[例 11-3] 2010 年 1 月，某风电场发生倒塔事故。经分析事故的主要原因为：

(1) 塔架制造以及螺栓质量不符合要求。

(2) 塔筒螺栓力矩不足，造成部分螺栓松动，现场倒塔如图 11-29 所示（见文后插页）。

[例 11-4] 2016 年 2 月，山西某风电场项目某风电机组倒塔，如图 11-30 所示（见文后插页），风电机组从底部法兰距底部塔筒焊口 30mm 处断裂，折断后向东北方向倒塔，塔筒变形，叶片、机舱和轮毂等设备部分损坏，并将相邻的箱式变压器和集成线路铁塔压损。分析显示，此次事故的直接原因是设备和原材料监督检查验收制度执行不严格、风电机组启动调试制度执行不到位、人员技术业务不足等间接原因也造成了倒塔事故的发生。

（二）防止机组倒塔措施

1. 设计监造安装阶段

(1) 设计选型时应针对可研环境工况进行详细设计，加强对塔筒、法兰及叶片的质量管理，严把设备质量关。

(2) 控制好施工进度，严禁盲目抢工期。要严格执行批复的里程碑进度计划，根据项目特点合理安排工期。在建项目做好优化设计、现场质量管理、风电机组验收管理。

2. 运行监控方面

(1) 风电机组投运前，要求风电机组维保人员严格按照设备技术要求进行超速、安全链等保护试验，试验不合格的机组严禁并网运行。

（2）加强运行监控管理。必须认真查看各类报警信息，风电机组脱网后必须监视风电机组的桨叶和转速，确认风电机组收桨停机；在风电机组待机、并网、脱网、停机过程加强监控，观察参数变化趋势，发现异常应立即通知检修人员确认，做到早发现、早汇报、早处理，发现桨叶不能回桨和超速应立即启动应急预案。

（3）根据实际情况修编完善运行规程，明确风电机组保护控制逻辑、风电机组启停、复位原则。

3. 检修维护方面

（1）风电机组检修人员应严格执行风电机组检修相关规定和工艺要求，检修完毕的风电机组应进行验收，验收项目应包含相关试验、保护传动等，试验和保护传动等情况应填入风电机组档案。

（2）巡检中发现风电机组运行声音或振动明显偏大时，必须立即停机并对机组进行检查，未查明原因消除故障前，不得投入运行。

（3）发生暴雨、台风、地震等灾害时，应立即开展风电场边坡、风电机组基础等安全检查，发现隐患必须立即处理，确保风电机组的安全。

（4）变桨系统应定期维护和试验。电气变桨系统：变桨电池（超级电容）应定期测试和更换；变桨集电环到轮毂内的电缆应定期进行检查，发现有绝缘破损、扭结、通信闪断、集电环磨损应及时查明原因进行处理或更换；变桨电源开关跳闸应查明原因，不得盲目送电。液压变桨系统：定期进行系统压力测试、变桨系统各类阀体的功能测试等。

发生安全链动作停机的风电机组，除查明动作原因外，还应调取数据分析桨叶的收桨速度，是否满足系统要求。

（5）测试机械制动系统功能是否正常，制动片和制动盘定期进行磨损厚度测试、不合格的制动片应进行更换，紧急停机后进行检查制动片厚度传感器应保证完好，报警信号正确。

（6）确保机组保护功能完好，对于超速保护，振动保护应对检测元件、逻辑元件、执行元件进行整体功能测试。加强保护定值管理，严禁擅自修改保护定值，不得解除保护、屏蔽信号等。

（7）叶轮或发电机超速时，如超速保护未动作，应触发安全链紧急停机。

（8）风电机组脱网后超速时，在触发安全链紧急停机无效时，设法偏航偏离主风向。

（三）防止倒塔的技术手段

目前针对风电机组倒塔事故主要以预防性观测为主。

1. 风电机组运行数据分析

通过对风电机组运行数据分析，重点分析塔架受力、振动趋势等情况，对受力较大方向的螺栓、法兰等关键部位加强检查，为风电机组定检提供技术指导。

2. 塔筒形态监测

塔筒形态监测是目前防止风电机组倒塔的一种有效技术手段，主要通过加装相应的传感器对塔筒垂直度、摆动值等方面进行时时监测，并分析传感器实测的瞬时数据，实现报警或停机功能，防止塔筒出现大角度倾斜或者摆动，从而引起后期的倒塔事故。

3. 开展基础沉降观测

通过定期对风电机组沉降观测数据进行趋势分析，发现数值变化趋势较大时，应进行停机对基础进行检查处理，防止由于基础沉降所造成的倒塔事故。

三、 防止风电机组飞车

风电机组在制动（空气制动和机械制动）不起作用情况下，风轮转速继续上升，且处于失控状态，称之为“飞车”，飞车事故是风电机组极其危险的设备事故。机组在发生飞车时，随着转速不断上升，传动系统将出现超温情况，极易引发机组火灾。同时，叶片因严重超载而发生断裂，机组将失去平衡，还能引发机组倒塔。

（一）引发风电机组飞车的原因

变桨系统故障导致3只叶片不能及时顺桨或叶尖制动，机组转速不受控制，最终引发飞车事故。主要原因如下。

1. 变桨系统故障

由于变桨系统机械、电气、液压故障等导致变桨系统失效，当风电机组突发故障停机时，桨叶不能及时回桨，引起超速飞车。

2. 控制系统故障

由于通信集电环、光纤、网线、通信模块或PLC故障，导致主控系统与变桨系统之间的通信信息出现丢失，当风电机组故障需要停机时，机组不能及时顺桨停机会导致超速飞车。

3. 安全链失效

风轮超速保护与发电机超速保护作为风电机组安全链中的重要保护节点，如果两个节点同时失效，导致紧急停机程序不能触发，引起风电机组超速飞车。

（二）风电机组飞车预防措施

（1）制动系统、转速检测装置各元件应完好；

（2）定期对制动系统和变桨系统进行测试；

（3）对变桨后备电源及蓄能装置进行检查及测试；

（4）弹性联轴器应连接牢固、可靠，保证差动保护系统工作良好；

（5）定期测试急停按钮，保证桨叶能迅速、准确回到预定位置；

（6）不能擅自改动任何保护定值，不能解除控制系统的任何保护；

（7）在风电机组调试时，必须做风电机组超速保护试验，以确保超速保护全部可以正常工作。并按一定的时间间隔，定期作超速保护试验；

（8）制动装置固定应良好，无松动，制动片各项指标符合要求，对不符合设备技术标准的及时更换；

（9）液压系统故障处理后必须校验各电磁阀动作的可靠性。

（三）防止风电机组飞车技术手段

（1）风电机组叶轮转速超出规定数值，并且超速保护拒动，机组具备自动联锁偏航的方式停机；

（2）变桨控制策略增加有效应对突发性风速变化的功能设计；

（3）机组尽量配备2套及以上的超速保护系统且运行正常。

四、防止风电机组叶片或轮毂脱落

风轮是风电机组关键的部件，叶片及轮毂担任着获取和转换能量的重要角色。运行中由于风载荷的突变，材料的机械疲劳，制造质量及自然界雷电等原因，导致风电机组叶片及轮毂损坏或脱落事故时有发生。

（一）引起风电机组叶片和轮毂脱落的原因

1. 叶片脱落的原因

（1）叶片缺陷。

叶片本身制造质量存在缺陷，如气泡、褶皱、裂纹、空洞等问题长时间运行导致叶片开裂折断；叶片长期载荷过大，超出叶片疲劳强度，运行中叶片出现断裂；叶片表面覆冰、雷击等外界因素导致叶片损坏脱落。

（2）连接螺栓。

叶片与轮毂之间一般通过高强度螺栓连接。连接螺栓强度低、连接螺栓松动、未定期按规定紧固螺栓力矩等原因导致叶片与轮毂连接螺栓断裂，叶片脱落。

（3）变桨轴承损坏。

变桨距风电机组叶片通过变桨轴承与轮毂连接，变桨轴承质量缺陷、制造强度不够、日常维护不到位、机械磨损卡滞等原因导致变桨轴承损坏，在风电机组运行过程中，也会导致叶片脱落。

2. 轮毂脱落的原因

（1）连接螺栓。

长时间运行，导致连接螺栓松动，使轮毂产生额外的作用力，造成螺栓机械性损伤。同时维护中连接螺栓的力矩值不准确，螺栓未按标准涂抹润滑剂及螺栓本身存在质量问题，都会导致轮毂脱落。

（2）轮毂缺陷。

因轮毂制作时所采用的材料不同，会造成轮毂质量的差异，如果轮毂在设计时对受力分析不充分或分析不准确，没有对轮毂的极限载荷进行测试，制造出来的轮毂本身疲劳载荷不够，导致轮毂脱落。

（3）主轴缺陷。

风电机组所用的同一批次的主轴在锻造过程中也会存在不同的差异，由于锻造环境及工艺的问题，易出现锻造不均匀、砂眼、气泡等质量问题，在风电机组运行中，也会出现因主轴断裂而导致轮毂脱落。

（二）风电机组叶片或轮毂脱落预防措施

（1）风电机组主机在设备选型时应符合设计要求。在招标时应选择技术成熟、具有专业资质的厂商；

（2）连接件的强度应满足设计要求，预紧力矩和最终力矩的工艺及标准严格按照安装作业指导书进行；

（3）建立完善的风电机组巡检、定检及机务技术监督制度。巡检、定检中加强对桨叶外观和声音的检查。发现有螺栓松动、损伤、断裂现象时，应进行全面检查，必要时对全部连接螺栓进行更换；

（4）出现雾、雪、雷击等恶劣天气，应加强对风电机组桨叶进行专项检查；

（5）实时监控机舱振动，发现异常应查找原因并处理；

（6）桨叶损坏修复时，应控制修补材料质量，更换叶片时，应尽可能成组更换，保证修复及更换后叶片组动平衡不被破坏。

（三）防止风电机组叶片或轮毂脱落技术手段

（1）采用超声波、红外成像、电磁射线等无损检测技术定期对轮毂及叶片进行检测；

（2）采用风电机组振动监测技术，监测分析机组振动情况；

（3）基于声发射现象的螺栓断裂检测技术。具有无损检测的特征，采集风电机组连接螺栓断裂过程中释放的声发射信号，基于大量实验数据，对螺栓的连接状态进行实时检测，保证风电机组安全运行；

（4）定期对叶片所承受的载荷进行检测，可使用光纤检测等新方法对叶片进行检测。

五、 防止机组安全事故的常规检测技术

在风电场实际运行过程中，风电机组关键部件的损坏将造成严重的后果，预防性检测在机组运行过程中起着至关重要的作用。目前，针对风电机组的无损检测方法主要有：超声波检测技术、红外线检测技术、磁粉探伤检测技术、X 射线检测技术、声发射检测技术、光纤传感器检测技术等。

（一）超声波检测技术

超声波检测技术是建立在超声波的基础上的高精度检测技术。超声波是一种弹性波。它的传播机理是超声波探头产生的高频振动引起接触材料的振动，根据惠更斯原理，超声波可以在介质中不断向前传播。超声波具有类似电磁波的性质，如反射，折射和衍射等。超声波检测技术正是利用了它的这些性质。和其他的检测方法相比，超声波无损检测技术具有更广泛的应用性，超声波无损检测的优点是适用范围广，无论是金属、非金属还是复合材料都可以应用超声波进行检测；对人体及环境无害；设备轻便，可以实现现场检测。

在风电机组中，超声波检测技术常用来检测塔架、轮毂、主轴、主梁、叶片等部件是否存在裂纹、焊接不良、锻造裂纹等缺陷。

［例 11-5］ 超声波检测技术在叶片无损检测的应用。

针对风电机组叶片结构尺寸特征，可用于风电机组叶片缺陷的超声波检测方法有：脉冲回波法、空气耦合超声波检测法以及激光超声法。

脉冲回波法是通过分析进入材料内部声波的反射回波特征来定性、定量分析缺陷，其检测灵敏度高、耦合方式简单（风电机组叶片的检测过程中一般采用喷水耦合），是风电叶片检测最常用的一种无损检测方法，需要不断移动探头，检测效率相对较低、覆盖面积小。其原理如图 11-31 所示。

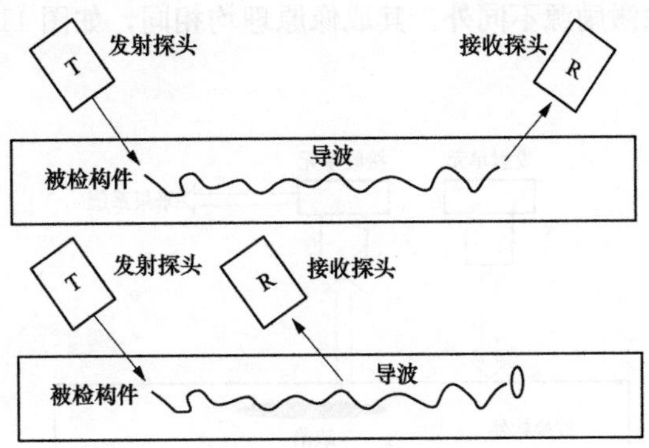

图 11-31　脉冲回波法

空气耦合超声波检测是以空气作为耦合介质的一种非接触无损检测方法。由于空气与被检复合材料声阻抗的巨大差异、检测适用波的频率范围较低以及波在空气中的衰减极大等原因，在风电机组叶片的检测中除了需要采用特殊机制来改善外，一般采用空气耦合式超声波导波法，其原理如图 11-32 所示。国内外相关研究机构已对人工制造复合材料中的分层、缺胶等多种缺陷进行了识别。结果表明，空气耦合式超声波导波法可很好地对风电叶片中的多种缺陷进行定性识别，但对于微小的内部缺陷如微裂纹很难检测。

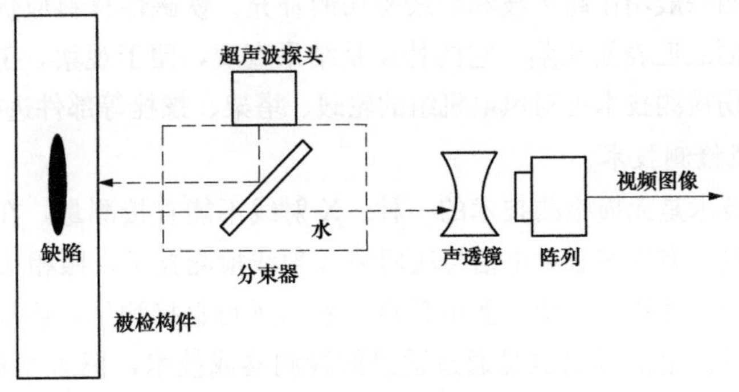

图 11-32　空气耦合式超声波导波法

激光超声法检测是利用高能量激光脉冲与被检构件表面的瞬时热作用，从而在构件内部产生超声波，通过超声波的传播及衰减特征来表征缺陷。其具有非接触、远距离、频带宽、适应性强以及灵敏度高等优点，可在恶劣环境下对各种复杂构件的缺陷快速进行定性与定量检测，激光超声检测系统如图 11-33 所示。

（二）红外线检测技术

红外线检测技术是利用材料本身与缺陷对热流传导的时间差异将被检构件结构特征转化为可见图像，通过热成像图可直观地判断构件内部有无缺陷以及缺陷的详细信息，可用于对风电机组叶片结构的胶渗透、浸水和脱胶等典型缺陷识别。但对于检测风电机组叶片这类与所处环境基本没有温度差的构件，只能采用主动激励方式进行检测。根据对被检构件热激励方式的不同可采用脉冲激励、红外激励、激光激励、热风激励等方式，除激励源不同外，其成像原理均相同，如图 11-34 所示。

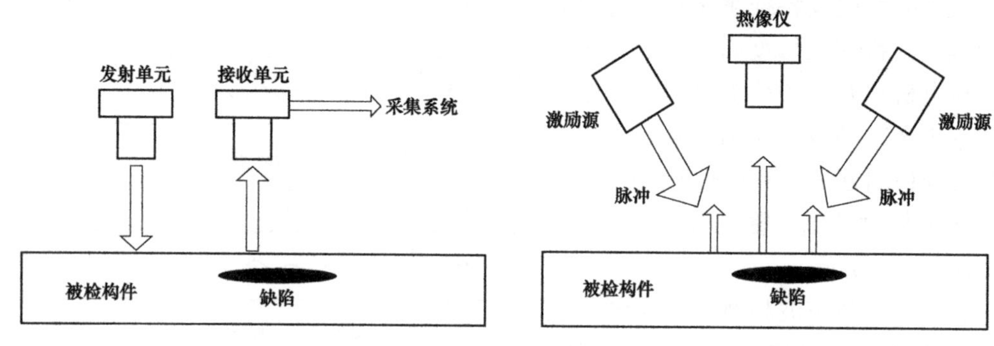

图 11-33 激光超声检测系统

图 11-34 主动励磁检测

（三）磁粉探伤技术

磁粉探伤检测技术是铁磁性材料被磁化后，由于操作部位不连续性的存在，使工件表面和近表面的磁力线发生局部畸变而产生漏磁场，吸附施加在工件表面的磁粉。在合适的光照下形成目视可见的磁痕，从而显示出不连续性的位置、大小、形状和严重程度。磁粉探伤检测技术用于探测工件表面的缺陷和近表面缺陷。

磁粉探伤检测一般用作超声波和射线探伤的补充。铁磁性材料应优先使用磁粉探伤的方法来检查表面或近表面缺陷。它的特点是结果直观，便于观察，工作效率高，检验速度快。磁粉探伤检测技术可对风电机组的轮毂、塔架、螺栓等部件进行检测分析。

（四）X 射线检测技术

X 射线检测技术是无损检测技术的一种。X 射线不能直接测量，在测量前必须把它转化为可测量的量，有照相法和电信号法两种 X 射线检测技术。照相法是把 X 射线的方位和强度转换成照片面积上相应位置的黑度，然后进行直接测量，或辅以测微光度等仪器对低频进行测量。电信号法也是通过适当的检测器或技术，把 X 射线转换成电信号，然后通过一套电子学系统进行自动测量记录。

对于风电机组而言，X 射线检测技术是检测风电机组叶片中孔隙等体积型缺陷的良好方法，可以检测垂直于叶片表面的裂纹，对树脂、纤维聚集有一定的检测能力，也可以测量小厚度风电机组叶片铺层中的纤维弯曲等缺陷，但对风电叶片中常见的分层缺陷和平行于叶片表面的裂纹不敏感。

（五）声发射检测技术

声发射是指伴随固体材料在断裂时释放储存的能量产生弹性波的现象。声发射检测方法是通过接收和分析材料的声发射信号来评定材料性能或结构完整性的无损检测方法，探测到的能量来自被测物体本身，在许多方面不同于其他常规无损检测方法，它是一种动态非破坏检测技术。该方法具有高效率、长距离、可实现在线监测等优点。

利用声发射检测技术可对裂纹的萌生和扩展进行动态监测，进而能够有效检测出风电机组叶片结构的完整性，评价缺陷的实际危害程度，可预防意外事故的发生。在检测过程中，接收的信号是缺陷在应力作用下自发产生的，但在实际应用中，由于声发射对环境因素十分敏感，因此对监测系统会造成干扰，影响检测的准确性，所以很难对缺陷进行定量分析，但是能够提供缺陷在应力作用下的动态信息，对于寿命评估有一定的优势，可对叶片进行安全评价。

风电塔筒在运行过程中释放出的弹性波在塔筒中传播时携带了大量结构或材料缺陷处的信息，利用声发射仪器检测、记录并分析声发射信号，由此推断裂纹的萌发和扩展，能够及时制止事故的发生。因此声发射检测技术能够成功应用于风电塔筒的动态监测中，有效保障风电机组的安全运行。

（六）光纤传感器检测技术

光纤具有体积小、灵敏度高、抗电磁干扰等特点，本身既是传感器，又能传输光信号，易于埋在构件中而不影响构件整体的强度，而且光纤可对内部结构参数的变化进行连续实时检测，可探测出材料与结构内部损伤。

在风电机组中可用于叶片的检测，当叶片内部产生纤维断裂、基体开裂和脱胶等损伤时，埋入构件内的光纤将随之断裂，光纤输出端将探测不到光，以此便可以判断出损伤的位置、大小及趋势等。

第十二章　风电场设备油品检测与管理

绝缘油、润滑油和润滑脂作为风电场设备主要用油，油品质量和油品管理水平直接关系设备的安全经济运行。风电场应高度重视设备油品的检测与管理，将其作为风电场设备运行维护管理的一项重要内容。

第一节　绝　缘　油

一、概述

（一）绝缘油的特性

绝缘油通常也称作变压器油，它是由石油精炼而成的一种精加工产品，主要成分为碳氢化合物，具有良好的绝缘性、传热性、流动性和氧化安定性，起到绝缘、冷却和灭弧的作用。另外，由于绝缘油多使用在户外的设备中，所以必须能承受多变的气候环境，尤其是低温环境。

（二）绝缘油的种类

绝缘油适用于变压器、电抗器、互感器、套管、油开关、电容器等充油电气设备。绝缘油按低温性能分为10、25、45三个牌号，通常石蜡基油生产10号绝缘油、中间基油生产25号绝缘油、环烷基油生产45号绝缘油。其中环烷基石油具备低凝点的特点，但环烷基原油精炼油产品较少，世界上仅有美国的德克萨斯州和加利福尼亚州、南美洲的委内瑞拉和中国克拉玛依油田生产。

（三）绝缘油的作用

（1）绝缘作用：绝缘油具有比空气高得多的绝缘强度。绝缘材料浸在油中，增加了介电强度，避免了设备内部被击穿，同时使设备免受潮气的侵蚀。

（2）散热冷却作用：变压器运行时产生的热量很大，使靠近铁芯和绕组的油受热膨胀而上升，产生的热量先被油吸收，然后通过油的循环而使热量散发，保证变压器正常运行。

（3）灭弧作用：在油断路器和变压器的有载调压开关上，固定触头和滑动触头切换时会产生电弧。由于绝缘油导热性能好，并且在电弧的高温作用下能分解大量气体，产生较大压力，从而提高了介质的灭弧性能，使电弧很快熄灭。

二、绝缘油的取样

为了确保充油设备的正常运行，需要定期对设备中绝缘油进行检测，因此油的取样

工作至关重要。取样要在晴天并且干燥的环境下进行，其中取样容器、取样方法对绝缘油实际值有直接影响，为了防止绝缘油由于取样问题而导致错误地反映油品相关试验结果，因此要规范油品取样工作。

（一）取样工具

（1）取样瓶：适用于常规分析，一般为500～1000mL磨口具塞玻璃瓶，并贴标签。取样瓶使用前先用洗涤剂进行清洗，再用自来水冲洗，最后用蒸馏水洗净、烘干、冷却后，盖紧瓶塞。

（2）注射器：适用于油中水分含量测定和油中溶解气体（油中总含气量）分析。应使用20～100mL的全玻璃注射器。取样注射器使用前，按顺序用有机溶剂、自来水、蒸馏水洗净，在105℃温度下充分干燥，或采用吹风机热风干燥。干燥后，立即用小胶头盖住头部待用（最好保存在干燥器中），注射器应装在一个专用油样盒内，该盒应避光、防振、防潮等，注射器头部用小胶皮头密封。

（3）从充油电气设备中取样，还应有防止污染的密封取样阀（或称放油接头）及密封可靠的医用金属三通阀和作为导油管用的透明胶管（耐油）或塑料管。

（4）此外还有油桶取样用的取样管、油罐或油槽车取样用的取样勺。

（二）取样部位和取样方法

1. 常规分析取样

油桶中取样：试油应从污染最严重的底部取样，必要时可抽查上部油样。开启桶盖前需用干净甲级棉纱或布将桶盖外部擦净，然后用清洁、干燥的取样管取样。从整批油桶内取样时，取样的桶数应能足够代表该批油的品质，每次试验按规定取多个单一油样，并再用它们均匀混合成一个混合油样，具体规定见表12-1。

表12-1　油桶抽样表

序号	总油桶数（桶）	取样桶数（桶）
a	1	1
b	2～5	2
c	6～20	3
d	21～50	4
e	51～100	7
f	101～200	10
g	201～400	15
h	＞401	20

油罐或槽车中取样：油样从污染最严重的油罐底部取出，必要时可抽查上部油样。从油罐或槽车中取样前，排去取样工具内存油，然后取样。

电气设备中取样：对于变压器、油开关或其他充油电气设备，从下部阀门处取样。取样前油阀门需先用干净甲级棉纱或布擦净，再放油冲洗干净。对需要取样的套管，在停电检修时，从取样孔取样。没有放油管或取样阀门的充油电气设备，可在停电或检修时设法取样。进口全密封无取样阀的设备，按制造厂规定取样。

2. 绝缘油中水分和油中溶解气体组分含量分析取样

（1）取样的要求：

1）油样应能代表设备本体油，应避免在油循环不够充分的死角处取样。一般应从设备底部的取样阀取样，在特殊情况下可在不同取样部位取样；

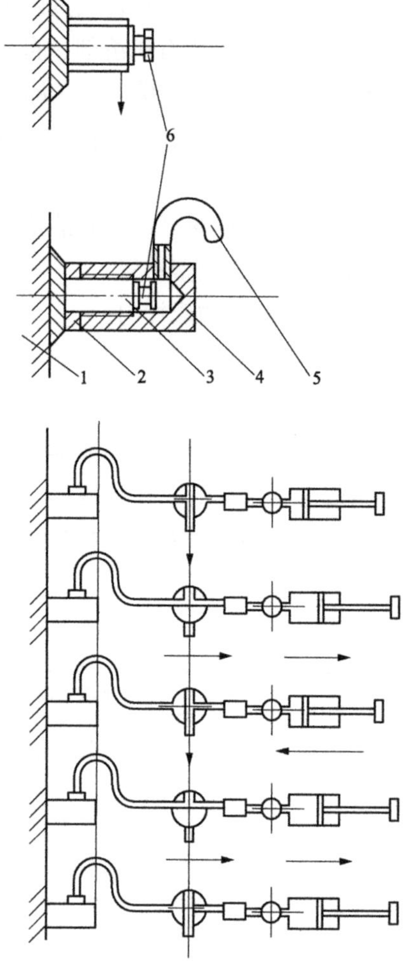

图 12-1　取样操作过程

1—设备本体；2—胶垫；3—放油阀；4—放油接头；5—放油阀；6—放油螺塞

2）取样要求全密封，即取样连接方式可靠，不能让油中溶解水分及气体逸散，也不能混入空气（必须排净取样接头内残存的空气），操作时油中不得产生气泡；

3）取样应在晴天进行。取样后要求注射器芯子能自由活动，以避免形成负压空腔；

4）油样应避光保存。

（2）取样操作。取样操作如图 12-1 所示。

1）取下设备放油阀处的防尘罩，旋开螺塞 6 让油徐徐流出；

2）将放油接头 4 安装于放油阀上，并使放油胶管（耐油）置于放油接头的上部，排除接头内的空气，待油流出；

3）将导管、三通、注射器依次接好后，装于放油接头 5 处，按箭头方向排除放油阀门的死油，并冲洗连接导管；

4）旋转三通，利用油本身压力使油注入注射器，以便湿润和冲洗注射器（注射器要冲洗 2～3 次）；

5）旋转三通与设备本体隔绝，推注射器芯子使其排空；

6）旋转三通与大气隔绝，借设备油的自然压力使油缓缓进入注射器中；

7）当注射器中油样达到所需毫升数时，立即旋转三通与本体隔绝，从注射器上拔下三通，在小胶头内的空气泡被油置换之后，盖在注射器的头部，将注射器置于专用油样盒内，贴好样品标签。

（3）取样量。

1）进行油中水分含量测定用的油样，可同时用于油中溶解气体分析，不必单独取样；

2）常规分析根据设备油量情况采取样品，以够试验用为限；

3）作溶解气体分析时，取样量为 50～100mL；

4）专用于测定油中水分含量的油样，可取 20mL；

（4）样品标签。标签的内容有：单位、设备名称、型号、取样日期、取样人、取样部位、取样天气、取样油温、运行负荷、油牌号及油量等。

（三）油样的运输和保存

油样应尽快进行分析，作油中溶解气体分析的油样不得超过 4 天；做油中水分含量的油样不得超过 7 天。油样在运输中应尽量避免剧烈振动，防止容器破碎。油样运输和保存期间，必须避光，并保证注射器芯能自由滑动。

三、 绝缘油的检测项目及意义

通过绝缘油理化指标的检测可以评定绝缘油的品质、诊断变压器等充油电气设备是否存在内部潜伏性故障，以及故障发展趋势，绝缘油常规分析及检测项目包括外状、色谱分析、水分、击穿电压、介质损耗因数、体积电阻率、酸值、水溶性酸值、闪点和界面张力等。

（一）外状

可将油样放在透明玻璃瓶或试管中，观察油的颜色及有无杂质或沉淀，杂质会破坏绝缘油的一些性能。如果油质浑浊或有游离水析出，则说明油中含有水分。通过油品外状初步判断设备运行状态。

（二）色谱分析

通过绝缘油中溶解气体组分含量分析即色谱分析技术，能够分析诊断运行中变压器内部是否正常，及时发现变压器内部存在的潜伏性故障。色谱分析对于及早发现设备内部过热或放电性等潜伏性故障，以及预防变压器内部过热或放电性故障有着重要的作用和实际意义，能及时掌握充油电气设备的运行状况。

（三）水分

绝缘油中水分来源有外部侵入和内部自身氧化两方面，水分的存在会降低油品的击穿电压，可能导致介损升高，促使纤维老化，对油质老化起催化作用，因此对水分的监测可以更好地掌握设备的理化性能变化。

（四）击穿电压

绝缘油的击穿电压，是衡量绝缘油在电气设备内部耐受电压的能力而不被破坏的尺度，可用来判断绝缘油含水和其他悬浮污染物污染的程度，油品注入设备前干燥和过滤的程度。

（五）介质损耗因数

介质损耗因数又称介质损耗正切角，用来反映油中泄漏电流引起的功率损失。介质损耗因数的大小对判断绝缘油的劣化与污染程度很敏感。对于新油而言，介质损耗因数只能反映出油中是否含有污染物质和极性杂质，一般来说，当油氧化或过热而引起劣化或混入其他杂质时，油中极性杂质或带电物质含量增多，介质损耗因数随之增加。

（六）体积电阻率

体积电阻率为液体介质在单位体积内的电阻大小，根据电气设备中绝缘油体积电阻率的测试结果，可以判断绝缘油的劣化和污染程度，从而确定所要采取的预防性措施，保证电气设备的安全可靠运行。

（七）酸值

酸值是指中和 1g 绝缘油中的全部游离酸所需要的氢氧化钾毫克数，从油品中所测得酸值，为有机酸和无机酸的总和，所以也称总酸值，要求越低越好。绝缘油中酸值大小从一定程度上反映了油的精炼深度和氧化程度。

（八）水溶性酸值

水溶性酸是指能溶于水的矿物酸，通常用 pH 值表示，对于运行中的油来说，水溶性酸是油老化的产物之一，并且能够进一步促进油质老化，通过 pH 值的测定，可以判断油质的好坏、油对金属及固体绝缘材料的腐蚀情况、油质劣化程度、油可否继续使用等。

（九）闪点

闪点是将油样在规定的条件下加热，直到油蒸气与空气的混合气体接触，火焰发生闪火时的最低温度。闪点检测可以防止或发现是否混入轻质油品，闪点低表示油中有挥发性可燃物存在，这些低分子碳氢化合物往往是由于设备局部故障造成过热或电弧放电等原因使绝缘油高温分解产生的。通过闪点检测能及时发现设备过热故障，防止由于油品闪点降低而导致设备发生火灾或爆炸事故。

（十）界面张力

界面张力是检测油与不相溶的水的界面间产生的张力，按照石油产品油对水界面张力的测定法（圆环法）进行测定。油的界面张力值与油的氧化程度密切相关，所以通过界面张力值高低，可以反映出新油的纯净程度和运行油的老化状况。

四、 绝缘油的检测标准

（一）新油验收

应对接收的全部油样进行监督，以防止出现差错或带入脏物。所有样品应进行外观的检查，国产新绝缘油应按《电工流体 变压器和开关用的未使用过的矿物绝缘油》（GB 2536）或《超高压变压器油》（SH 0040）标准验收，进口设备用油，应按合同规定验收。

（二）新油净化后注入设备前检测

按照《运行变压器油维护管理导则》（GB/T 14542）要求，新油注入设备前必须用真空滤油设备进行过滤净化处理，以脱除油中的水分、气体和其他颗粒杂质。应符合表12-2 的规定。

表 12-2　　新油净化后的检测项目及标准

序号	项目	设备电压等级（kV）					
		1000	750	500	330	220	≤110
1	击穿电压（kV）	≥75	≥75	≥65	≥55	≥45	≥45
2	水分（mg/L）	≤8	≤10	≤10	≤10	≤15	≤20
3	介质损耗因数（90℃）	≤0.005					

（三）电气装置安装工程电气设备交接试验变压器油的评定

绝缘油的试验项目及标准，执行《电气装置安装工程电气设备交接试验标准》（GB 50150—2016），应符合表 12-3 的规定。

表 12-3　　绝缘油的检测项目及标准

序号	项目	标　　准	说明
1	外状	透明、无杂质或悬浮物	外观目测
2	水溶性酸（pH）值	＞5.4	GB/T 7598
3	酸值（mgKOH/g）	≤0.03	GB/T 7599
4	闪点（闭口）（℃）	≥135	GB 261
5	水分（mg/L）	330～750kV：≤10 220kV：≤15 110kV 及以下电压等级：≤20	GB/T 7600
6	界面张力（25℃）（mN/m）	≥40	GB/T 6541
7	介质损耗因数 tgδ（%）（90℃）	注入电气设备前：≤0.005 注入电气设备后：≤0.007	GB/T 5654
8	击穿电压	750kV：≥70kV 500kV：≥60kV 330kV：≥50kV 60～220kV：≥40kV 35kV 及以下电压等级：≥35kV	GB/T 507
9	体积电阻率（90℃）（Ω·m）	$\geq 6\times10^{10}$	GB/T 5654
10	油中含气量（%）（体积分数）	330～750 kV：≤1.0	DL/T 423
11	油泥与沉淀物（%）（质量分数）	≤0.02	GB/T 511
12	油中溶解气体色谱分析（μL/L）	变压器：总烃＜20　H_2＜10　C_2H_2＝0 互感器：总烃＜10　H_2＜50　C_2H_2＝0	GB/T 7252

（四）运行中变压器油的评定

运行中变压器油质量标准应符合表 12-4～表 12-7 的规定。依据《运行变压器油维护管理导则》（GB/T 14542—2017）和《变压器油中溶解气体分析和判断导则》（DL/T 722-2014）。

表 12-4　　运行中绝缘油的检测项目及标准

序号	项目	设备电压等级（kV）	质量指标		检验方法
			投入运行前的油	运行油	
1	外状	各电压等级	透明、无沉淀物和悬浮物		外观目测
2	水溶性酸（pH）值	各电压等级	＞5.4	≥4.2	GB/T 7598
3	酸值（mgKOH/g）	各电压等级	≤0.03	≤0.1	GB/T 264
4	闪点（闭口）（℃）	各电压等级	≥135		GB 261
5	水分（mg/L）	330～1000 220 ≤110	≤10 ≤15 ≤20	≤15 ≤25 ≤35	GB/T 7600
6	界面张力（25℃）（mN/m）	各电压等级	≥35	≥25	GB/T 6541
7	介质损耗因数 tgδ（%）（90℃）	500～1000 ≤330	≤0.005 ≤0.010	≤0.020 ≤0.040	GB/T 5654
8	击穿电压（kV）	750～1000 500 330 66～220 ≤35	≥70 ≥65 ≥55 ≥45 ≥40	≥65 ≥55 ≥50 ≥40 ≥35	GB/T 507
9	体积电阻率（90℃）（Ω·m）	500～1000 ≤330	$\geq 6\times 10^{10}$	$\geq 1\times 10^{10}$ $\geq 5\times 10^{9}$	DL/T 421

表 12-5　　投运前变压器和电抗器绝缘油的检测项目及标准

气体	变压器和电抗器	互感器	套管
氢（μL/L）	330kV 及以上＜10 220kV 及以下＜30	330kV 及以上＜50 220kV 及以下＜100	330kV 及以上＜50 220kV 及以下＜150
乙炔（μL/L）	330kV 及以上＜0.1 220kV 及以下＜0.1	330kV 及以上＜0.1 220kV 及以下＜0.1	330kV 及以上＜0.1 220kV 及以下＜0.1
总烃（μL/L）	330kV 及以上＜10 220kV 及以下＜20	330kV 及以上＜10 220kV 及以下＜10	330kV 及以上＜10 220kV 及以下＜10

表 12-6 运行中变压器、电抗器和套管油中溶解气体含量的注意值

设备	气体组成	含量（μL/L）	
		330kV 及以上	220kV 及以下
变压器和电抗器	总烃	150	150
	乙炔	1	5
	氢	150	150
套管	总烃	150	150
	乙炔	1	2
	氢	500	500

表 12-7 运行中互感器油中溶解气体含量的注意值

设备	气体组成	含量（μL/L）	
		330kV 及以上	220kV 及以下
电流互感器	总烃	100	100
	乙炔	1	2
	氢	150	300
电压互感器	总烃	100	100
	乙炔	2	3
	氢	150	150

五、 绝缘油的污染与控制

（一）绝缘油的污染原因

在电气设备生产使用过程中，绝缘油受到污染的主要原因有以下几个方面：

（1）生产过程中，变压器绝缘油通过输油管道注入真空注油罐内，在注油过程中，内壁可能受到空气中的灰尘和水分侵蚀，变得不清洁；

（2）电气设备的油箱、储油柜和瓷套的内部没有清洗干净，或没有烘干，当绝缘油注入其内部时，受到了污染；

（3）在真空注油处理过程中，内部水分在真空加热处理中没有完全除去，没有达到预期的效果；

（4）变压器、互感器铁芯上的铁锈等微小杂物没有清除干净，将绝缘油污染，这是绝缘油受到污染的一个很重要的原因；

（5）电气设备在装配过程中，把铜屑、纸屑、金属屑、纤维等杂物带到其内部，污染了绝缘油；

（6）电气设备在投入运行很长时间后，由于绝缘材料的老化、分解，使绝缘油受到污染。

（二）防止绝缘油被污染的主要措施

（1）充油电气设备的油箱、储油罐、瓷套等的内部，及安装在互感器内部的零部件，在装配前，必须按工艺要求将其清洗干净，特别要注意检查储油柜和油箱内部的焊接处，不能有飞溅物，油箱最底部的放油导管里不应有脏物，导管内应该清洁畅通。

（2）做好互感器、变压器铁芯硅钢片的防锈、除锈工作。铁芯，绕组组装成器身后，要及时进行浸油处理，尽量地缩短铁芯在空气中的暴露时间。最好铁芯在装配完进行清洁后，在铁芯表面及时涂上专用的防锈漆，这样会更有效地防止铁芯生锈。

（3）定期对充油设备进行绝缘油检测工作，确保绝缘油品质和设备正常有效运行。

六、 绝缘油的管理

（一）绝缘油品的存储管理

根据《运行变压器油维护管理导则》（GB/T 14542）、《运行中变压器油质量》（GB/T 7595）及电力公司相关要求规定，绝缘油的存储管理应注意以下事项：

（1）新购进的油须先验明油种、牌号，检验油质是否符合相应的新油标准。库存备用的新油与合格的油应分类、分牌号存放，并挂牌建账。对长期储存的备用油，应定期检验，以保证油质处于合格备用状态。

（2）油的储存罐是加盖封闭的，防止水及灰尘的落入，如果是较长时间的储存，为防止油表面与空气的长期接触而加速老化，应采用真空储存或在油面上充以干燥的氮气。

（3）储油设备周围环境必须经常保持整齐清洁，备有适当的消防器材，在这些场所应严禁吸烟和明火作业，并不得存入易燃物品。

（二）绝缘油品的补充与更换

绝缘油品的补充与更换需要根据各项指标的综合变化趋势进行判断。绝缘油的补充与更换应遵循以下几点：

（1）电气设备充油不足需要补充油时，优先选用符合相关新油标准的、未使用过的绝缘油。最好补加同一油基、同一牌号及同一添加剂类型的油品。补加油品的各项特性指标都应不低于设备内的油。当新油补加量较少时，例如小于 5%时，通常不会出现任何问题；但如果新油的补加量较多，在补油前应先做油泥析出试验，确认无油泥析出，酸值、介质损耗因数值不大于设备内油时，方可进行补油。

（2）不同油基的油原则上不宜混合使用。在特殊情况下，如需将不同牌号的新油混合使用，按混合油的实测凝点决定是否适于此地域的要求，然后进行混油试验，并且混合样品的结果应不比最差的单个油样差。

（3）如在运行油中混入不同牌号的新油或已使用过的油，除应事先测定混合油的凝点以外，还应进行老化试验和油泥试验，并观察油泥析出情况，无沉淀方可使用，所获得的混合样品的结果应不比原运行油差，才能决定是否可混合使用。

（4）对于进口油或产地、生产厂家来源不明的油，原则上不能与不同牌号的运行油混合使用，当必须混用时，应预先对混用前的油及混合后的油进行老化试验，在无油泥

沉淀析出的情况下，混合油的质量应不低于原运行油时，方可混合使用；若相混的都是新油，其混合的质量应不低于最差的一种油，并需要按实测凝点决定是否可以适于该地区使用。

(5) 在进行混油试验时，油样的混合比应与实际使用的比例相同；如果混油比无法确定时，则采用 1∶1 质量比例混合进行试验。

(6) 换油注意事项：基本上与补油要求相同，但应尽量把绝缘油放净，以免新油质量下降。

第二节　润　滑　油

一、概述

润滑油是四大类石油产品之一，是各种机械上使用最广泛的润滑剂，主要用于减少运动部件表面间的摩擦，同时对机器设备具有冷却、密封、防锈等作用，性能指标主要包括黏度、氧化安定性和润滑性。润滑油的这些性质决定了其在生产应用中不可或缺的地位，对润滑油品进行正确的选择和维护也是保证生产运行稳定的有效途径。

（一）润滑油特性

润滑油是指在各种发动机和机器设备上使用的石油基液体润滑剂，用以减少摩擦，保护机械及加工件。润滑油由基础油和各类添加剂组成，一般而言，基础油占 70%～95%，添加剂占 5%～30%。

（二）润滑油的分类

润滑油按基本材料分类有矿物油、合成油、润滑脂、水基液、固体润滑剂等。在实际应用中，由于使用条件的差别，润滑油的分类则突出在具体的使用条件上，通常按照使用条件把润滑油分为四大类：工业润滑油、车用润滑油、金属加工油、生产工艺油。

（三）润滑油的作用

(1) 降低摩擦：在摩擦面之间加入润滑剂，形成吸附膜，将摩擦表面隔开，使金属表面间的摩擦转化成具有较低抗剪强度的油膜分子之间的内摩擦，从而降低摩擦阻力和能源消耗，使摩擦副运转平稳。

(2) 减少磨损：摩擦面间具有一定强度的吸附膜，可降低摩擦并承载负荷，因此可以减少表面间磨损及划伤，保持零件的配合精度。

(3) 冷却降温：可以将摩擦时产生的热量带走，降低机械发热。

(4) 防止腐蚀：摩擦表面的吸附膜可以隔绝空气、水蒸气及腐蚀性气体等环境介质对摩擦表面的侵蚀，防止或减缓生锈。

(5) 防锈功能：由于摩擦体表面有润滑油的覆盖，从而避免金属与周围介质，如空气、水分、氧化物等接触，产生锈蚀和损坏。

(6) 密封作用：使液压缸及活塞间处于高度密封状态在运转中不漏气，起到密封作用。

（7）传递动力：具有传递动力的作用，在液压传动或齿轮啮合时，通过润滑油可进行动力的传递。

（8）减振作用：减振是所有润滑油共有的特性，当摩擦面受到冲击负荷时，其表面附着的润滑油具有吸附冲击的本能。

二、 润滑油的取样

（一）取样工器具

齿轮油和液压油的取样工器具包括取样泵、取样瓶、取样管、测压软管、标签纸、活动扳手、抹布等。应保证取样工器具干燥清洁，并使用未经污染的取样瓶。

（二）取样位置

应保证每次取样都在同一点，并采用同样的取样方法和工器具。

（三）取样时间

风力发电机组处于维护服务模式后才能取样。确保取样前风机处于运行状态，且在停机后 1h 内取样。

（四）取样量

取样量需满足检测用量。如所需样品量超出取样瓶容积，可分装至多个取样瓶，每个瓶中的样品量不超过取样瓶容积的 3/4。

（五）取样记录

取样瓶标签上应包括：风电场、风电机组编号、设备厂商、设备型号及编号、油品牌号、取样位置、设备投产时间、油品使用时间、取样时间、取样人姓名等信息。

三、 润滑油的检测项目及意义

机械设备都存在润滑和磨损问题，研究资料表明大约有 70%的设备失效是因润滑故障导致异常磨损所引起。设备润滑与磨损状态的许多信息都会在其所使用的润滑油品种以各种指标的变化反映出来。同样在设备上可通过对设备在用润滑油中磨损金属颗粒和污染杂质颗粒等项目的检测分析，来获得有关设备润滑磨损状态的各种信息。风电机组的润滑与磨损状态检测及故障诊断，是确保风电机组安全运行的重要工作内容之一。通过对风电机组在用润滑油的分析检测，一方面能有效分析设备在用润滑油的质量状态，判别油品是否可继续使用，从而确保设备的可靠润滑；另一方面则能有效地分析设备的磨损状态及磨损故障原因，指导设备维护和保养，确保风电机组安全运行。

一般纯净的油中不含有铁、铬、铜、铝等杂质元素。在设备零件磨损后，这些杂质元素在油品中的含量就会逐渐增高，设备正常磨损时，这些杂质元素含量增高缓慢，非正常磨损时，其含量会急剧增高。因此测定油中杂质元素的含量就可预测零件的磨损状态。

润滑油的常规分析及监测包括油品外观、黏度、酸值、水分、元素光谱、PQ、清洁

度、闪点、抗乳化、抗氧化安定性和机械杂质等，不同的用途对上述指标的要求不同。

（一）运动黏度

在润滑油各种特性中，最重要的是黏度，即润滑油流阻。低黏度有利于冷却、机械启动和液压力的传递，而高黏度则有利于密封及防止磨损。通过对运动黏度的监测，监控润滑油黏度变化，可以保证设备稳定可靠的工作状况。

（二）水分

润滑油中的水分可以使润滑油乳化、使添加剂分解、促进油品的氧化、增强酸性物质对机械的腐蚀、影响油品的低温流动性，严重的会引起零部件磨损、系统卡涩甚至被迫停机，因而要对运行中的油进行监测，对水分严格控制。

（三）总酸值

对于新油，酸值表示润滑油精制的程度，或添加剂的加入量；对于在用润滑油，酸值表示氧化变质的程度，油品在使用过程中，有一定的温度，与空气中的氧气反应生成有机酸，或由于添加剂的消耗油品酸值会发生变化，这些酸性物质同样会引起油品劣化、老化加速及腐蚀设备的不良后果，因此要加强对总酸值的监测。

（四）元素光谱分析

元素光谱分析是设备润滑状态监测的主要检测项目。磨损金属的出现或浓度的增长标志着进入磨损过程早期阶段，污染元素浓度的显著增长意味着润滑剂中含有外来污染物质，这些物质会引起设备的磨损和油品的衰变。在油品监测过程中，检测油中金属微粒元素成分及含量，是探究设备磨损机理和预测磨损发展趋势的重要工作。

（五）清洁度

清洁度主要监控油品清洁程度，目的是防止油品在制造、使用和维修过程中因污染而缩短使用寿命，可以预防颗粒磨损造成的损害，提高设备运行寿命和可靠性，防止和减少零部件的杂质对设备的危害，对润滑设备的日常维护具有特别重要的意义。

（六）PQ 指数

PQ 指数主要反映在用油中金属颗粒的污染情况，可以较为准确地监测油中金属颗粒的浓度变化而不受颗粒尺寸和分布的限制。

（七）铁谱分析

润滑油在设备的润滑系统或液压系统中，作为润滑剂或工作介质是循环流动的，其中包含着大量的由于各种摩擦产生的磨损残余物，称为磨屑或磨粒。研究磨损问题时，磨粒是重要的依据，它是揭示摩擦表面的磨损机理、监测磨损过程以及诊断磨损失效类型的最为直接的信息元素。通过对磨粒成分、数量、形态、尺寸和颜色等进行精密的观察和分析，能够比较准确地判断故障的程度、部位、类型和原因。

（八）铜片腐蚀

铜片腐蚀主要用来测定油品中有无腐蚀金属的活性硫化物和元素硫。所有的含硫化合物对金属都有直接的腐蚀作用，并且硫的氧化物还会与润滑油起反应，加速积炭的形成，不利于设备稳定运行。

四、润滑油的使用及检测指标

风电机组润滑油主要用于主齿轮箱、变桨齿轮箱和偏航及液压控制系统，主轴承、偏航轴承、变桨轴承以及发电机轴承等，其中主齿轮箱是风电机组最关键的部分。主齿轮箱作为风电机组传动系统的核心部分，在整个系统运作中承担着极为重要的角色，一旦出现故障，将会为风电场带来极大的损失。

一般风电机组主齿轮箱的润滑油使用寿命是3年，而主齿轮箱保修期却只有1年左右。风电机组主齿轮箱的保修期结束后润滑油的维护及定期检测就尤为重要。油品各项指标的检测是否在标准使用范围之内，如果不符合标准，则需要处理或换油。每年润滑油的相关费用可能会占到一台风机运维费用的1/5。

（一）新装或检修后的检测

根据《风力发电机组润滑剂运行检测规程》（NB/T 10111—2018）要求，新装或检修后的主齿轮箱油在运行1个月后进行首次检测，检测项目及质量指标应符合表12-8要求。

表12-8　新装或检修后主齿轮箱油的首次检测质量指标

序号	项目	质量指标	试验方法
1	外观	均匀、透明、无可见悬浮物	目测
2	运动黏度（40℃）（mm^2/s）	变化值不超过新油的±10%	GB/T 265 GB/T 11137
3	酸值（以KOH计）（mg/g）	增加值不超过新油的50%	GB/T 7304 GB/T 4945
4	水分（mg/kg）	≤500	GB/T 11133
5	颗粒污染度 GB/T 14039等级	不高于—/17/14*	DL/T 432
6	铁含量（mg/kg）	≤50	GB/T 17476
7	铜含量（mg/kg）	≤10	
8	硅含量（mg/kg）	增加值不超过20	
9	锰含量（mg/kg）	报告	
10	磷含量（mg/kg）	报告	

* 符号“—”表示对4μm以下粒径不做要求。

（二）运行期间的检测

（1）每3个月检查齿轮油外观，并记录油温、油位、滤芯压差及油系统管路的密封状况。

（2）主齿轮箱油检测周期及质量指标见表12-9，必要时缩短检测周期。具体要求详见《风力发电机组润滑剂运行检测规程》（NB/T 10111—2018）。

表 12-9 主齿轮箱运行油的检测周期及质量指标

序号	项目	质量指标	检验周期	试验方法
1	外观	均匀、透明、无可见悬浮物	每 3 个月	目测
2	运动黏度（40℃）（mm^2/s）	变化值不超过新油的±10%	每年	GB/T 265
3	酸值（以 KOH 计）（mg/g）	增加值低于新油的 50%	每年	GB/T 7304 GB/T 4945
4	水分（mg/kg）	≤500	每年	GB/T 11133
5	颗粒污染度 GB/T 14039 等级	不高于—/19/16	每年	DL/T 432
6	铁含量（mg/kg）	≤70	每年	GB/T 17476
7	铜含量（mg/kg）	≤10		
8	硅含量（mg/kg）	≤20		
9	锰含量（mg/kg）	报告		
10	磷含量（mg/kg）	报告		
11	铜片腐蚀（100℃，3h）级	≤2a	必要时	GB/T 5096
12	倾点（℃）	与新油原始值比不高于 9	必要时	GB/T 3535
13	烧结负荷（P_D）[N(kgf)]	≥1961（200）	必要时	GB/T 3142

（三）液压油的运行检测

（1）每 3 个月检查并记录油品外观、色度、油温、油位、滤芯压差及油系统管路渗漏情况。

（2）运行中液压油的检测周期及质量指标见表 12-10。

表 12-10 运行中液压油的检测周期及质量指标

序号	项目	质量指标	检验周期	试验方法
1	外观	均匀、透明、无可见悬浮物	每 3 个月	目测
2	运动黏度（40℃）（mm^2/s）	变化率不超过新油的±10%	必要时	GB/T 265 GB/T 11137
3	酸值（以 KOH 计）（mg/g）	增加值低于新油的 100%	必要时	GB/T 7304 GB/T 4945
4	水分（mg/kg）	≤500	必要时	GB/T 11133
5	颗粒污染度 GB/T 14039 等级	不高于—/18/15	每半年	DL/T 432
6	铁含量（mg/kg）	≤20	必要时	GB/T 17476
7	铜含量（mg/kg）	≤10		
8	硅含量（mg/kg）	≤10		
9	锰含量（mg/kg）	报告		
10	磷含量（mg/kg）	报告		

（3）当检测结果超过表12-10所示质量指标时，应缩短检测周期。

具体要求详见《风力发电机组润滑剂运行检测规程》（NB/T 10111—2018）。

五、风电机组运行油油质异常现象及处理

（一）齿轮油

齿轮箱运行油油质异常原因及处理方式见表12-11。具体要求详见《风力发电机组润滑剂运行检测规程》（NB/T 10111—2018）。

表12-11　　齿轮箱运行油油质异常原因及处理方式

项目	异常原因	处理方式
外观	（1）油品出现乳化或游离水； （2）油中有固体颗粒	（1）脱水过滤处理； （2）进行检测以确认是否换油
运动黏度（40℃）上升	（1）齿轮箱持续高温运行，冷却不良，油品长期高温运行发生氧化； （2）油品使用时间过长，轻组分过快蒸发； （3）过量水分污染导致油品乳化； （4）固体颗粒污染	（1）检查散热器、加热器工作是否正常，控制油温； （2）加强过滤净化，降低固体颗粒浓度； （3）缩短取样周期，关注趋势变化，并查明原因； （4）当增长值超过新油的15%时，考虑换油
水分上升	（1）齿轮箱呼吸口干燥剂失效； （2）密封不严，空气中水分进入	（1）更换呼吸器的干燥剂； （2）进行脱水处理； （3）结合油品外观及其他检测指标，视情况换油
酸值上升	（1）油温过高，导致油品氧化； （2）水分含量高，油品发生水解； （3）油品被污染或抗氧化剂消耗	（1）检查散热器、加热器，控制油温； （2）检查呼吸器是否污染，干燥剂是否失效，过滤器是否破损失效，视情况更换呼吸器、干燥剂及滤芯； （3）缩短取样周期，关注趋势变化； （4）当增长值超过新油的100%时，考虑换油
铁、铬、锰含量上升	齿轮、轴承出现腐蚀或磨损	（1）进行磨粒分析进行综合判断，关注油温变化； （2）结合振动、噪声等监测手段，对齿轮箱进行全面监控； （3）加强油液的净化处理，必要时增加外置过滤设备进行循环过滤； （4）缩短取样周期，加强运行监控
铜含量上升	轴承保持架磨损或腐蚀	（1）进行铜片腐蚀及磨粒分析进行综合判断，关注轴承温度及振动变化； （2）加强油液的净化处理，必要时增加外置过滤设备进行循环过滤； （3）缩短取样周期，关注趋势变化，如有异常，及时进行检修

（二）液压油

液压油油质异常原因及处理方式见表 12-12。具体要求详见《风力发电机组润滑剂运行检测规程》（NB/T 10111—2018）。

表 12-12　液压油油质异常原因及处理方式

项目	异常原因	处理方式
外观	（1）油品乳化，颜色泛白或游离水； （2）油中有固体污染物； （3）油品氧化，颜色发黑	考虑换油
运动黏度（40℃）上升或下降	油品污染或氧化	（1）缩短取样周期，加强跟踪监测； （2）当变化率超过新油的±15%时，建议换油
水分上升	（1）油箱呼吸口干燥剂失效； （2）密封不严，潮气进入	（1）更换呼吸器的干燥剂，或采用外循环过滤器脱水处理； （2）视情况换油
酸值上升	（1）油温过高，导致油品氧化； （2）水分含量高，油品发生水解； （3）油品被污染或抗氧化剂消耗	（1）缩短取样周期，加强跟踪监测； （2）视情况换油

六、润滑油污染与控制

在润滑系统中的润滑油，由于被周围环境污染及系统工作过程中产生的各种杂质、尘埃、水分、磨屑、微生物及油泥等污染，使被润滑零件表面磨损及损伤、腐蚀、润滑剂劣化、变质，从而使润滑系统和元件容易发生故障，可靠性降低，使用寿命缩短。润滑油的污染源主要有以下两个。

（一）化学变质

润滑油组成中的基础油和添加剂，在受到空气中的氧、以及摩擦条件下的温度和金属的作用，便会发生氧化连锁反应。润滑油氧化经过有机过氧化物和链的开裂，生成各种油溶性的醛、酮和酸类。在深度氧化后，最终生成油不溶性氧化物、胶质和油泥等物质。使设备腐蚀，油的黏度增高，油路堵塞乃至引发设备故障。

（二）使用环境的污染

空气、水、磨损产物、大气中的尘埃、设备内部的渗漏等污染，使润滑油劣化、变质、从而使润滑系统和元件发生故障，可靠性降低，使用寿命缩短。

要减少润滑油的污染，应着重控制或减少污染源的产生或混入，首先要求加强生产设备及现场的管理，尽量减少润滑系统的污染源。由于润滑油自身变质产生物和工况介质的互相渗透，污染源本身有时是无法避免的，在润滑循环系统仍需引入除去污染物的措施，例如装设过滤器等。此外，在润滑油中加入适当的添加剂也有助于提高润滑油的抗污染性能。采用缩短检测周期或提前更换润滑油等办法，以避免发生几种污染物同时存在情况下的复合效应，导致严重的危害。

七、 润滑油管理

（一）润滑油的选用

受运行环境限制，正确选用润滑油是保证风力发电机组可靠运行的重要条件之一，在风力发电机组的维护手册中，设备厂家都提供了机组所用润滑油型号、用量及更换周期等内容，维护人员一般只需要按要求使用润滑油即可。为更好地保证机组的安全、经济运行，不断提高运行管理的科学性、合理性，要求运行人员对润滑油的基本性能指标和选用原则有所了解，以选择最适合现场实际润滑油。

（二）润滑油的使用

(1) 向润滑油供应厂商及机械设备生产厂家咨询，用适当规格的润滑油，尽量减少用油种类；

(2) 明确加油部位、油品名称、加油周期等并由专人负责，避免用错油品；

(3) 每次加润滑油前须清洁容器和工具；

(4) 润滑油的专用容器要防止交叉污染；

(5) 更换润滑油前须将机械冲洗干净，不可用水溶性清洗剂；

(6) 每次添加或更换润滑油后，做好设备维护记录；

(7) 发现润滑油品异常或已到换油周期，应取样交由专业机构化验检定。

（三）润滑油的存储

为提高油品的运行质量，确保油质稳定和设备安全运行，同时进一步降低充油设备运行和检修成本，在油品的管理方面，应当遵循有关国家、电力行业、公司以及制造厂的有关规定和要求等，同时还应注意结合现场实际情况实施。

润滑油的存储应以室内为主，正确的放置方式是垫高桶的一侧，使两个桶盖处于一个水平线上，避免外界水分因热胀冷缩作用被吸进油桶。长期存储的润滑油建议不超过10年。选用何种油品应尽可能根据制造商的建议进行。另外，设备中使用的润滑油应定期检测，分析润滑故障的表现形式和原因，对润滑故障进行监测和诊断。

（四）润滑油的补充与更换

合理的换油周期首先以保证对机械设备提供良好的润滑为前提。由于机械设备的设计、结构、工况及润滑方式的不同，润滑油在使用中的变化也有差异，一般来说，换油周期必须视具体的机械设备在长期运行中积累和总结的实际情况，制定必须换油的特定极限值，凡超过此极限值，就应该换油。原则上换油前应尽量彻底地清除原系统中的残留旧油、污染物及氧化沉积物。

关于润滑油的补充与更换需要考虑以下几点：

(1) 前后油品的相容性；

(2) 前后油品的性能差异；

(3) 系统运行状况；

（4）换后油品的状况。

第三节　润　滑　脂

一、概述

润滑脂是润滑剂的一种，润滑脂在机械中受到运动部件的剪切作用时，能产生流动并进行润滑，减低运动表面间的摩擦和磨损。当剪切作用停止后，它又能恢复一定的稠度，润滑脂的这种特殊的流动性，决定它可以在不适于用润滑油的部位进行润滑，润滑脂的使用环境的特殊性决定其在选择、使用和更换周期方面的管理也应当加强针对性。

（一）润滑脂的特性

润滑脂主要是由稠化剂、基础油、添加剂三部分组成。一般润滑脂中稠化剂含量为10％～20％，基础油含量为75％～90％，添加剂及填料的含量在5％以下。

（二）润滑脂的种类

润滑脂品种复杂，牌号繁多，分类工作十分重要，通常按所用的稠化剂分为钙基脂、钠基脂、铝基脂、复合钙基脂、锂基脂、复合铝基脂、复合钡基脂和复合锂基脂、膨润土脂和硅胶脂、聚脲脂等。

（三）润滑脂的作用

润滑脂是稠厚的油脂状半固体，用于机械的摩擦部分，起润滑和密封作用，也用于金属表面，起填充空隙和防锈作用。

绝大多数润滑脂用于润滑，称为减摩润滑脂。减摩润滑脂主要起降低机械摩擦，防止机械磨损的作用，同时还兼防止金属腐蚀的保护作用及密封防尘作用。有一些润滑脂主要用来防止金属生锈或腐蚀，称为保护润滑脂。润滑脂的工作原理是稠化剂将油保持在需要润滑的位置上，有负载时，稠化剂将油释放出来，从而起到润滑作用。

在常温和静止状态时它像固体，能保持自己的形状而不流动，能黏附在金属上而不滑落。在高温或受到超过一定限度的外力时，它又像液体能产生流动。润滑脂在机械中受到运动部件的剪切作用时，它能产生流动并进行润滑，减低运动表面间的摩擦和磨损。当剪切作用停止后，它又能恢复一定的稠度，润滑脂的这种特殊的流动性，决定它可以在不适用于润滑油的部位进行润滑。

二、润滑脂的取样

（1）采取试样用的工具和容器必须清洁。采取试样前，这些工具和容器应该用汽油洗涤，待干燥后使用。

（2）装在小容器中的膏状试样，要按总件数的2％（不应少于两件）采取试样，取出的试样要以相等体积掺和成一份平均试样。

（3）对于用来掺成一个平均试样所需的试样，允许使用同一件采样工具采取，且在每次采样前不必洗涤。

三、 润滑脂的性能评价和意义

润滑脂的使用范围很广，工作条件差异也很大，不同的机械设备对润滑脂性能要求不同。通过不同检测方法对相关性能进行评价，在生产和使用中具有重要的意义。

（一）稠度等级

通过测定锥入度的方法来表示润滑脂的稠度等级，反映了润滑脂在所润滑部位上的保持能力和密封性能，是与润滑脂的泵送和加注方式有关的重要性能指标，锥入度不同的润滑脂所适用的机械转速、负荷和环境温度等工作条件不同。

（二）高温性能

通过对滴点的检测可以评价润滑脂的高温使用性能。温度对于润滑脂的流动性具有很大影响，温度升高，润滑脂变软，使得润滑脂附着性能降低而易于流失。另外，在较高温度条件下还易使润滑脂的蒸发损失增大，氧化变质与凝缩分油现象严重，滴点可以反映润滑脂使用温度的上限。

（三）低温性能

可通过检测润滑脂的相似黏度来衡量其低温性能。我们知道润滑油的黏度随温度的升高而减小，所以同一种润滑油，由于温度不同，黏度也不同，润滑脂的黏温特性则要比润滑油复杂，因为润滑脂结构体系的黏温特性还要随剪力的变化而改变，润滑脂相似黏度的允许值可以确定润滑脂的低温使用极限。

（四）抗磨和极压性

润滑脂的抗磨和极压性能可以通过四球机试验进行评价。涂在相互接触的金属表面间的润滑脂所形成的脂膜，能承受来自轴向与径向的负荷，脂膜具有的承受负荷的特性就称为润滑脂的极压性，通过四球机试验模拟润滑脂的工作环境以测定其相关性能。

（五）抗水性

润滑脂的抗水性能通过抗水淋性能测定法测定。润滑脂的抗水性表示润滑脂在大气湿度条件下的吸水性能，要求润滑脂在储存和使用中不具有吸收水分的能力。润滑脂吸收水分后，会使稠化剂溶解而致滴点降低，引起腐蚀，从而降低保护作用。有些润滑脂，如复合钙基脂，吸收大气中的水分还会导致变硬，逐步丧失润滑能力。

（六）防腐性能

通过铜片腐蚀试验可以评定润滑脂的防腐性能。防腐性是润滑脂阻止与其相接触金属被腐蚀的能力。润滑脂的稠化剂和基础油本身是不会腐蚀金属的，使润滑脂产生腐蚀性的原因很多，主要是由于氧化产生酸性物质所致。

（七）胶体安定性

评定润滑脂胶体安定性可采用钢网分油法测定润滑脂在温度升高条件下的分油倾向。胶体安定性是指润滑脂在储存和使用时避免胶体分解，防止液体润滑油析出的能力。润滑脂发生皂油分离的倾向性大则说明其胶体安定性不好，将直接导致润滑脂稠度的改变。

（八）氧化安定性

通过观察一定压力下通入氧气的压力降测定润滑脂的氧化安定性。润滑脂在储存与使用时抵抗大气的作用而保持其性质不发生永久变化的能力称为氧化安定性。润滑脂的氧化与其组分（即稠化剂、添加剂及基础油）有关。润滑脂中的稠化剂和基础油，在储存或长期处于高温的情况下很容易被氧化。氧化的结果是产生腐蚀性产物、胶质和破坏润滑结构的物质，这些物质均易引起金属部件的腐蚀和降低润滑脂的使用寿命。

（九）机械安定性

通过一定试验条件下检测润滑脂工作锥入度的差别评定其机械安定性。机械安定性又称剪切安定性，是指润滑脂在机械工作条件下抵抗稠度变化的能力，机械安定性差的润滑脂，使用中容易变稀甚至流失，影响润滑脂的寿命。

四、润滑脂的使用及检测指标

风电机组润滑脂主要用于主轴承、偏航轴承、变桨轴承以及发电机轴承等，主轴承是支持主轴的旋转，同时承受径向的载荷，而偏航轴承中偏航回转支撑承受整个机舱及叶片的质量比较大，所以润滑脂需具备良好的品质和垂直附着力，满足不同温度下的润滑要求。

润滑脂的运行检测要求：

（1）每半年检查风力发电机润滑脂外观，如发现异常可对轴承进行进一步检查。

（2）当润滑脂出现外观或气味异常、析油、乳化发白等现象，或轴承存在异响、超温等异常现象时，应对润滑脂进行检测。润滑脂质量指标见表12-13。具体要求详见《风力发电机组润滑剂运行检测规程》（NB/T 10111—2018）。

表12-13　运行中润滑脂的质量指标

序号	项目	质量指标	试验方法
1	外观	均匀油膏，无发白、变硬或析油现象，触摸无硬质颗粒	目测
2	水分	报告	GB/T 512
3	滴点	报告	GB/T 3498
4	腐蚀	无绿色或黑色变化	GB/T 5096
5	工作锥入度	报告	GB/T 269
6	铁含量（mg/kg）	≤1000	NB/SH/T 0864
7	铜含量（mg/kg）	≤500	
8	硅含量（mg/kg）	≤400	

五、润滑脂异常现象及处理方式

润滑脂异常原因及处理方式见表12-14。具体要求详见《风力发电机组润滑剂运行检测规程》(NB/T 10111—2018)。

表 12-14 润滑脂异常原因及处理方式

项目	异常原因	处理方式
外观变硬，工作锥入度下降	(1)高温导致润滑油蒸发； (2)润滑脂劣化变质； (3)磨粒、粉尘等固体颗粒污染	加注新脂至旧脂排出
铁含量上升	滚动体、被迫磨损或腐蚀	(1)提高进脂频率； (2)关注轴承噪声、温度的变化； (3)缩短取样周期，加强运行监控

六、润滑脂的污染和控制

润滑脂的品种牌号很多，性能多样且比油更容易变质，润滑脂中混入杂质不易处理，所以加强润滑脂的储存管理意义重大。储存中引起润滑脂变质的原因包括：外部引入杂质、水分、润滑脂本身的物理化学变化等。

延缓润滑脂储存中变质的措施主要包括：

(1)润滑脂优先入库，减少温度、水分、尘土等的影响；

(2)降低储存温度；

(3)针对不同种类润滑脂的特点，加强有针对性的管理；

(4)注意密封储存；

(5)注意取润滑脂工具、容器的清洁；

(6)对于不同用户，采用大、中、小不同的包装形式；

(7)注意对库存润滑脂的定期检测。

七、润滑脂的管理

(一)润滑脂的选用

(1)钙基润滑脂：滴点为 75～100℃，其使用温度不能超过 60℃，如超过这一温度，润滑脂会变软甚至结构破坏不能保证润滑。

(2)钠基润滑脂：可以使用在振动较大、温度较高的滚动或滑动轴承上，尤其适用于低速、高负荷机械的润滑，因其滴点较高，可在 80℃或高于此温度下较长时间内工作。

(3)钙钠基润滑脂：具有钙基和钠基润滑脂的特点，有钙基脂的抗水性，又有钠基脂的耐温性，滴点在 120℃左右，使用温度范围为 90～100℃，具有良好的机械安定性和泵输送性，可用于不太潮湿条件下的滚动轴承上。

(4)锂基润滑脂：具有多种优良性能，滴点高于 180℃，能长期在 120℃左右环境下使用，具有良好的机械安定性、化学安定性和低温性，可用在高转速的机械轴承上，具有优良的抗水性，可使用在潮湿和与水接触的机械部件上，锂皂稠化能力较强，在润滑脂中添加极压、防锈等添加剂后，可制成多效长寿命润滑脂。

(5) 复合钙基润滑脂：耐温性好，滴点高于180℃，使用温度可在150℃左右，具有良好的抗水性、机械安定性、胶体安定性和极压性，适用于较高温度和负荷较大的机械轴承润滑。

(6) 复合铝基润滑脂：具有良好的机械安定性和泵送性，适用于集中润滑系统，具有良好的抗水性，可以用于较潮湿或有水存在下的机械润滑。

(7) 复合锂基润滑脂：复合皂的纤维结构强度高，在高温条件下具有良好的机械安定性，使用寿命长，有良好的抗水淋特性，适于潮湿环境工作机械的润滑。

(8) 复合磺酸钙基润滑脂：具有强抗腐蚀性、极压耐磨性能和长的使用寿命，复合磺酸钙基润滑脂不需要加入添加剂即可达到锂基脂的效果。

在工程实际应用的过程中关于润滑脂的选用还应注意以下几点：

(1) 所选润滑脂应与摩擦副的供脂方式相适应；

(2) 所选润滑脂应与摩擦副的工作状态相适应；

(3) 所选润滑脂应与其使用目的相适应；

(4) 所选润滑脂应尽量保证减少脂的品种，提高经济效益。

(二) 润滑脂的使用

(1) 所加注润滑脂的量要适当；

(2) 注意防止不同种类、牌号及新旧润滑脂的混用；

(3) 更换新润滑脂时，应先经试验合格后方可正式使用；在更换新润滑脂时，应先清除废润滑脂，将部件清洗干净；

(4) 重视加注润滑脂过程的管理；

(5) 注意季节用润滑脂的及时更换；

(6) 注意定期加换润滑脂。

(三) 润滑脂的存储

润滑脂在使用和储存中润滑脂的结构将会受各种外界因素的影响而变化。在库房存储时，温度不宜高于35℃，包装容器应密封，不能漏入水分和外来杂质。不要用木制或纸制容器包装润滑脂，并且应存放于阴凉干燥的地方。当开桶取样品后，不要在包装桶内留下孔洞状，应将取样品后的润滑脂表面抹平，防止出现凹坑，否则基础油将被自然重力压挤而渗入取样留下的凹坑，而影响产品的质量。

(四) 润滑脂的补充与更换

1. 加入量要适宜

加润滑脂量过大，会使摩擦力矩增大，温度升高，耗润滑脂量增大；而加润滑脂量过少，则不能获得可靠润滑而发生干摩擦。一般来讲，适宜的加润滑脂量为轴承内总空隙体积的1/3～1/2。

2. 禁止不同品牌的润滑脂混用

由于润滑脂所使用的稠化剂、基础油以及添加剂都有所区别，混合使用后会引起胶体结构的变化，使得分油程度、稠度、机械安定性等都要受影响。

第十三章　风电场常用工器具

第一节　万　用　表

一、 概念及分类

万用表又称复用表、多用表、三用表、繁用表等，是风力发电场不可缺少的测量仪表。万用表是一种多功能、多量程的测量仪表，一般万用表可测量直流电流、直流电压、交流电流、交流电压、电阻等，有的还可以测交流电流、电容量、电感量及半导体的一些参数等。万用表按显示方式分为指针式万用表和数字式万用表，当前常用的万用表为数字式万用表。

二、 数字式万用表使用方法

（一）电压的测量

直流电压的测量：首先将黑表笔插进“com”孔，红表笔插进“V/Ω”孔，将旋钮打到直流挡“V－”处即可测量。如果在数值左边出现“－”，则表明表笔极性与实际电源极性相反，此时红表笔接的是负极。

交流电压的测量：表笔插孔与直流电压的测量一致，将旋钮打到交流挡“V～”处即可测量。交流电压无正负区分，测量方法与直流电压测量方法大致相同。

（二）电阻的测量

红表笔插入“V/Ω”孔，黑表笔插入“com”孔，将旋钮拨至“Ω”挡位，即可测量。

（三）电流的测量

测量时首先应根据电路中的电流大小选择合适的量程，将电路相应部分断开后，将万用表表笔接在断点的两端，最后正确读数。

三、 注意事项

(1) 使用前应认真阅读有关的使用说明书，熟悉电源开关、量程开关、插孔、特殊插口的作用。

(2) 选择正确的挡位及量程。

(3) 如果无法预先估计被测电压或电流的大小则应先拨至最高量程挡测量一次，再

视情况逐渐把量程减小到合适位置。测量完毕应将量程开关拨到最高电压挡并关闭电源。

(4) 满量程时仪表仅在最高位显示数字“1”其他位均消失，这时应选择更高的量程。

(5) 测量电压时应将数字式万用表与被测电路并联。测电流时应与被测电路串联。测交流量时不必考虑正、负极性。

(6) 当误用交流电压挡去测量直流电压，或者误用直流电压挡去测量交流电压时，显示屏将显示“000”或低位上的数字出现跳动。

(7) 禁止在测量高电压 220V 以上，或大电流 0.5A 以上时换量程，以防止产生电弧烧毁开关触点。

(8) 要对表计进行定期校验。

第二节 绝缘电阻表

一、 概念及分类

绝缘电阻表又称兆欧表、摇表，是用来测量被测设备的绝缘电阻和高值电阻的仪表。它由一个表头和三个接线柱即 L 线路端、E 接地端、G 屏蔽端组成。可分为指针式电阻表和数码式电阻表。

二、 使用方法

(一) 表的选用原则

(1) 额定电压等级的选择。一般情况下额定电压在 500V 以下的设备应选用 500V 的表。额定电压在 500V 以上的设备选用 1000～2500V 的表。额定电压在 3000V 以上的设备选用 2500V 以上的表。

(2) 电阻量程范围的选择。一般情况下额定电压 500V 以下的电气设备选用 100MΩ 及以上绝缘电阻表。额定电压 500V 以上的电气设备选用 2000MΩ 及以上绝缘电阻表。额定电压在 3000V 以上的电气设备选用 10 000MΩ 及以上绝缘电阻表。

(二) 表的使用

(1) 校表及测试。

手动绝缘电阻表：测量前应进行一次开路和短路试验检查绝缘电阻表是否良好。将两连接线开路，摇动手柄，指针应指在“∞”处。再把两连接线短接，指针应指在“0”处。符合上述条件者即良好，否则不能使用。

数字绝缘电阻表：测量前打开电源开关，检测数字绝缘电阻表电池情况，如果数字绝缘电阻表电池欠电压应及时更换电池，否则测量数据不可取。将测试线插入接线柱“线 (L) 和地 (E)”，选择测试电压，断开测试线，按下测试按键，观察数字是否显示无穷大。将接线柱“线 (L) 和地 (E)”短接，按下测试按键，观察是否显示“0”。

（2）被测设备断开电源后，应对地进行充分放电。

（3）选用电压等级符合的绝缘电阻表或在表计中将电压旋钮开关调至合适挡位。

（4）测量时，L 接在被测物与大地绝缘的导体部分，E 接被测物的外壳或大地，G 接在被测物的屏蔽上或不需要测量的部分。

（5）测试线接好后可按顺时针方向转动摇把。摇动的速度应由慢而快。当转速达到 120r/min 左右时保持匀速转动 1min 后读数。并且要边摇边读数。或按下表计上的测试按钮通过显示屏进行读数。

（6）拆线放电。读数完毕一边慢摇一边拆线。然后将被测设备对地放电。放电方法是使用接地线与被测设备短接一下即可，有些表计自身带有自放电功能。

三、 注意事项

（1）禁止在雷电时或高压设备附近测量绝缘电阻。只能在设备不带电且没有感应电的情况下测量。

（2）测量前必须将被测设备电源切断，并对地放电，以保证人身和设备的安全。

（3）表计使用时必须平放，且保证牢固可靠。

（4）测量过程中被测设备上不能有人工作。

（5）测量表线不能绞在一起，且与被测设备接线时“L”和“E”端不能接反。

（6）被测设备表面要清洁，减少接触电阻，确保测量结果的正确性。

（7）测量时绝缘电阻表转速应为 120r/min。

（8）测量结束时应对被测设备进行放电。

（9）绝缘电阻表未停止转动之前或被测设备未放电之前严禁用手触及。拆线时也不要触及引线的金属部分。

（10）要对表计进行定期校验。

第三节 扭 矩 扳 手

一、 概念及分类

扭矩扳手又称力矩扳手、扭力扳手、扭矩可调扳手，是扳手的一种，现阶段分为机械音响报警式、数显式、指针式（表盘式）、打滑式（自滑转式）。

其中机械音响报警式，采用杠杆原理，当扭矩到达设定扭矩时会发出报警声音，此后扳手会成为一个死角，即相当于呆扳手，如再用力，会出现过力现象。

数显式和指针式（表盘式）差不多，都是把作用扭矩可视化。现阶段的数显和指针都是在机械音响报警式扭矩扳手的基础上工作的。

打滑式（自滑转式）采用过载保护、自动卸力模式，当扭矩到达设定扭矩时会自动卸力（同时也会发出报警声音），此后扳手自动复位，如再用力，会再次打滑，不会出现过力现象。

二、 使用方法

（1）根据工件所需扭矩值要求，确定预设扭矩值。

（2）预设扭矩值时，将扳手手柄上的锁定环下拉，同时转动手柄，调节标尺主刻度线和微分刻度线数值至所需扭矩值。调节好后，松开锁定环，手柄自动锁定。

（3）在扳手方榫上装上相应规格套筒，并套住紧固件，再在手柄上缓慢用力。施加外力时必须按标明的箭头方向。当拧紧到发出报警声音时（已达到预设扭矩值），停止加力。一次作业完毕。

（4）拨转棘轮转向开关进行方向切换，扳手可逆时针加力。

（5）螺栓拆卸扭矩值约为锁紧扭矩值的1.5～2倍。

三、 注意事项

（1）使用完扭矩扳手后须将扭矩值调整至最小值。

（2）在使用扭矩扳手之前应先作“预加负荷”。

（3）勿使扭矩扳手“过负载”。

（4）勿将扭矩扳手当作其他工具使用。

（5）保持扭矩扳手清洁与完整。

（6）定期校验扭矩扳手。

（7）使用扭矩扳手时，应平衡缓慢地加载，切不可猛拉猛压，以免造成过载，导致输出扭矩失准。在达到预置扭矩后，应停止加载。

（8）严禁在扭矩扳手尾端加接套管延长力臂，以防损坏扭矩扳手。

（9）根据需要调节所需的扭矩，并确认调节机构处于锁定状态才可使用。

（10）应避免水分侵入预置式扭矩扳手，以防零件锈蚀。

（11）所选用的扭矩扳手的开口尺寸必须与螺栓或螺母的尺寸相符合，扳手开口过大易滑脱并损伤螺件的六角。

（12）为防止扳手损坏和滑脱，应使拉力作用在开口较厚的一边，以防开口出现“八”字形，损坏螺母和扳手。

第四节　液　压　扳　手

一、 概念及分类

液压扳手是液压力矩扳手简称，是以液压为动力，提供大扭矩输出，用于螺栓的安装及拆卸的专业螺栓上紧工具，经常用来上紧和拆松M14～M120的螺栓。

一般是由液压扭矩扳手本体、液压扭矩扳手专用泵站以及双联高压软管和高强度重型套筒组成。液压扭矩扳手专用泵可以是电动或者气动两种驱动方式。

液压泵启动后通过液压马达产生压力，将内部的液压油通过油管介质传送到液压扭矩扳手，然后推动液压扭矩扳手的活塞杆，由活塞杆带动扳手前部的棘轮使棘轮能带动驱动轴来完成螺栓的预紧拆松工作。

液压扭矩扳手有驱动式液压扳手和中空式液压扳手两种。驱动式液压扭矩扳手是靠驱动轴带动相应规格套筒来实现螺母的预紧，只要扭矩范围允许的情况下，可根据替换相应的高强度套筒来完成不同规格的螺栓，为通用型液压扳手，适用范围较广。中空式液压扭矩扳手则是配备过渡套使用，一般在螺杆伸出来比较长、空间范围比较小、双螺母、螺栓间距太小、螺母与设备壁太小，或者一些特定的行业的疑难工况使用较多。

二、 使用方法

(1) 首先确定是拆松，还是锁紧，根据不同液压扳手进行安装及调整，使液压扳手头处于拆松或锁紧状态。

(2) 进行液压扳手的组装及连接。

1) 将液压扳手通过油管与泵站进行连接。

2) 检查油管接头是否接紧，泵中是否有油。油管快速接头，公母接头对接，将螺纹套用手拧紧，切忌使用扳手、大力钳等工具将螺纹套拧紧，防止引起螺纹变形。

3) 空运转（将调压阀调节杆逆时针调至最松位置)。

a) 插上电源后，24V 的冷却风扇开始运转。

b) 等待 2s 后按下遥控器“ON”键基础泵启动，调节压力调节阀，过 3s 后再次按下遥控器的“ON”键进行打压工作，如果不进行打压工作，泵空转，60s 后泵会自动关机，再次操作需反复按遥控器“OFF”键，等压力表的指针归零后重复上述动作。

c) 泵组运行时，如果液压油内有气体，调压阀处会有异声，这时将压力调至最低，用遥控开关使其进油、回油，反复多次，再调至原压力即可。

d) 将遥控器启动键按下不松手，即“ON”打压键，扳手进油；此时扳手开始转动，当听到扳手报警声，则扳手到位停止转动；此时再松手，即为回油位置，当再次听到扳手报警声，则表示扳手复位完成。重复上述动作即为另一工作循环，使扳手空运转数圈，观察扳手转动无异常时，即可将扳手放至螺母上。

e) 扳手不用时，将遥控器“OFF”键按下，泵停止，反复按遥控器“OFF”键，直到压力表指针归零即可。

4) 螺栓的锁紧。

a) 力矩设定：锁紧时，应首先根据设计的要求来设定力矩。

b) 泵站压力设定：根据力矩值及所用扳手型号来设定泵站压力。

注意：泵的压力只能从低压向高压调整。

c) 确认扳手转向确为锁紧方向，将扳手放在螺母上。反作用支点找好，靠稳，反复执行第 3) 项中第 d) 条的动作，直至螺母不动为止。

d）取扳手时，如扳手卡紧取不下，切忌用锤打，而应按下遥控器开关 ON 键不松手，同时将快速释放杆扳下，然后松开 ON 键，再取下扳手。

5）螺栓的拆松。

a）将泵站压力调至锁紧压力的 1.5～2 倍，或将泵站压力调至最高值。将遥控器“ON”键按下不松手，另一手调整泵调压阀，使压力表中指针指向相应压力。

b）确认扳手转向确为拆松方向，将扳手放在螺母上（或套筒），反作用支点找好靠稳，反复执行第 3）项中第 d）条的动作，直至将螺栓扭力释放，即可将螺母拆除。

三、 注意事项

（1）一种型号的液压扳手，只能解决几种相近的螺栓，一般配 1～10 个套筒。

（2）液压扳手必须专人使用，专人保管，经常维护，如换油，清洗等。

（3）螺栓扭矩标准应以国家标准为准。

（4）使用前仔细阅读所有技术文件。

（5）尽量使工作环境干净，明亮。如果工作场地的大气环境有任何潜在的爆炸可能，则不可使用电动泵，应使用气动泵。如有金属撞击产生火花，应采取预防措施。

（6）反作用力臂：需要正确调整反作用力臂或使用反作用面。

（7）避免工具（扳手）误操作，避免使操作者和泵分隔太远。

（8）扳手在使用中不允许用手扶。

（9）确保用电动泵时电源的接地良好及正确的电压。

（10）使用适合的扳手，不准用小扳手或附件来代替大扳手的工作。

（11）使用合适的安全防护用品，当使用手动/机动液压设备时，应使用手套、安全帽、安全鞋、安全眼镜、护耳，以及其他安全防护服饰。

（12）移动设备时不允许使用机组。

（13）不允许弯、折高压油管，经常检查油管，如有损坏，则应更换。

（14）液压扳手均应有防尘罩和侧盖板使内部运动件和外部环境分开，不要拆装及使用没有保护盖的工具。

（15）使用前应检查扳手、动力源、油管、连接件、电线、附件，防止一些常见的损坏发生。应按照正确的扳手、泵的维护手册进行操作。

（16）不准用锤子敲打套筒，以及用工具增加作用力，如果螺母仍不随着棘轮旋转而转动，应换用大一号的扳手。

（17）在环境温度较低时需要对泵站进行预热 5～10min（注：预热过后使用效果才能达到最佳）。

四、 维护及保养

（一）液压扳手

（1）润滑：所有运动部件应定期涂抹二硫化钼，在混杂环境条件下，应定期进行清洗和润滑。

（2）液压油管：每次工作后应检查油管是否存在断裂与泄漏的情况，定期清洗变脏的接头。

（3）弹簧：安装于棘爪与驱动爪之间的弹簧，每年应检查，更换两次。

（4）油缸密封：如发现泄漏，建议将密封圈及所有组件全部更换。

（5）结构件：工具的结构件，一年应检查一次，如存在断裂、缺陷，或变形需立刻更换。

（6）动力头的旋转接头：定期检查旋转接头，如泄漏，应更换密封件。

（7）快速接头：接头应保持清洁，不允许沿地面拖拉，很小的尘埃都可能导致内部阀的失效。用高质量的密封材料进行螺纹连接，起保护作用，可消除外部泄漏。

（二）液压泵组

（1）液压油：油需在工作 40h 后彻底更换，或者每年至少更换两次。始终保证油箱满油。

（2）快速接头：接头应定期检查，防止泄漏，接头应避免弄脏，不要使外物入内，使用前应擦干净。

（3）压力表：如果液面下降，表明压力表泄漏。如果表内有液压油，表明压力表内部失效，不能继续使用。

（4）泵站过滤器：正常使用时，过滤器每年应更换两次。如果频繁使用，则需经常更换。

（5）马达（气动与电动）：马达轴与轴承应每年清洗及加润滑油一次。

（6）遥控开关（气动）：连通遥控开关的气管应定期检查，以防阻塞或起结。如果气管弯曲或破裂，则需要更换。遥控手柄上的弹簧载荷按钮在操作困难的情况下需要检查。

（7）空气阀：该阀应每年检查两次。

（8）电极（电动）：应每年检查一次。

（9）泵组：工作时泵组油箱温升过高时（大约 70℃），应停机待其冷却后再进行工作。泵组每两年检查一次。

第五节　螺 栓 拉 伸 器

一、概念及分类

螺栓拉伸器又称螺栓液压拉伸器、液压拉伸器，它借助液力升压泵（超高压液压泵）提供的液压源，根据材料的抗拉强度、屈服系数和伸长率决定拉伸力，利用超高压油泵产生的伸张力，使被施加力的螺栓在其弹性变形区内被拉长，螺栓直径轻微变形，从而使螺母易于松动，另外也可以作为液压过盈连接施加轴向力的装置，进行顶压安装。拉伸器最大的优点可以使多个螺栓同时被定值紧固和拆卸，布力均匀。液压拉伸器共有四

大类：普通通用型、拉伸头互换型、单极复位型和双极复位型。

二、 使用方法

（1）检查每个预紧固螺栓的突出长度是否正确。螺杆的突出长度应在正常范围内。

（2）检查接合面六角螺母是否可自由移动，并向下拧紧六角螺母。

（3）安装拉伸器直到拉伸轴接触到螺杆。旋转拉伸轴使其与螺栓啮合。直到拉伸器底部与接合面接触。

（4）当拉伸器已安装到位时，再次使用扭矩扳手拧紧齿轮箱四方驱动装置并旋转螺母转轴。此时，弹簧加载驱动环将自动下扣并与六角螺母自动啮合。

（5）安装液压管线，确保所有管线已与接头正确连接。

（6）启动电动泵。泵启动后压力将缓慢上升。时刻检查压力值和拉伸轴的顶部，拉伸轴的突出长度与活塞行程应保持一致。检查活塞行程，若红色指示线变可见，停止加压。

（7）当达到所需压力时，停止泵的运转，压力继续保持。

（8）使用棘轮箱主轴上的驱动环向下拧紧六角螺母。逆时针旋转主轴。

（9）缓慢泄压直到压力值为零。拉伸器配有自动回缩装置，泄压后允许活塞自动回位。检查拉伸轴突出拉伸器顶部的长度。泄压时，拉伸轴将开始回缩，直到与拉伸器顶部齐平为止。

（10）将拉伸器安装到下一个待紧固螺栓上。此时无须拆下管线。

（11）重复第（6）至第（9）步。

（12）拆下管线前，确保拉伸轴已与拉伸器顶部齐平。

（13）拆下管线。

（14）确保活塞已完全回缩。拧松拉伸轴并拆下拉伸器。

三、 注意事项

（1）使用之前必须计算油压，以免工作压力过大，超出螺栓的承受能力，使螺栓发生塑性变形，破坏螺栓。

（2）加压的过程中，应尽量均匀加压。每提高一定的压力，要稳压后再提高，以避免过大的冲击拉力，影响螺栓的预紧效果。

（3）拉伸过程中，要注意拉伸器的最大设计行程。超过最大行程，轻则切坏密封件，重则发生安全事故。一般拉伸器均有最大行程警示线，要求使用者在使用过程中随时注意最大行程。

（4）使用拉伸器拆卸螺栓的时候，当拉伸螺母旋紧后，要旋松 3/4～1 圈，以免在螺栓弹性复位时，将拉伸螺母拉紧在活塞上。当对螺栓进行预紧时，不存在这样的问题。

（5）分步预紧多个螺栓时，为了减少不同步骤预紧的螺栓相互之间的影响，应该合理的安排螺栓预紧的次序与拉伸力。一般应该按照对称的原则来安排次序。

（6）现场使用设备时必须遵守安全规定。不要站在正对拉伸器轴线方向，预料外的螺栓失效高度危险。

（7）使用合适的安全防护用品，当使用液压设备时，应使用手套、安全帽、安全鞋、安全眼镜、护耳，以及其他安全防护服饰。

（8）确保压力表显示压力已稳定时才能靠近已加压的拉伸器。

（9）加压时严禁解决泄漏问题。如出现泄漏应立即关闭泵直到压力表回零时再着手解决。

（10）检查液压管线是否被过度挤压或打结，对受损管线应立即进行更换。

第六节　起　重　吊　具

一、概念及种类

吊具是起重吊装作业中用于吊取重物的装置，最常用的吊具是吊钩、吊环、起重吸盘、夹钳、吊梁、钢丝绳、吊装带等。为了满足日常大型机械的维护起吊，可针对一些特殊作业对吊具进行专门设计，像风电机组吊具、塔筒吊具、叶片吊具、轮毂吊具等非标吊具。

二、吊梁的使用方法及注意事项

（一）使用方法

（1）吊钩与吊梁的吊环连接，当起升到合适高度后，观察吊梁是否水平，吊链是否打结。

（2）试吊平衡：提升后，主梁平衡度应小于1°，用肉眼观察承载梁是否处于平衡状态，当完全处于平衡状态时，即可进行吊运。

（3）负载试吊：缓慢提升负载，刚刚离地时，停止提升，观察整体受力情况，然后缓慢放松负载，如没有异常，方可正常吊运。

（二）注意事项

（1）吊梁使用前首先目视横梁梁体有无变形、裂纹、焊缝开焊等异常现象。

（2）试吊过程要满足负载的运行路线，环境条件，确定起升和放升位置，对有影响起吊一律不能吊运。

（3）对于主吊梁配备的索具，使用时不能变位、打结。

（4）试吊过程中，梁体负载有异常响声、变形、裂纹立即停止试吊。

（5）在吊运负载时，不允许超载使用，梁体必须处于平稳状态，梁体不能产生摆动，防止梁体失去平衡，酿成安全事故。

（6）负载下边严禁站人，禁止人工扶载。

三、 吊装带的使用方法及注意事项

（一）使用方法

（1）选用正确吨位的吊装带。

（2）吊装时，正确使用吊装带连接，吊装带必须直接安放在负载上。

（3）当吊装物有锋利的边缘时，为使吊装带免受割伤，应用保护衬置于吊装带和被吊物之间。

（4）多吊装带被同时使用起吊负载时，必须选用同样类型吊装带。

（二）注意事项

（1）禁止使用已损坏的吊带。

（2）吊装时，禁止扭、绞吊带。

（3）使用时禁止吊带打结。

（4）避免撕开缝纫联合部位或超负荷工作。

（5）当移动吊带时，禁止拖拉吊带。

（6）避免强夺或振荡而造成吊带的负载突变。

（7）每一个吊带在使用前必须认真检查。

四、 钢丝绳的使用方法及注意事项

（1）钢丝绳在使用过程中必须经常检查其强度，一般至少6个月就必须进行一次全面检查或作强度试验。

（2）钢丝绳在使用过程中严禁超负荷使用，不应受冲击力，在捆扎或吊运时，要注意不要使钢丝绳直接和物体的棱锐角相接触，在它们的接触处要垫以合适的衬垫物以防止物件的棱角损坏钢丝绳而产生设备和人身事故。

（3）钢丝绳在使用过程中，如出现长度不够时，必须采用卸扣连接，严格禁止用钢丝绳头穿细钢丝绳的方法接长吊运物件，以免由此而产生的剪切力。

（4）钢丝绳在使用过程中特别是钢丝绳在运动中不能和其他物件相摩擦以免影响钢丝绳的使用寿命。

（5）高温的物体上使用钢丝绳时，必须采用隔热措施。

（6）钢丝绳在使用一段时间后，必须加润滑油，一方面可以防止钢丝绳生锈，另一方面，钢丝绳在使用过程中，减少同一股中的钢丝与钢丝间产生的滑动摩擦。

（7）钢丝绳存放时，要将钢丝绳上的脏物清洗干净后上好润滑油，再盘绕好，存放在干燥的地方，在钢丝绳的下面垫以木版或枕木，必须定期进行检查。

（8）钢丝绳在使用过程中，尤其注意防止钢丝绳与电源线相接触。

（9）钢丝绳在使用前应检查有无断裂破坏情况。

（10）钢丝绳在一个节距以内断丝达到7～8根时即应报废。

（11）钢丝绳磨损，直径减小，若超过钢丝绳的直径40％时应报废处理。

第七节　千　斤　顶

一、 概念及分类

千斤顶是一种起重高度小（小于 1m）的最简单的起重设备，用钢性顶举件作为工作装置，通过顶部托座或底部托爪在行程内顶升重物的轻小起重设备。千斤顶可分为机械式和液压式两种。

液压千斤顶基于的原理为帕斯卡原理，即：液体各处的压强是一致的，这样在平衡的系统中，比较小的活塞上面施加的压力比较小，而大的活塞上施加的压力也比较大，这样能够保持液体的静止。所以通过液体的传递，可以得到不同端上的不同的压力，这样就可以达到一个变换的目的。机械千斤顶采用机械原理，以往复扳动手柄，拔爪即推动棘轮间隙回转，小伞齿轮带动大伞齿轮、使举重螺杆旋转，从而使升降套筒获得起升或下降，而达到起重拉力的功能。

二、 使用方法

（1）使用前必须检查各部分是否正常。

（2）使用时应严格遵守主要参数中的规定，切忌超高超载。

（3）如手动泵体的油量不足时，需先向泵中加入经充分过滤后的液压油才能工作（电动泵应参照使用说明书）。

（4）重物重心要选择适中，底面垫平，同时要考虑到地面软硬条件，是否要衬垫坚韧的木材，放置是否平稳，以免负重下陷或倾斜。

（5）千斤顶将重物顶升后，应及时用支撑物将重物支撑牢固，禁止将千斤顶作为支撑物使用。

（6）如需几台千斤顶同时起重时，除应正确安放千斤顶外，应使用多顶分流阀，且每台千斤顶的负荷应均衡，注意保持起升速度同步。还必须考虑因质量不均、地面下陷造成被举重物倾斜而发生危险的情况。

（7）使用时先将手动泵的快速接头与顶对接，然后选好位置，将油泵上的放油螺塞旋紧，即可工作。欲使活塞杆下降，将手动油泵手轮按逆时针方向微微旋松，油缸卸荷，活塞杆即逐渐下降。

（8）机械式千斤顶使用时调整摇杆上的撑牙方向，先用手直接按顺时针方向转动摇杆，使升降套筒快速上升。

（9）将手柄插入摇杆孔内，上下往返搬动手柄，重物随之上升。当升降套筒上出现红色警戒线时应该立即停止搬动手柄。如需下降时撑牙调至反方向，重物便开始下降。

（10）分离式千斤顶系弹簧复位结构，起重完后，即可快速取出，但不可用连接的软管来拉动千斤顶。

三、注意事项

（1）使用前应检查各部分是否完好，油液是否干净。油压式千斤顶的安全栓有损坏，或螺旋、齿条式千斤顶的螺纹、齿条的磨损量达20%时，严禁使用。

（2）千斤顶严禁超载使用，不得加长手柄，不得超过规定人数操作。

（3）使用时，任何人不得站在安全栓的前面。

（4）油压式千斤顶的顶升高度不得超过限位标志线；螺旋及齿条式千斤顶的顶升高度不得超过螺杆或齿条高度的3/4。

（5）选用的千斤顶吨位应比负载高20%～30%。

（6）选择合适的本体高度和所需行程。

第八节　激光对中仪

一、概念及分类

激光对中仪是一种可以找到中间、中点等用来确定位置的某些参照物的仪器。因为激光不同于其他光束，它拥有很强的穿透力，以及不受温度等外界因素困扰等特点，被广泛用于进行对中操作，在风力发电作业中主要用于发电机的对中作业。

二、使用方法

（一）安装激光对中仪

安装时，将链条套在V形支架上，然后捆绑在轴上（当链条不能满足轴径的需要时可使用延长链条），将延长杆拧在V形支架的螺孔上，用小扳手拧紧，然后将探测器（测量单元）安装在延长杆上，将探测器上的锁紧旋钮拧紧。

S测量单元固定在基准端的设备上，M测量单元固定在调整端的设备上，从调整端M看基准端S，9点钟在图片的左边，右边是3点钟，竖直方向是12点钟。

（二）调整激光点

将两个激光探测器固定在12点钟方向，打开激光对中仪主机，通过探头上的微调旋钮分别将M探头发出的激光调到S探头接受窗口的靶心位置，将S探头发出的激光调到M探头接受窗口的靶心位置（此时激光窗口必须关闭），然后打开2个接受窗口。

当设备对中情况较差时，在转动过程中，激光束可能打到对面测量单元的接收靶区外边，如果发生这种情况，则必须对设备进行粗略对中，如此种情况不存在，则直接对设备进行对中测量。其中具体参数：S-M是两个测量单元之间的距离；S-C是S测量单元到联轴器中心线的距离（一般为自动生成数据）；S-F1是S测量单元到调整设备前地脚中心线的距离；S-F2是S测量单元到调整设备后地脚中心线的距离，注意该值必须大于S-F1的值。如果调整设备有3对或3对以上的地脚，可以在测量完成后输入新的S-F2

的值，系统将自动计算新的垫平值和调整值。

粗略对中步骤（以 M 单元照射到 S 为例）：

（1）固定测量单元。

（2）转动固定着测量单元的轴到 9 点钟位置，调整激光束到对面关闭的目标靶的中心。

（3）转动固定着测量单元的轴到 3 点钟位置。

（4）检查激光束打在对面靶区上的位置，调整激光束到靶心距离的一半。

（5）调整移动端设备，使激光束打到靶心。

（6）S 单元照射到 M 单元同理进行调整。

（7）然后开始对中测量。

（三）对中测量（时钟法）

（1）按下电源开关键开机。

（2）在测量程序菜单中选择相应的测量功能键。

（3）输入相应距离值，按确认键进行确认。

（4）按水平仪指示转动轴到 9 点钟位置，记录第一个测量值，按确认键确认。

（5）得到 9 点钟的数据后，指针指向 12 点钟，转动轴到 12 点钟，记录测量值，按确认键确认。

（6）得到 12 点钟的数据后，指针指向 3 点钟，转动轴到 3 点钟，记录测量值，按确认键确认。

（7）显示测量结果：仪器显示调整设备的水平方向和垂直方向的平行偏差、角度偏差、调整值。

（8）根据激光对中仪仪表显示数据对发电机进行相应调整，直到将数值调整至标准范围内。

（四）对中测量（任意三点法）

这个测量功能允许轴在不能转动 180°的情况下，只要转动两个 20°以上的角度，也可以完成测量，这种方法适用于现场某些轴盘车受限的工况。

如果要使用该功能，S、M 单元必须要有内置倾角计。

（1）按下电源开关键开机。

（2）在测量程序菜单中选择相应的测量功能键。

（3）输入相应距离值，按确认键进行确认。

（4）转动轴使仪器上显示的 S 和 M 的角度标记重合（或几乎重合），关上目标靶，调整激光束到靶心，打开目标靶，记录第一个测量值，按确认键进行确认。

（5）顺时针或者逆时针转动轴至少超过 20°（圆上显示有 20°标记，当轴转动超过 20°时，倾角计的标记会在 20°标记外侧），让两个探测器的角度标记重合。如果联轴器是断开的，也可以先转动固定 S 单元的轴，然后关上 M 单元的目标靶，转动固定 M 单元的轴，直到 S 单元发射出的激光打到 M 单元目标靶的中心，然后打开目标靶，记录第二个测量值，按确认键进行确认。

（6）与上部操作相同，转动轴超过 20°标记，记录第三个值，按确认键进行确认。

（7）显示测量结果，根据显示结果对发电机进行相应调节。

三、注意事项

（1）测量设备时必须保证所测量设备不会突然启动。

（2）在测量过程中，要保证 9-12-3 点钟 3 个位置激光都照射在接收靶心区域内，在测量过程中，激光不可以再调整。

（3）通过观测探测器上的水平仪气泡是否在两个黑色刻度线中间位置，确定轴是否转动到 9-12-3 点钟位置。

（4）调整水平方向时，测量单元必须在 3 点钟位置，调整垂直方向时，测量单元必须在 12 点钟位置，才能够正确地实时观察数据变化。

（5）按相应功能键实现水平和垂直方向的数据切换，当按下该键后，一个方向的数据激活（此时该方向的调整地脚变为黑色），另外一个方向的数据被锁定（此时该方向的调整地脚变为白色），同时屏幕中间的时针指示图会随着轴的转动指向相应位置。

第九节 工业内窥镜

一、概念及分类

内窥镜是用来直接观察腔体的装置，简称内镜，是一种多学科通用的工具，其功能是能对弯曲管道深处探查，能观察不能直视到的部位，能在密封空腔内观察内部空间结构与状态，能实现远距离观察与操作。工业内窥镜可用于高温、有毒、核辐射及人眼无法直接观察到的场所的检查和观察，主要用于汽车、航空发动机、管道、机械零件等，可在不需拆卸或破坏组装及设备停止运行的情况下实现无损检测，广泛应用于航空、汽车、船舶、电气、化学、电力、煤气、原子能、土木建筑等现代核心工业的各个部门。工业内窥镜还可与照相机、摄像机或电子计算机耦接，组成照相、摄像和图像处理系统，从而进行视场目标的监视、记录、储存和图像分析。工业内窥镜种类从成像形式分为：光学镜、光纤镜、电子镜。根据制造工艺特点，工业内窥镜分为光学硬管镜、光纤镜、视频镜三种类型。

二、功能及检测范围

（1）焊缝表面缺陷检查。检查焊缝表面裂纹、未焊透及焊漏等焊接质量。

（2）内腔检查。检查表面裂纹、起皮、拉线、划痕、凹坑、凸起、斑点、腐蚀等缺陷。

（3）状态检查。当某些产品（如蜗轮泵、发动机等）工作后，按技术要求规定的项目进行内窥检测。

(4) 装配检查。当有要求和需要时，使用同三维工业视频内窥镜对装配质量进行检查；装配或某一工序完成后，检查各零部组件装配位置是否符合图样或技术条件的要求；是否存在装配缺陷。

(5) 多余物检查。检查产品内腔残余内屑，外来物等多余物。

三、 使用方法

(1) 了解检测工件的内部结构特点、检测具体内容、位置。

(2) 检查仪器电源、接地是否可靠、仪器位置安全平稳。

(3) 根据设备要求选择合适的探头、镜头及进入设备的通道（探头的直径、镜头的像素、360°旋转、防水、防油污等）。

(4) 对采集的图像进行处理分析。

(5) 按规定清洁探头，整理仪器、现场。

(6) 打印图像，按要求做检测报告。

四、 注意事项

(1) 检测前应清楚通道内的障碍、毛刺等可能阻碍、损伤探头的物体。

(2) 对于一些内部无法了解或结构复杂的产品，可使用观察镜头观察后再进行检测，检测中尽量使镜头正对检测区域。

(3) 检测前应使眼睛适应检测环境及光线、长时间工作应注意避免眼睛疲劳，产生漏检。

(4) 检测过程中如遇到明显阻力时，应立即停止前进，探头退出时应缓慢，如被卡住不能用力拉，以免损坏工件或探头。

第十节　测　温　仪

一、 概念及分类

测温仪是温度计的一种，用红外线传输数字的原理来感应物体表面温度，操作比较方便。目前用得比较多的是红外测温仪。红外测温仪器主要有 3 种类型：红外热像仪、红外热电视、红外测温仪（点温仪）。

二、 使用方法

红外测温仪由光学系统、光电探测器、信号放大器及信号处理、显示输出等部分组成。光学系统汇聚其视场内的目标红外辐射能量，视场的大小由测温仪的光学零件及其位置确定。红外能量聚焦在光电探测器上并转变为相应的电信号。该信号经过放大器和信号处理电路，并按照仪器内疗的算法和目标发射率校正后转变为被测目标的温度值。

将仪器控制在测量区域内，按下按钮将红外线射在被测量部位，通过显示器显示可直接进行数据的读取。在视线不清或者黑暗的环境中使用时先松开电源开关按钮，然后按一下镭射/背光灯按键，屏幕上将显示镭射/背光灯符号，这时按下开关测量，将会看到被测物体上出现红色小点，表明正在对该区域进行测温。不用时，松开电源开关键，再按镭射/背光灯按钮，按一下无镭射，按两下无背光灯，按三下没有背光灯和镭射。按下℃/℉选择按键可进行温度单位转换。有些测温仪带有数据保持显示功能、自动关机功能、背光显示选择功能、镭射目标显示选择功能、平均值和温差测量功能、最大和最小值测量功能、测量数据储存功能（断电记忆），可根据具体情况进行相应按键的选择。

三、 注意事项

（1）每种型号的测温仪都有其特定的测温范围，所选仪器的温度范围应与具体应用的温度范围相匹配。

（2）测温时，被测目标应大于测温仪的视场，否则测量有误差。建议被测目标尺寸超过测温仪视场的50%为好。

（3）注意仪器的光学分辨率，即测温仪探头到目标直径之比。如果测温仪远离目标，而目标又小，应选择高分辨率的测温仪。

（4）注意及时更换仪器电池。

（5）应对仪器的透镜及时进行清理，清理时应使用干净的压缩空气吹走脱落的粒子。用湿棉签小心地擦拭表面。棉签可用清水湿润。

（6）应对仪器的机壳及时进行清理，清理时用肥皂和清水沾湿海绵或软布，切勿将仪器浸入水中。

第十一节　相　序　表

一、 概念及作用

相序表是交流三相相序表的简称，是一种用于判别交流电三相相序的仪器。可用于判断电路是否带电或电源正相、反相，同时还可用于检测判断过电压、欠电压等现象。

二、 使用方法

（一）交流三相相序测量

（1）接线。将相序表3根线A（R）、B（S）、C（T）分别对应接到被测源的A（R）、B（S）、C（T）3根线上。

（2）打开仪器，仪器上方的指示灯将会亮起。

（3）按下仪器上的测量键，开始测量。

（4）测量时，如果为正相序，仪器上的相序指示灯（绿灯）将按着顺时针的方向亮起，同时仪器发出短鸣声。如果为负相序，仪器上相序指示灯（红灯）将按逆时针的方向亮起，同时仪器发出长鸣声。

（二）缺相判断/电源断线位置查找

（1）接线。将相序表上的三个钳夹任意夹住要检测的三相线。

（2）打开仪器，仪器上方的指示灯将会亮起。

（3）按下仪器上的测量键，开始测量。

（4）若出现 R-S 或 S-T 灯不亮，则说明发生了缺相。

（5）判断缺相、断线的位置，则应用任意一个钳夹，沿着所夹的相线移动，来检测该导线是否断线。若 R-S 或 S-T 灯不亮，则说明断线位置位于检测点之前，依次缩短钳夹检测点的位置，最终能够精确地找出断线的位置。

三、 注意事项

（1）使用相序表时，无须其他电源或电池为其供电，而是直接由被测电源供电。

（2）根据被检测电源线直径选择合适的相序表绝缘鳄口夹。

（3）使用相序表时，若当三相输入线中有一条线接电时，表内就会带电，因此在打开机壳前必须要切断电源。

附表 1　安全标志的含义及图形符号

类型	含义	图形符号
禁止标志	禁止或制止人们想要做的某种动作	
警告标志	使人们提高对可能发生危险的警惕性	
指令标志	强制人们必须做出某种动作或采取防范措施	
提示标志	给人们提供某种信息（如标明安全设施或场所等）	

符号	
具有补充文字的安全标志	禁止合闸 有人工作；止步 高压危险；必须系安全带；从此上下
消防标志及其他	地上消火栓；灭火器；10；警 告! 防止高压喷溅伤人

附表 2　禁止标志

编号	图形标志	名称	设置范围和地点
1-1		禁止吸烟 No smoking	有甲、乙、丙类火灾危险物质的场所和禁止吸烟的公共场所等。如：变压器室、控制室、自动和远动装置室、风机塔筒一层等
1-2		禁止烟火 No burning	有甲、乙类，丙类火灾危险物质的场所。如变压器室、控制屏室、蓄电池室、电缆夹层以及其他储存易燃易爆品的场所等
1-3		禁止带火种 No kindling	有甲类火灾危险物质及其他禁止带火种的各种危险场所。如变压器室、蓄电池室、林区、草原等
1-4		禁止用水灭火 No extinguishing with water	生产、储运、使用中有不准用水灭火的物质的场所。如变压器室、高压配电室等
1-5		禁止放置易燃物 No laying Inflammable thing	具有明火设备或高温的作业场所。如：动火区，各种焊接、切割、锻造、浇注施工现场等场所
1-6		禁止堆放 No stocking	消防器材存放处。如：消防通道及车间主通道等

续表

编号	图形标志	名称	设置范围和地点
1-7		禁止启动 No starting	暂停使用的设备附近。如：设备检修、更换零件等
1-8		禁止合闸 No switching on	设备或线路检修时，相应断路器附近
1-9		禁止转动 No turning	检修或专人定时操作的设备附近
1-10		禁止乘人 No riding	乘人易造成伤害的设施。如：室外运输吊篮、外操作载货电梯框架等
1-11		禁止靠近 No nearing	不允许靠近的危险区域。如：高压试验区、高压线、输变电设备的附近
1-12		禁止入内 No entering	易造成事故或对人员有伤害的场所。如：高压设备室、各种污染源等入口处

续表

编号	图形标志	名称	设置范围和地点
1-13		禁止停留 No stopping	对人员具有直接危害的场所。如：粉碎场地、危险路口、桥口等处
1-14		禁止通行 No throughfare	有危险的作业区。如：起重、爆破现场，道路施工工地等
1-15		禁止跨越 No striding	禁止跨越的危险地段。如：热力管道、专用的运输通道、带式输送机和其他作业流水线，作业现场的沟、坎、坑等
1-16		禁止攀登 No climbing	不允许攀爬的危险地点。如：有坍塌危险的建筑物、构筑物、变压器的爬梯上
1-17		禁止跳下 No jumping down	不允许跳下的危险地点。如：深沟、深池、车站站台及盛装过有毒物质、易产生窒息气体的槽车、贮罐、地窖等处
1-18		禁止触摸 No touching	禁止触摸的设备或物体附近。如：裸露的带电体，炽热物体，具有毒性、腐蚀性物体等处
1-19		禁止抛物 No tossing	抛物易伤人的地点。如：风机及其他高处作业现场，深沟（坑）等

续表

编号	图形标志	名称	设置范围和地点
1-20		禁止戴手套 No putting on gloves	戴手套易造成手部伤害的作业地点。如：旋转的机械加工设备附近
1-21		禁止穿化纤服装 No putting on chemical fibreclothings	有静电火花会导致灾害或有炽热物质的作业场所。如：焊接施工地点及有易燃易爆物质的场所等
1-22		禁止穿带钉鞋 No putting on spikes	有静电火花会导致灾害或有触电危险的作业场所。如：风电场继电保护室、有易燃易爆气体或粉尘的车间及带电作业场所
1-23		禁止开启无线移动通信设备 No activated mobile phones	火灾、爆炸场所以及可能产生电磁干扰的场所。如：继电保护室、油库、化工装置区等

附表 3　警告标志

编号	图形标志	名称	设置范围和地点
2-1		注意安全 Warning danger	易造成人员伤害的场所及设备等
2-2		当心火灾 Warning fire	易发生火灾的危险场所。如：可燃性物质的生产、储运、使用等地点
2-3		当心爆炸 Warning explosion	易发生爆炸危险的场所。如：易燃易爆物质的生产、储运、使用或受压容器等地点
2-4		当心腐蚀 Warning corrosion	有腐蚀性物质（GB 12268 中第 8 类所规定的物质）的作业地点
2-5		当心触电 Warning electric shock	有可能发生触电危险的电气设备和线路。如：配电室、开关等
2-6		当心电缆 Warning cable	有暴露的电缆或地面下有电缆处施工的地点

续表

编号	图形标志	名称	设置范围和地点
2-7		当心自动启动 Warning automatic start-up	配有自动启动装置的设备
2-8		当心机械伤人 Warning mechanical injury	易发生机械卷入、轧压、碾压、剪切等机械伤害的作业地点
2-9		当心落物 Warning falling objects	易发生落物危险的地点。如：高处作业、立体交叉作业的下方等
2-10		当心碰头 Warning overhead obstacles	有产生碰头的场所
2-11		当心弧光 Warning arc	由于弧光造成眼部伤害的各种焊接作业场所
2-12		当心高温表面 Warning hot surface	有灼烫物体表面的场所
2-13		当心坠落 Warning drop down	易发生坠落事故的作业地点。如：脚手架、高处平台、地面的深沟（池、槽）、建筑施工、高处作业场所等

附表 4　指令标志

编号	图形标志	名称	设置范围和地点
3-1		必须戴防护眼镜 Must wear protective goggles	对眼镜有伤害的各种作业场所和施工场所
3-2		必须配戴遮光护目镜 Must wear opaque eye protection	存在紫外线、红外线、激光等光辐射的场所。如：电气焊等
3-3		必须戴防尘口罩 Must wear dustproof mask	具有粉尘的作业场所。如：更换电动机电刷及粉状物料拌料车间等
3-4		必须戴防毒面具 Must wear gas defence mask	具有对人体有害的气体、气溶胶、烟尘等作业场所。如：有毒物散发的地点或处理由毒物造成的事故现场
3-5		必须戴护耳器 Must wear ear protector	噪声超过 85dB 的作业场所。如：铆接车间、工程爆破等处
3-6		必须戴安全帽 Must wear safety helmet	头部易受外力伤害的作业场所。如：变电所内、风机内、建筑工地、起重吊装处等

续表

编号	图形标志	名称	设置范围和地点
3-7		必须系安全带 Must fastened safety belt	易发生坠落危险的作业场所。如：高处建筑、风机或杆塔修理、安装等地点
3-8		必须穿防护服 Must wear protective clothes	具有放射、微波、高温及其他需穿防护服的作业场所。如：维修风机机舱罩、叶片等
3-9		必须戴防护手套 Must wear protective gloves	易伤害手部的作业场所。如：具有腐蚀、污染、灼烫、冰冻及触电危险的作业等地点
3-10		必须穿防护鞋 Must wear protective shoes	易伤害脚部的作业场所。如：具有腐蚀、灼烫、触电、砸（刺）伤等危险的作业地点
3-11		必须洗手 Must wash your hands	接触有毒有害物质作业后
3-12		必须接地 Must connect an earth terminal to the ground	防雷、防静电场所

附表 5 提示标志

编号	图形标志	名称	设置范围和地点
4-1	从此上下	从此上下 Up and down from here	用于指定上下通道，设于现场工作人员可以上下的铁架、爬梯上
4-2	在此工作	在此工作 Work here	用于指示工作人员的工作地点。设在工作地点或检修设备上
4-3		紧急出口 Emergent exit	便于安全疏散的紧急出口处，与方向箭头结合设在通向紧急出口的通道、楼梯口等处
4-4		可动火区 Flare up region	经有关部门划定的可使用明火的地点
4-5		急救点 First aid	设置现场急救仪器设备及药品的地点

续表

编号	图形标志	名称	设置范围和地点
4-6		应急电话 Emergency telephone	安装应急电话的地点
4-7		紧急医疗站 Doctor	有医生的医疗救助场所

图 4-3　风电机组底段塔架吊装（一）

图 4-4　风电机组底段塔架吊装（二）

图 4-5　风电机组底段塔架吊装（三）

图 4-6　风电机组底段塔架吊装（四）

图 4-7　风电机组叶轮架吊装

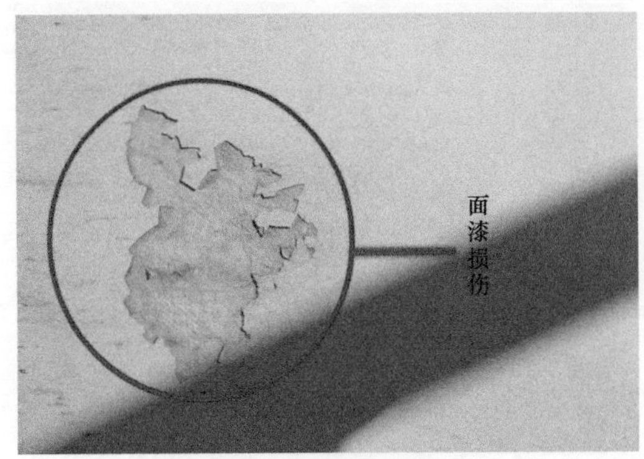

图 11-1　面漆损伤

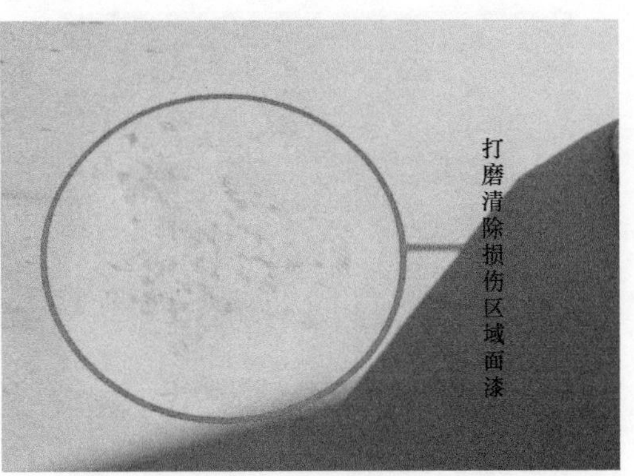

图 11-2　面漆打磨

图 11-3　填充图

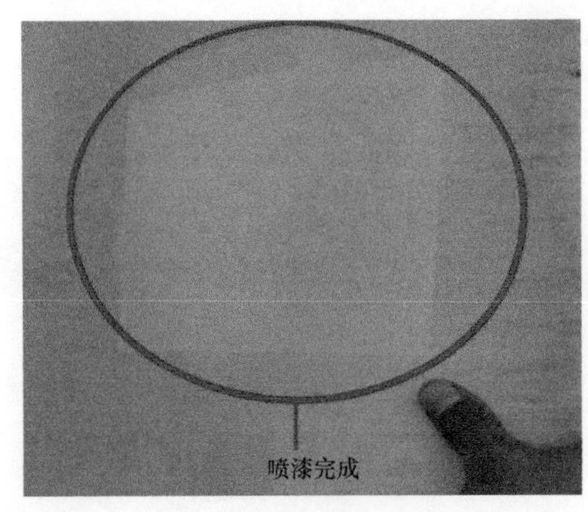

图 11-4　修复完成

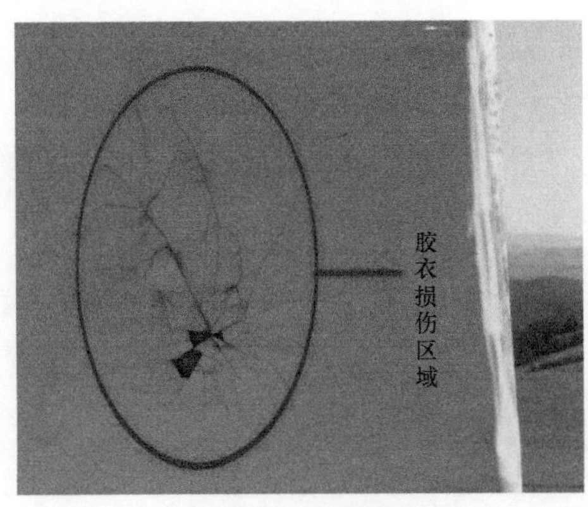

图 11-5　胶衣损伤

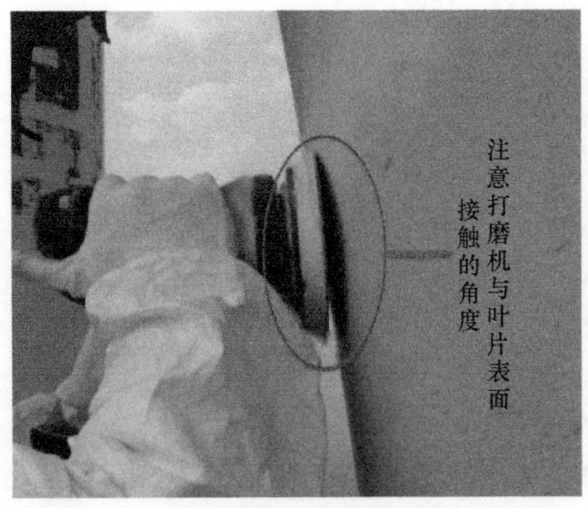

图 11-6　胶衣打磨

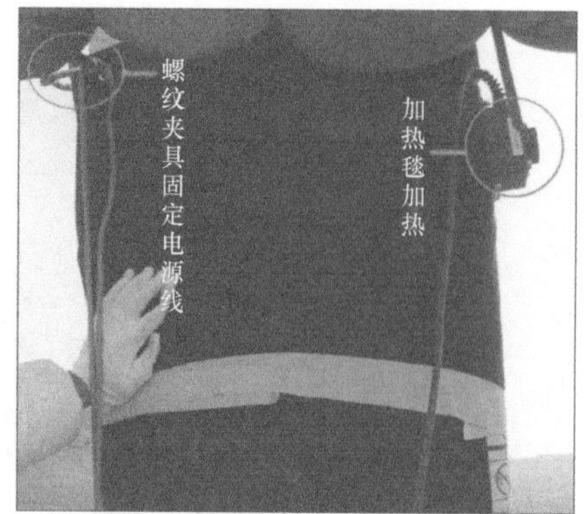

图 11-7　加热毯加热

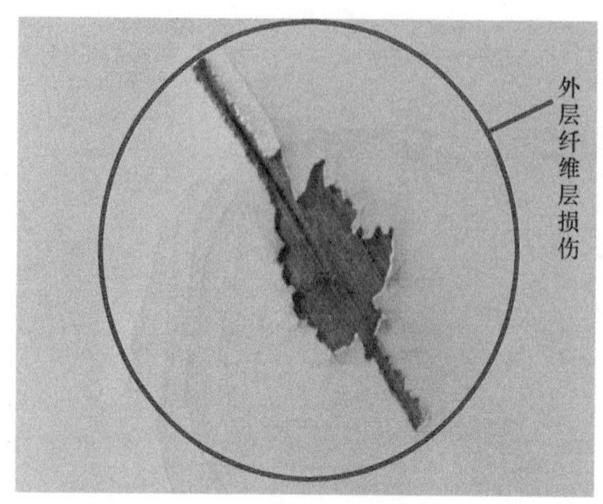

图 11-8　纤维损伤

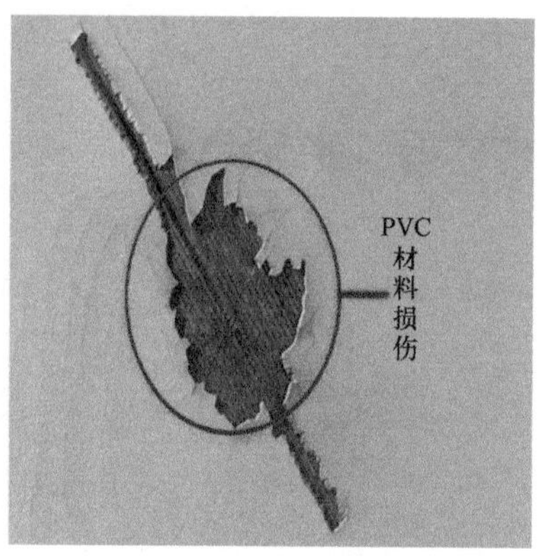

图 11-9　PVC 损伤

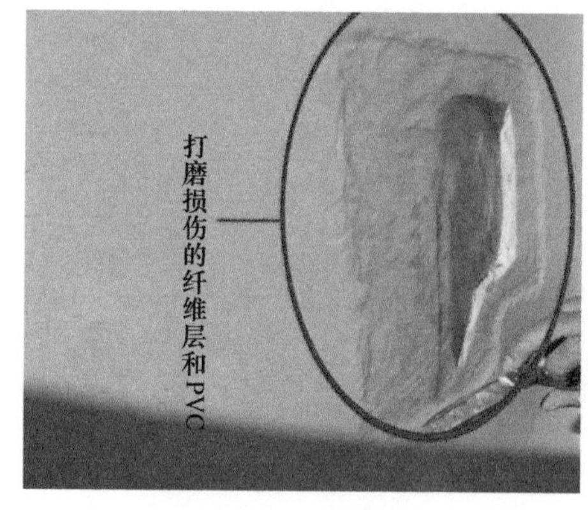

图 11-10　纤维层打磨

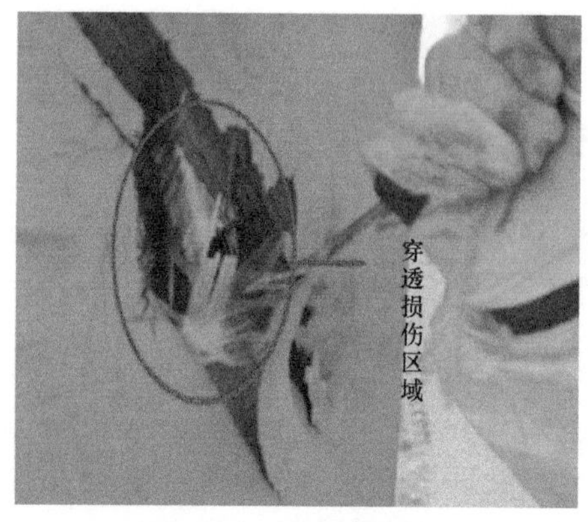

图 11-11　穿透性损伤

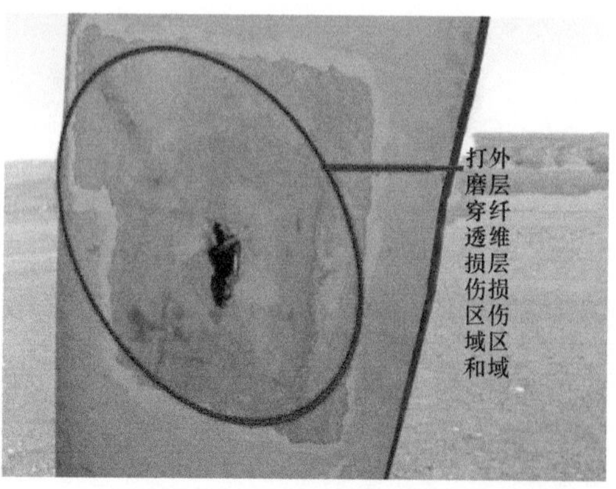

图 11-12　穿透性损伤打磨

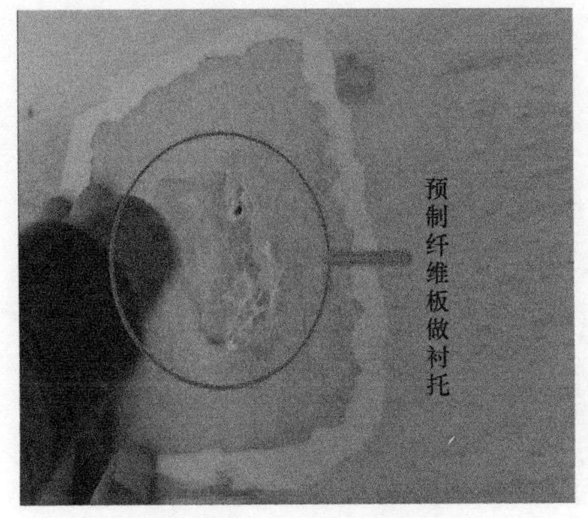

图 11-13　预制纤维板

图 11-14　前缘开裂

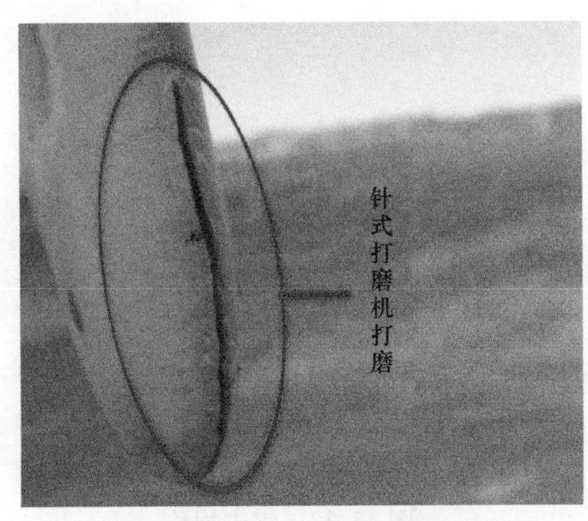

图 11-15　针式打磨机打磨

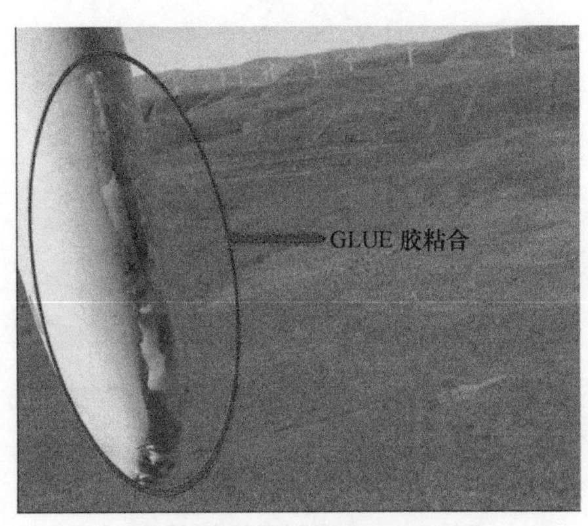

图 11-16　GLUE 胶粘合

图 11-17　薄边开裂

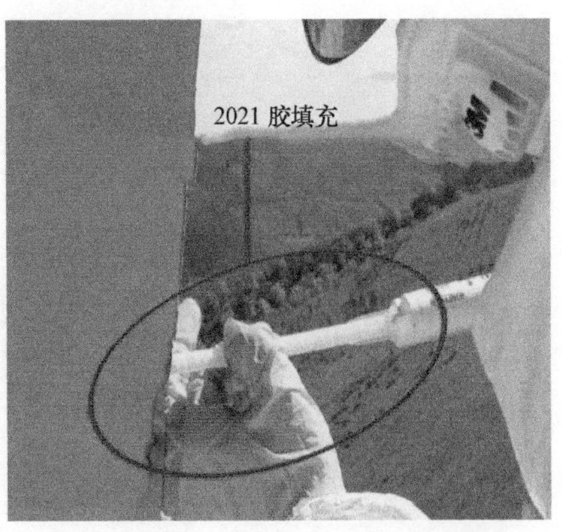

图 11-18　2021 胶充分填充

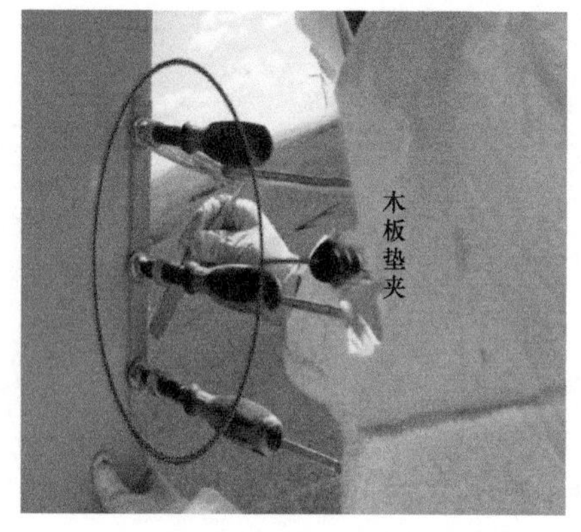

图 11-19　木板垫夹

图 11-20　薄边打磨

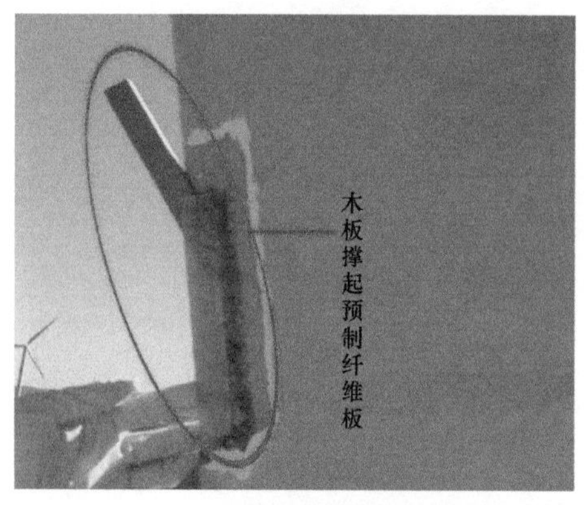

图 11-21　预制纤维板粘合

图 11-22　雷击损伤

图 11-23　主轴漏油

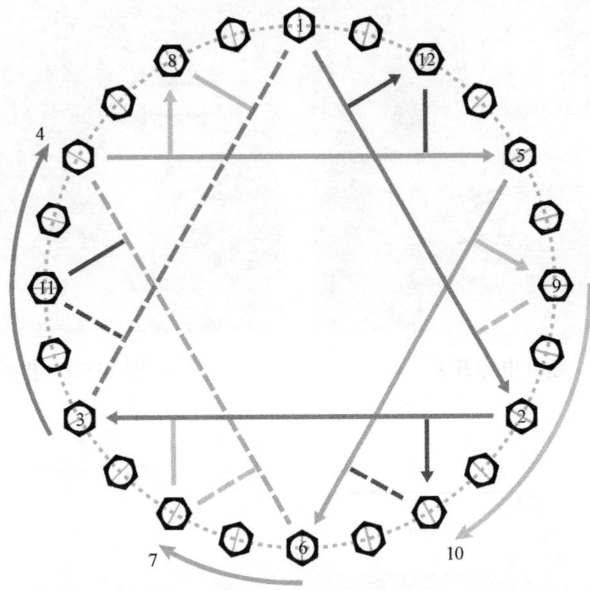

图 11-24 螺栓力矩紧固顺序

图 11-25 调整风轮垂直起吊角度

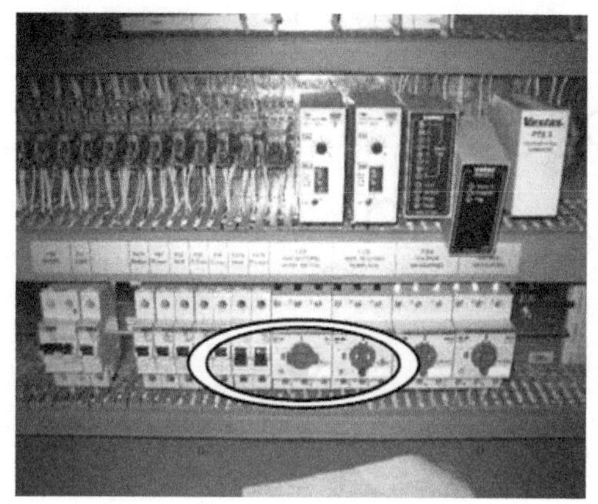

图 11-26　断开电源开关

图 11-27　拆除接线

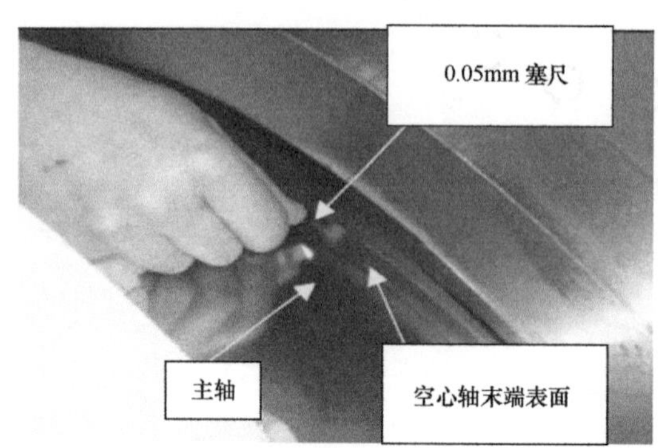

图 11-28　测量安装间隙

图 11-29　现场倒塔案例图（一）

图 11-30　现场倒塔案例图（二）